KB066057

# GIS와 도시분석

GIS for
Urban Spatial Analysis

| 개정판 |

# GIS와 도시분석

오규식·정승현 지음

한울
아카데미

# 개정판을 내며

2011년 초판을 펴낸 이후 공간정보 및 GIS 관련 기술의 진보는 쉼 없이 이루어지고 있고, 우리 사회에서 이에 대한 관심과 요구가 지속적으로 증대되어 초판 내용을 다음과 같이 보완하여 개정판을 내게 되었다.

첫째, 빠른 정보기술의 변화추세에 부응하여 국가 공간정보정책에 많은 변화가 있었던바, 이에 따른 수정이 이루어졌다. 둘째, 실습을 위한 GIS 도구가 업그레이드되어 이 책의 상당 부분을 차지하는 실습과정을 최신 버전에 맞도록 대폭 수정했다. 이에 개정판에서는 독자가 보다 간편한 과정을 통해 분석을 진행할 수 있게 되었다. 셋째, 초판의 「제16장 네트워크 분석」을 「제16장 인접성 분석」과 「제17장 네트워크 분석」으로 분리하여 재구성했다. 초판 이후, 독자들로부터 공간분석 문제에 관한 많은 질문을 받았는데, 그 상당수가 네트워크 분석에 대한 것으로 이에 관한 내용을 보강했다. 마지막으로, 보다 정확하고 적절한 표현을 사용하여 책의 내용에 충실성이 높아질 수 있도록 다듬었다.

이 책에 크고 작은 여러 가지 보완이 독자들의 'GISing(GIS하기)'을 더욱 의미 있게 도울 수 있기를 기대한다. 개정판 출간을 위해 늘 지원을 아끼지 않은 도서출판 한울의 사장님과 직원분들께 감사드리며, 폭염이 기승을 부린 올여름 원고 준비에 노고를 아끼지 않은 한양대학교 환경계획 및 GIS 연구실의 이동우, 이상헌 군을 비롯한 여러 연구원들께 감사드린다.

2013년 8월

오규식·정승현

# 초판 머리말

인간을 위해 존재하는 정보기술로서 GIS가 제공하는 가장 중요한 가치는 분석 능력에 있다. GIS는 일련의 처리과정을 통해 공간정보를 사용자에게 긴요하고 새로운 형태의 고급정보로 바꾸어준다. GIS 분석을 통해 일상의 '사실(facts)'을 '판단(judgement)'의 차원으로, 단순한 '설명(description)'을 문제 해결을 위한 '처방(prescription)'으로 심화시킬 수 있다.

도시 공간의 분석이 새로운 것은 아니다. 그러나 이전에 평면적이고도 피상적이었던 분석이 GIS에 의해 입체적이고도 본질적인 이해의 차원으로 발전하게 되었다. 복잡, 다양해지는 도시의 현상과 변화가 지니는 심층적 의미를 과학적으로 규명할 수 있게 되었고, 미래를 위한 계획과 정책 수립, 그리고 의사결정이 보다 정확한 논리기반 위에 가능하게 되었다.

이 책은 독자가 도시 공간의 가치를 이해하고 도시의 바람직한 미래를 구체화하는 작업을 돕기 위해 총 4부의 내용으로 구성되었다.

제1부는 GIS의 기본 이론에 관한 내용으로, 여기에는 GIS의 배경과 역사, 개념 및 정의, GIS와 지도, 자료구조, 공간분석 유형과 기능 등이 포함되어 있다.

제2부에서는 이 책의 실습에 사용되는 GIS 도구인 ArcGIS의 주요 기능을 이해하게 된다. 즉, 자료의 구축으로부터 편집, 탐색, 표현을 거쳐 도면작성에 이르기까지 일련의 GIS 작업과정을 경험할 수 있다.

제3부와 제4부에서는 GIS에 의한 공간분석을 다양한 문제 해결 과정을 통해 이해하게 된다. 우선 제3부에서는 기초적 GIS 공간분석으로 지형 기반 분석과 적지분석을 실습한다. 제4부에서는 보다 발전된 공간분석 기능인 네트워크 분석, 위성영상 활용, 3차원 시뮬레이션 등을 실습하게 된다. 그리고 제3부와 제4부의 각 장 혹은 절 말미에는 실습과 관련된 연구사례가 소개되어 GIS 분석기법의 실제 적용을 살펴볼 수 있다.

이 책을 통해 독자가 GIS를 자유롭고 창조적으로 활용하여 도시 공간의 과거와 현재를 이해하고 미래를 바라볼 수 있는 능력을 갖추게 되기를 기대한다. 이 책을 출판하기 위해 지원을 아끼지 않은 도서출판 한울의 김종수 사장님을 비롯한 직원분들께 감사드리며, 원고 준비와 정리를 도와준 한양대학교 환경계획 및 GIS 연구실 연구원들의 노고에 감사드린다.

2011년 2월

오규식·정승현

# 차례

# 제1부

## GIS의 기본 이론

# 제1장

# GIS의 배경과 역사

## 1. 정보의 폭발

사전적 의미로 정보(情報, information)는 '관측이나 측정을 통해 수집된 데이터를 실제 문제를 이해하거나 해결하는 데 도움이 될 수 있도록 해석하고 정리한 지식'을 의미한다(한국 브리태니커 온라인). 이러한 정보는 '가공'이라는 단계를 거치는 것의 여부에 의해 일반적으로 자료(data)와 구분된다. 자료는 있는 그대로 도처에 분산된 낱개의 것들을 의미하지만 정보는 이러한 자료들이 수집되어 필요한 목적에 맞게 정리된 것을 의미한다. 그러나 정보와 자료의 구분은 단순히 가공의 수준으로 판단할 수 있는 문제는 아니다. 왜냐하면 가공된 정보가 다시 자료로 이용되어 다음 단계의 새로운 정보를 생성할 수 있기 때문이다. 우리가 일반적으로 보는 신문의 경우 여러 사건과 광고와 같은 자료들이 모여 이루어진 가공된 정보들의 집합으로 볼 수 있으나 이러한 신문들도 다시 수집되어 연구나 논문 등을 통해 새로운 정보로 재생산되기도 한다. 따라서 정보와 자료의 관계는 최종적인 수요를 기준으로 판단할 수 있는 문제라 할 수 있다.

이러한 정보는 계속적으로 축적될 경우 지식(knowledge)의 수준으로 발전하게 된다. 인류가 초기 원시문명시대에서부터 현재까지 이르는 동안 먹을 수 있는 풀과 그렇지 않은 독초를 구별할 수 있었던 것은 아마도 경험에 의한 체득과 그러한 정보를 대를 이어 전수해왔기 때문이었을 것이다. 이렇듯 자료가 정보가 되고 또 이러한 정보가 축적되어 지식이 되는 전 과정은 인류발전의 전형이라 할 수 있다. 지리정보도 마찬가지로 자료에서 시작하여 정보로 구축, 체계화되면 이를 활용한 새로운 지식을 창출하는 단계로 발전할 수 있다.

디지털(digital)은 사전적 의미로 '손가락의, 손가락이 있는, 숫자를 사용하는'을 뜻하는 형용사다. 최근에 와서는 '0'과 '1'의 전자신호에 의한 정보전달방식을 뜻하는 용어로 정보통신기술의 발달과 함께 전 세계적으로 보편화되었다. 디지털과 대비되는 용어로 아날로그(analogue)가 있으며 그 본뜻은 '유사한 것'을 의미하나 디지털에 상대되는 '연속된 값을 가지는 것'이란 내용을 담고 있다. 따라서 디지털은 일반적으로 수치처리에 의한, 정량적, 분석적, 객관적이라는 의미를 담고 있으며, 아날로그는 다분히 전문가에 의한, 정성적, 직관적, 주관적이라는 의미가 많이 내포되어 있다. 오늘날의 기기 대부분은 디지털 신호에 의해 작동되며, 아날로그에서 점차 디지털로

스마트폰을 이용한 손쉬운 정보 구득환경

변화하고 있다. 최근 디지털이라는 용어가 빈번히 사용되는 것은 정보화에 의해 각종 자료와 정보가 정량적으로 산출되고, 수치처리에 의해 객관화되어 분석이 가능한 방향으로 변화하는 추세에서 비롯된다고 할 수 있다.

초창기 인류가 지구상에 나타났을 때, 그들이 고민해야 할 것들은 그리 많지 않았다. 먹을 양식이 많은 곳, 물을 구할 수 있는 곳, 위험한 곳 등 생사와 관련된 몇 가지를 숙지하고 살아가면 되었을 수도 있다. 그러나 문명이 발생하고 도시화, 산업화가 진행되면서 알아야 할 정보의 수와 양도 계속 늘어만 갔다. 현재 우리는 당장 휴대폰 속에 수많은 전화번호 정보를 저장하고 있으며, 각종 은행계좌, 신용정보, 직장이나 학교에서의 기록 등 무수히 많은 정보의 홍수 속에서 살고 있다. 이와 같이 과거에 비해 엄청난 속도로 늘어난 정보의 기하급수적인 증가를 『Megatrends』의 저자 Naisbitt는 '정보의 폭발(Information Explosion)'이라 설명했다(Naisbitt, 1984).

최근에는 디지털 환경에서 생성되는 데이터의 폭발적인 증가와 관련하여 '빅데이터(big data)'에 대한 논의가 활발히 진행되고 있다. 빅데이터는 디지털 경제의 확산으로 규모를 가늠하기 어려울 정도로 많은 정보와 데이터가 생산되는 것을 의미하는 것으로, 스마트폰과 같은 모바일 기기의 이용이 일상화되고 소셜 네트워크 서비스(SNS: Social Network Service)가 확산되면서 발생되는 정보량도 기하급수적으로 증가하고 있다.

폭발하는 정보의 홍수에 효과적으로 대응하기 위해 만들어진 것이 바로 '시스템(system)'이다. 많은 양의 자료와 정보를 효과적으로 저장하고 관리하기 위한 시스템의 개발은 사회 전 분야에 걸쳐 활용되고 있다. 경제·경영 부문의 경영정보시스템(MIS: Management Information System)과 같이 국방, 교육, 금융, 행정, 보건 등 다양한 분야에서 정보시스템이 개발되어 활용되고 있는 실정이다. 이 같은 정보시스템의 활용은 오늘날 도시계획 과정에서 실로 중요한 의미를 지닌다. 도시는 그 안에 매우 다양하고 방대한 양의 지리·공간적 정보를 담고 있으며, 도시계획가와 관련 전문가들은 일상의 계획과정에서 그 같은 정보를 필연적으로 다루고 있다. 따라서 정보를 얼마나 효과적으로 처리하고 이용할 수 있는가의 여부는 계획가가 그의 작업을 얼마나 성공적으로 수행할 수 있을 것인가에 직결되는 문제인 것이다.

## 2. GIS의 역사

### 2.1. 주제도의 작성

GIS의 역사는 컴퓨터 사용 이전과 이후로 구분할 수 있다. 컴퓨터를 사용하기 이전에도 비록 수작업이기는 하지만 지리정보(geographic information)를 조사하여 이를 지도로 구축하고 최적 입지의 선정 등과 같은 분석들을 수행했다. 이는 주제도(thematic map)의 작성에 의해 가능했다. 실세계의 모든 정보를 종이 위에 담는 것은 어려운 일이다. 지표면 또는 지하, 해수면 등 지구상의 각종 수많은 정보들을 제한된 지면에 표현하기 어렵기 때문에 지도는 작성 목적에 따라 표현하고자 하는 대상을 달리하는 주제도의 형태로 작성된다. 주제도는 다목적 성격을 가지는 일반도와는 달리 단일 요소의 분포, 상태, 빈도 등을 표현한 지도를 말하며, 지적도, 도로망도, 하천도 등이 그 예이다.

주제도가 최초로 이용된 예는 계획분야에서 찾을 수 있다. 독일에서는 1912년 뒤셀도르프(Dusseldorf) 시의 지리적 영역을 시기별로 표시한 지도를 만들었으며, 같은 해 미국 매사추세츠 주의 빌러리카(Billerica)에서는 교통체계와 토지이용계획에 이용될 지도들이 제작되었다(Steinitz et al., 1976). 이러한 개념은 영국 동커스터(Doncaster) 지역에서도 적용되어 토지이용, 등고선, 교통접근성 등치선과 같이 발전된 형태의 지도가 만들어지기도 했다. 1929년 "뉴욕과 그 환경의 조사(Survey of New York and Its Environs)"에서 사용된, 각 도면에 다른 도면을 겹쳐 분석하는 방식은 도면중첩이 지리분석의 한 방법이 될 수 있음을 보여준 좋은 사례라고 할 수 있다(Clarke, 2003).

### 2.2 도면의 중첩

1950년 영국에서 출간된 『Town and County Planning Textbook』에는 Jacqueline Tyrwhitt에 의해서 작성된 「Surveys for Planning」이라는 기념비적인 장이 있다(Steinitz et al., 1976). 이 책에서는 표고, 지질, 수문, 토양, 농지를 포함하는 다양한 정보 주제도들을 한데 모아 "토지특성(land characteristics)"이라는 하나의 도면으로 통합했다. 다음 페이지의 지도들은 몇 가지 주제도들을 중첩한 결과로 커뮤니티 계획에 사용되었다.

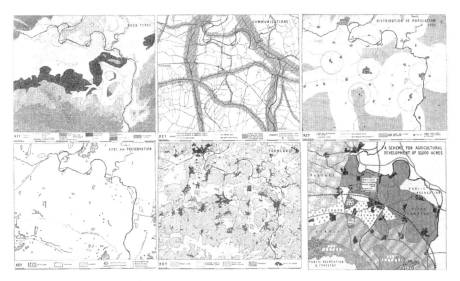

Jacqueline Tyrwhitt의 『Town and Country Planning Textbook』에 소개된 도면중첩

Tyrwhitt가 수행한 도면중첩은 현재 대부분의 GIS에서 보편적으로 이용되고 있는 도면중첩기법의 시초라고 할 수 있다. 그로부터 20년 후, Ian McHarg는 그의 저서 『Design with Nature』에서 적지를 분석하기 위해 여러 장의 투명한 도면을 중첩하여 검게 나타나는 부분을 제외한 지역을 적지로 파악하는 중첩분석기법에 대해 서술했다(McHarg, 1969). 그의 도면중첩법은 이후 토지적합성분석(land suitability/capability analysis)을 정형화시킨 계기가 되었다.

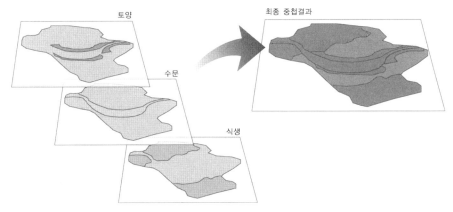

Ian McHarg의 『Design with Nature』에 소개된 도면중첩법

## 2.3. 컴퓨터를 이용한 지도 제작

1959년 당시, 대학원생이었던 Waldo Tobler는 ≪Geographical Review≫지에 컴퓨터를 이용한 지도 제작을 위한 간단한 개념적 모델을 작성하여 게재했다(Tobler, 1959). 종종 MIMO(Map In-Map Out)시스템으로 불리는 그의 모델은 지도의 입력, 처리, 출력의 세 단계로 이루어져 있다. 간단한 이 세 단계는 현재 대부분의 GIS 프로그램에서 다루고 있는 좌표부여(geocoding)와 데이터 캡처(data capture), 데이터 관리와 분석, 그리고 데이터 디스플레이 모듈의 근원이라고 할 수 있다(Clarke, 2003).

컴퓨터가 지도 제작에 사용되기 시작한 초창기에는 FORTRAN과 같은 프로그래밍 언어를 이용하여 프린터와 플로터로 지도를 제작했다. 이후 디지타이저와 같은 새로운 장비들이 개발되면서 자동으로 음영기복을 표현할 수 있게 되는 등 지도화 기술이 향상되었다. 그럼에도 불구하고 이러한 초기의 기술들은 GIS라 불리기에는 한계가 있었다. 초창기 개별 컴퓨터 프로그래밍에 의한 지도화 방식은 점차 공통의 파일포맷과 구조를 가지는 소프트웨어를 이용하는 방향으로 변화되어갔다. 초기의 컴퓨터 지도화 프로그램들 중 대표적인 것들로는 SURFACE II, IMGRID, CALFORM, CAM, SYMAP 등이 있다.

이러한 대부분의 프로그램들은 데이터의 분석과 처리, 그리고 코로플레스(choropleth)와 등치선도(isopleth) 제작을 위한 모듈들이 포함되어 있어 자료의 중첩이 가능해지고 어려운 작업들이 줄어들게 되었다. 이러한 지도화 소프트웨어와 긴밀한 관련을 가지는 것은 최초의 체계적인 지도 데이터베이스의 개발이다. 지도를 다양한 축척으로 투영할 수 있는 CAM(Computer Aided Mapping)이라는 소프트웨어를 이용하여 미국 CIA(Central Intelligence Agency)의 World Data Bank에 의해 현재 사용되는 지구의 해안선, 하천, 국가 경계 등의 지도가 제작되었다.

## 2.4. 초창기 GIS

1965년에는 DIME(Dual Independent Map Encoding) 코딩 시스템이 미국 통계국에 의해 고안되었다. DIME와 그 파일 포맷인 GBF(Geographic Base Files)는 지리정보 표현의 역사에서 중요한 돌파구가 되었다. GBF와 DIME은 속성정보를 인식할 수 있어 센서스에 의해 수집되는 모든 데이터를 이용하여 지도화뿐 아니라 지리적인 패턴과 분포를 파악할 수 있게 되었다. 이와 관련된 몇 가지 중요한 초창기 시스템으로는 1964년의 CGIS(Canada Geographic Information System), 1969년의 MLMIS(Minnesota Land Management Information System), 그리고 1967년의 LUNR(Land Use and Natural Resources Inventory System)을 들 수 있다. 특히 캐나다의 CGIS는 종이 형태로 된 지도를 전산화하는 데 중점을 두고 구축되었다. 캐나다에서는 방대한 국토의 자연자원을 관리하기 위해서 각종 자원에 대한 정보를 전산화하는 것이 무엇보다 필요했다. 이에 전 국토를 대상으로 종이도면으로 된 지도를 전산화하는 CGIS 사업이 추진되었다. 이를 통해 GIS의 기술적 문제점들이 해결되면서 괄목할 만한 성장을 하게 된다.

## 2.5. Arc/Node 기반 GIS의 개발

1960년대 중반과 후반 동안 하버드대학 '컴퓨터 그래픽 및 공간 분석을 위한 연구실(Laboratory for Computer Graphics and Spatial Analysis, 이하 하버드연구실)'의 교수와 연구원들은 GIS 분야에서 중요한 이론들과 새로운 시스템을 개발했다. 그중 가장 영향력이 큰 것은 '오디세이(Odyssey)'라는 GIS 프로그램의 개발이다.

1975년에는 Peucker와 Chrisman이 「Cartographic Data Structures」라는 논문을 통해 arc/node 혹은 vector라고 불리게 되는 데이터 구조를 발표했는데(Peucker and Chrisman, 1975), 오디세이가 바로 벡터구조의 arc/node를 기반으로 하는 GIS 소프트웨어로, 이후 GIS 소프트웨어의 발전에 큰 영향을 끼쳤다. 이 책의 실습에 사용되는 ArcGIS 소프트웨어의 뿌리도 바로 이 오디세이라고 할 수 있다.

1982년 IBM은 몇 년 전에 출시한 애플II 마이크로컴퓨터를 따라 개인용 컴퓨터 (PC: Personal Computer)를 선보였다. 개인용 컴퓨터의 등장으로 ArcInfo와 같은 주요 GIS 소프트웨어들이 개발되어 마이크로컴퓨터로도 복잡한 작업들의 수행이 가능해졌으며, IDRISI와 같은 저렴한 가격에 높은 성능을 발휘하는 GIS 소프트웨어가 출시되기도 했다.

## 2.6. GIS 기술의 성숙기

1980년대와 1990년대 초기는 GIS 기술의 성숙기라 할 수 있다. 새로운 플랫폼과 프로그래밍 언어의 등장으로 이전의 GIS 소프트웨어들은 도태되고 보다 강력하고 새로운 장비와 프로그램들이 자리를 잡아가게 되었다. 저장매체의 가격은 급속히 하락했지만 컴퓨터의 성능은 몇 배로 증가했고, Microsoft사의 Windows, Apple의 Macintosh의 그래픽유저인터페이스(GUI: Graphic User Interface)와 같은 사용 환경으로 사용하기에 훨씬 편리한 소프트웨어를 개발할 수 있었다. 또한 인터넷의 탄생은 정보의 교환과 확산을 더욱 가속화시키는 계기가 되었다. 1980년대는 또한 GIS에 대한 기반이 마련된 시기라 할 수 있다. GIS와 관련된 저서와 논문들이 출간되고 학회가 조직되어 다양한 학술대회가 개최되었다. 또한 이 시기 동안 미국의 과학재단(National Science Foundation)은 NCGIA(National Center for Geographic Information and Analysis)를 설립했다. NCGIA는 국립대학의 교육과정을 고안해냈고 GIS의 학술적 연구를 위한 연구위원회를 구성하는 등 GIS의 발전에 크게 기여했다.

### 2.7. GIS 적용영역의 확산

1990년대에 GIS는 괄목할 만한 성장을 보였다. 우선, GIS의 적용범위가 지도학에서 지질학, 고고학, 전염병학, 범죄수사 등과 같은 새로운 분야로 확장되었다. 또한 개인용 컴퓨터(PC) 보급의 증가, 인터넷 이용의 확산, 모바일 작업환경으로의 변화 등에 적응하면서 GIS의 영역은 더욱 넓어지게 되었다. 게다가 GIS는 GPS(Global Positioning System) 기술과 통합이 가능해졌으며 고도의 화상처리기술은 GIS의 기본적인 사양이 되었다. 마지막으로, 인터넷의 확산과 정보교류는 웹-GIS와 같은 형태의 GIS 서비스를 가능하게 하여 보다 많은 사람들이 GIS를 접할 수 있는 환경으로 변화하고 있다.

지금까지 GIS의 짧은 역사를 살펴보았다. GIS의 기원인 지도 제작에서부터 인터넷의 보급에 따른 웹-GIS에 이르기까지 1세기도 안 되는 기간 동안 GIS는 커다란 발전과 변화를 거쳐왔으며 지금도 계속 진화해나가고 있다.

## 3. GIS의 발전과 확산

GIS의 발달은 컴퓨터 기술의 진보와 궤를 같이한다고 볼 수 있다. 초창기 GIS는 단순한 도면작도의 기능을 가능하게 하는 도구로 인식되었으나 점차 하드웨어와 소프트웨어를 망라한 컴퓨터 기술이 발달함에 따라 다양한 분석이 가능해지게 되었으며, 대용량의 자료도 단시간에 처리할 수 있게 되었다.

GIS에서 필요한 컴퓨터 기술은 도형의 작도, 속성자료의 저장과 관리, 공간분석을 위한 연산기술 등이다. 종이지도를 전자정보로 변환하여 저장하고 활용하는 데 별다른 어려움이 없는 현재의 기술수준에 도달하기까지 컴퓨터 기술은 다양한 측면에서 발전단계를 밟아왔다.

컴퓨터를 이용한 작업을 입력, 분석, 출력으로 분류할 경우 우선 입력 장비의 발달을 예로 들 수 있다. 컴퓨터 입력 장비로 대부분 키보드를 이용했으며 일부 천공카드와 같은 입력매체를 이용하기도 했다. 이후 디지타이저의 등장으로 대형 도면을 수치자료화할 수 있게 되었으며, 대형 스캐너와 마우스의 등장과 함께 윈도우즈로 대표되는 그래픽 사용자 환경(GUI: Graphic User Interface)은 좀 더 편리한 입력환경을 제공하기에 이르렀다. 분석의 경우, 초기 기억장치의 한계로 공간분석 대상의 규모에 한계가 있었고 분석시간 또한 오래 걸렸지만, 중앙연산처리장치(CPU: Central Processing Unit)의 발전과 메모리의 확장으로 인해 짧은 시간에 더 많은 분석이 가능하게 되었다. 또한 GIS에서 가장 중요한 요소 중 하나라고 할 수 있는 도면 표현을

네이버 실시간 교통정보서비스(자료: http://map.naver.com)

실시간 대기오염정보 제공(자료: http://www.airkorea.or.kr)

위해 그래픽 관련 기술도 엄청난 발전을 보여왔다. 초창기 흑백화면에 출력된 도면으로부터 최근의 화려한 색상과 해상도를 자랑하는 고품질의 도면 표현으로 진보하게 되었다. 이와 더불어 인터넷 환경의 확산과 네트워크 기술의 발전은 GIS 분야에도 영향을 미처 각종 GIS 자료들을 네트워크를 통해 서로 공유하여 실시간으로 분석할 수 있는 단계에까지 이르게 되었다.

최근에는 GIS 이용자층 또한 확대되고 있어 과거 GIS를 접할 수 있었던 전문가들뿐 아니라 일반인들도 손쉽게 GIS 정보를 얻을 수 있게 되었다. 이는 인터넷의 보급과 확산의 결과로, 각종 주요 인터넷 포털사이트에서는 초창기 위치정보만을 제공하는 것에서 나아가 쇼핑, 교통정보, 온라인 광고, 설문조사, 부동산 정보, 웹사이트 링크 등의 지도와 관련된 다양한 생활정보 서비스를 제공하고 있다.

제공되는 지도정보의 수준 또한 2차원의 평면적 형태에서 3차원으로 시각화된 정보를 제공하고 있다. 미국의 인터넷 정보통신 업체인 Google에서 개발한 Google Earth는 실사 이미지를 이용하여 마치 현장을 방문하지 않더라도 사전에 현장의 모

3차원 시각화 정보의 제공(자료: Google Earth)

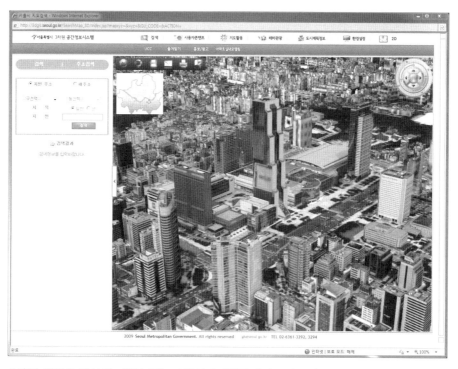

3차원 시각화 정보의 제공(자료: 서울시 3차원공간정보시스템, http://3dgis.seoul.go.kr)

습을 확인할 수 있는 수준의 지도서비스를 제공하기에 이르렀다. 그뿐 아니라 교통
정보, 날씨, 대기오염 등을 실시간 정보로 제공하기도 하며, 이와 연계된 다양한 비
즈니스 아이템의 창출로 인터넷 지도시장은 지속적으로 성장하고 있다.

## 4. 우리나라에서 GIS의 도입과 현황

국내에서 GIS가 도입된 것은 1980년대 후반이다. 초창기 국내의 GIS분야는 산업
이라고 부를 수준의 규모가 아니었다. GIS를 전문으로 하는 업체도 거의 없었으며,
대부분 CAD(Computer Aided Design) 분야로 시장이 한정되어 있었다. 본격적으로 우
리나라의 GIS 분야가 체계적으로 발전되기 시작한 것은 국가 주도의 국가지리정보
체계(NGIS: National Geographic Information System)사업이 추진되면서부터이다. 1995
년 대구지하철 공사장에서 도시가스관 파손에 의한 폭발사고로 102명이 사망하고
건물 300여 채가 파손되는 대형 참사가 발생했다. 이 사고로 지하에 매설된 각종 시
설물에 대한 정확한 위치파악과 관리에 대한 중요성이 대두되었으며, 그 방안으로
GIS의 구축과 이용이 제시되었다. 정부에서는 1995년을 시작으로 제1차 NGIS 기본
계획을 수립하고 5년 단위로 기본계획에 의한 사업을 추진했다. 제1차 국가지리정
보 GIS 기본계획에서는 GIS의 활용기반 마련을 위한 기본정보 구축이 중점적으로
이루어졌으며, 2차 기본계획에서는 활용기술과 서비스개발을 추진했고, 3차 기본계
획에서는 유비쿼터스 구현을 위한 서비스와 뉴비즈니스 창출을 주목표로 했다.

이러한 NGIS사업을 통해 공간정보 활용을 위한 기반이 마련되었고 GIS 소프트웨
어인 IDRISI와 ArcInfo 등이 대학으로 보급되고 GIS 관련 학회가 설립되면서 GIS 관
련 학술연구가 활기를 띠기 시작했다. 1990년대에 IDRISI와 ArcInfo와 ArcView를
이용한 적지분석 위주의 연구결과들이 발표되었으며 2000년대 초에는 다양한 지리
학 이론들이 접목된 GIS 분석방법들이 소개되기 시작했다. 2000년대 후반에는 환경
분야에 대한 중요성 증대로 인해 대기질과 수질에 대한 분석, 녹지와 생태계에 적용
가능한 GIS 모델의 개발 등이 이루어졌다. 또한 퍼지집합이론(fuzzy set theory), 셀룰
러 오토마타(cellular automata), 유전자 알고리즘(genetic algorithm), 신경망 이론(neural
network) 등의 인공지능 기법들이 GIS 공간분석에 적용되기도 했다. 최근에는 국가
연구개발사업으로 첨단 정보통신기술인 유비쿼터스와 생태도시 조성기술이 융합된

'U-Eco City(Ubiquitous-Ecological City)' 조성에 대한 연구도 수행되고 있다.

산업적 측면에서도 GIS는 사회 전반에 걸쳐 높은 부가가치를 창출하면서 발전해 가고 있다. 국내 GIS기업들이 증가되고 국내의 첨단 정보기술들이 결합되면서 지리 정보사업들이 활발히 진행되고 있다. 도시계획, 부동산, 교통, 국방, 금융 등의 분야 에서 GIS를 적용한 다양한 정보시스템이 구축되어 활용되고 있다.

국내 4년제 대학에서 GIS 강좌를 개설하거나 GIS를 교육에 활용하는 학과는 지리 관련 학과, 도시계획 관련 학과, 토목 관련 학과 등 다양하다. 본격적으로 GIS를 다 루는 학과로 지리정보공학과, 지리학과, 측량학과, 지형정보공학과 등을 들 수 있으 며, 그 외 도시계획, 조경, 건축, 토목, 환경 관련 학과에서는 세부 전공 또는 교과목 의 형태로 GIS 교육이 이루어지고 있다. 또한 다양한 GIS 학회들이 설립되어 GIS와 관련된 제반 학술연구, 학제 간 연구와 정보교류, 국제 간 학술연구 및 기술교류, GIS 학술사업, GIS 교육, GIS 연구프로젝트 등을 수행하고 있다.


## 5. 국가공간정보 인프라(NSDI: National Spatial Data Infrastructure)

GIS의 급속한 보급으로 인해 국내에서도 체계적인 공간정보관리에 대한 요구가 높아짐에 따라 정부에서는 국가 주도의 국가지리정보체계 구축사업을 추진하기에 이르렀다. NGIS사업은 행정업무정보화 사업과 맞물려 대시민 서비스의 질적 개선 을 가져왔으며, 관련 GIS 사업의 발전을 이끌어왔다. 그러나 정보환경의 패러다임이 디지털에서 유비쿼터스로 전환되고 활용대상이 공급(supply) 중심에서 수요(demand) 중심으로 변화하며 협력적 업무수행의 필요성이 강화됨에 따라 국가지리정보체계 에 대한 변화의 필요성이 제기되었다.

이에 「국가지리정보체계의 구축 및 활용 등에 관한 법률」이 폐지되고 「국가정보 에 관한 법률」이 제정·시행(2009. 8. 7)됨에 따라 NGIS사업은 국가공간정보정책 기 본계획이라는 이름으로 추진되기에 이르렀다. 제4차 국가공간정보정책 기본계획 (2010~2015)에서는 "녹색성장을 위한 그린공간정보사회 실현"이라는 비전하에 "녹 색성장의 기반이 되는 공간정보", "어디서나 누구라도 활용 가능한 공간정보", "개 방·연계·융합 활용 공간정보" 등 3대 목표를 제시하고 있다. 이를 통해 2010년을 끝 으로 3단계에 걸친 NGIS사업이 마무리가 되고 그간 구축된 성과를 바탕으로 국가

NGIS사업 주요 추진성과

| 구분 | 제1차 국가GIS사업 (1995~2000) | 제2차 국가GIS사업 (2001~2005) | 제3차 국가GIS사업 (2006~2008) |
|---|---|---|---|
| 지리정보 구축 | • 지형도, 지적도 전산화<br>• 토지이용현황도 등 주제도 구축 | • 도로, 하천, 건물, 문화재 등 부문 기본지리정보 구축 | • 국가/해양기본도, 국가기준점, 공간영상 등 구축 중 |
| 응용시스템 구축 | • 지하시설물도 구축 추진 | • 토지이용, 지하, 환경, 농림, 해양 등 GIS활용체계 구축 추진 | • 3차원 국토공간정보, UPIS, KOPSS, 건물 통합 등 활용체계 구축 추진 중 |
| 표준화 | • 국가기본도, 주제도, 지하시설물도 등 구축에 필요한 표준 제정<br>• 지리정보 교환, 유통 관련 표준 제정 | • 기본지리정보 1건, 지리정보 구축 13건, 유통 5건, 응용시스템 4건의 표준 제정 | • 지리정보표준화, GIS국가표준체계 확립 등 사업 추진 중 |
| 기술개발 | • 매핑기술, DB Tool, GIS S/W 기술개발 | • 3차원 GIS, 고정밀위성영상 처리 등 기술개발 | • 지능형 국토정보기술혁신사업을 통한 원천기술 개발 중 |
| 인력양성 | • 정보화근로사업을 통한 인력 양성<br>• 오프라인 GIS교육 실시 | • 오프라인 및 온라인 GIS교육 실시<br>• 교육교재 및 실습프로그램 개발 | • 오프라인 및 온라인 GIS교육 실시<br>• 교육교재 및 실습프로그램 업데이트 |
| 유통 | • 국가지리정보유통망시범사업 추진 | • 국가지리정보유통망 구축, 총 139종, 약 70만 건 등록 | • 국가지리정보유통망 기능 개선 및 유지관리 사업 추진 중 |
| 지원연구 | • 국가GIS구축사업의 원활한 추진을 위한 연구과제 수행 | • 국가GIS현안과제 및 중장기 정책지원과제 수행 | • 2007년까지 국가GIS현안과제 수행, 2008년 변화된 정책 환경 지원을 위한 지정과제 수행 |

자료: 국토지리정보원 홈페이지(http://www.ngii.go.kr)

공간정보 인프라(NSDI: National Spatial Data Infrastructure)를 구축 중에 있다. 국가공간정보 인프라는 전자지도에 지형, 건물, 도로, 지하시설물 등 모든 국토정보가 표준화되어 매핑(mapping)되는 것을 의미한다.

'공간정보 인프라'라는 개념은 1990년대 중반 미국이 가장 먼저 도입했으며 이후 여러 나라에서 이와 유사한 개념을 도입했다. 주된 도입배경은 공간정보 구축의 중복을 방지하고 공간정보의 공유 및 교류를 촉진하기 위한 정책방안을 수립하기 위함이었다. 따라서 공간정보 인프라를 문제를 해결하는 전략적 방안 또는 계획으로 인식하고 이를 어떻게 효율적으로 구축할 수 있는가의 관점에서 접근할 필요성이 있다.

우리나라는 제4차 국가공간정보정책 기본계획(2010~2015)을 통해 실세계를 현실 공간과 유사하게 전자화할 수 있는 3차원 기본공간정보를 정의하고, 정보시스템의 상호 운용성 및 확장성을 확보할 수 있는 표준체세를 확립해나갈 예정이다. 또한 공공기관이 운영·관리하는 기본공간정보를 수집하고 국가, 기업, 국민 사이에 정보유통을 원활하게 하기 위해 정보를 취합하고 제공하는 서비스체계를 구축하는 것이 필요하다. 이와 관련된 전체 법제도 체계를 정비하고 있는데, 이에 대한 내용을 구체적으로 살펴보면, 분야별 행정업무를 처리하는 정보관리시스템 연계를 규정하여 정보의 일치성, 현재성 등을 확보할 수 있도록 하고, 주제도의 불일치, 불부합 등의 문제를 해결하도록 기본공간정보에 필요한 자료를 추가하며, 민간의 콘텐츠 시장을 활성화하고 국민의 삶의 질을 향상시킬 수 있도록 비공간정보에 다양한 국토정보를 통합·제공하여 누구나 공유할 수 있는 공간정보 인프라를 구축하는 것을 포함하고 있다.

이러한 국가공간정보정책을 통해 새로운 정책적·기술적 환경변화에 대응하는 국가공간정보 구축의 기반을 마련할 수 있으며, 그동안 관계중앙부처, 지방자치단체 등 각 기관에서 산발적으로 진행해온 공간정보 관련 사업을 보다 체계적이고 효율적으로 조정, 관리할 수 있는 계기가 될 것이다.

**참고문헌**

Clarke, K. C. 2003. *Getting Started with Geographic Information Systems*. N.J.: Prentice Hall.

McHarg, I. L. 1969. *Design with Nature*. New York: Wiley.

Naisbitt, J. 1984. *Megatrends*. New York: Warner Books.

Peuker, T. K., and N. Chrisman. 1975. "Cartographic Data Structures." *American Cartographer*. 2(1). pp. 55~69.

Steinitz, C., P. Parker, and L. Jordan. 1976. "Hand Drawn Overlays: Their History and Prospective Uses." *Landscape Architecture* 66(5). pp. 444~455.

Tobler, W. R. 1959. "Automation and Cartography." *Geographical Review*, 49. pp. 526~534.

한국 브리태니커 온라인. http://preview.britannica.co.kr/bol/topic.asp?article_id=b19j1134b

# 제2장

# GIS의 개념 및 정의

## 1. GIS의 정의

GIS(Geographic Information System)는 정보시스템의 한 종류로, 지리·공간적 자료(공간적으로 분포하고 있는 물체의 형태나 활동, 사건 등에 대한 자료)를 체계적으로 저장, 검색, 변형, 분석하여 사용자에게 유용한 새로운 정보로 표현하는 기술이나 작동 과정 혹은 도구를 말한다. 넓은 의미에서는 정보시스템을 운영하기 위한 조직과 인력, 운영체계 전체를 뜻하기도 한다. 이러한 GIS는 활용되는 분야와 관점에 따라 지도화(mapping), 데이터베이스(database), 분석 및 의사결정을 위한 도구(toolbox) 등 세 가지 관점으로 분류, 정의할 수 있다.

첫째, GIS는 지도학의 한 분야로 정의된다. 기존 방식에 비해 GIS를 이용한 지도 작성이 가지는 가장 큰 차별점은 지도정보가 디지털로 저장되고 활용된다는 것이다. 또한 디지털로 작성된 지도는 2차원 형상뿐 아니라 3차원의 입체적인 정보를 제공할 수도 있다. 지도 제작의 한 분야로 GIS가 적용된 예는 토지이용에 대한 관리와 자원에 대한 모니터링을 목적으로 캐나다에서 수행된 CGIS(Canada Geographic Information System)와 우리나라의 NGIS(National Geographic Information System) 사업을 통

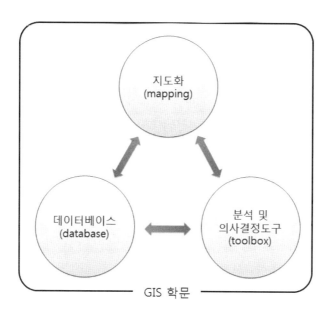

GIS의 세 가지 관점

한 수치지형도 작성 등을 들 수 있다.

둘째, 데이터베이스(database)로서의 GIS이다. Star와 Estes(1990)는 GIS를 공간 또는 지리 변환에 의해 참조된 데이터를 이용하여 작업하도록 고안된 정보시스템이라고 정의했다. 다시 말해, GIS는 공간적으로 조직화된 데이터를 위해 특정 기능을 가진 데이터베이스 시스템일 뿐만 아니라 데이터를 이용하는 운용 체계의 집합을 의미한다(Star and Estes, 1990). 이는 GIS가 질문 또는 질의에 해답을 주는 데이터베이스 시스템임을 강조한 것이다. 국가공간정보체계사업인 토지관리정보체계(LMIS: Land Management Information System)나 한국토지정보체계(KLIS: Korea Land Information System) 등은 지적도 기반의 토지정보를 담고 있는 정보체계로 공간정보를 저장하여 활용하는 데이터베이스의 성격을 가진다.

셋째, 분석 및 의사결정을 위한 도구(toolbox)로서의 GIS이다. Burrough(1986)는 GIS를 특정 목적을 위해 실세계의 공간자료를 저장, 갱신, 변형, 표현하는 도구들의 집합으로 정의했다. 이를 GIS의 "도구상자 정의(toolbox definition)"라 부른다. 왜냐하면 GIS에는 주어진 문제를 해결하기 위해 사전에 준비된 도구들이 존재하기 때문이다. GIS를 이용한 주된 기능은 공간분석(spatial analysis)과 모델링(modelling)의 수행이다. 디지털 형식으로 저장된 지리·공간적 자료에 기반을 둔 GIS의 특성으로 인해 지리학에서 이용되어온 공간분석기법들이 적용가능하다. 그뿐 아니라 GIS를 이용한 공간분석기법은 의사결정기법과 결합하여 공간의사결정지원시스템(SDSS: Spatial Decision Support System)과 같은 의사결정도구로 발전될 수도 있다.

이러한 GIS의 각 부문들을 통틀어 하나의 학문분야로 인식하기도 하는데, GIS와 관련된 다양한 기술들은 항공사진, 위성영상, 인터넷, GPS, 모바일 컴퓨팅, 유비쿼터스 기술 등과 융합하면서 더 큰 발전을 이루었다. 이러한 발전은 지리정보 관련 학문의 근본적 체계에 대한 변화를 불러와 GIS를 과학의 한 분야로 정의하기에 적합한 수준이 되었다. Goodchild는 이를 "지리학적인 정보과학(geographical information science)"이라고 했으며, 미국에서는 "지리정보과학(geographic information science)"이라고도 한다. 또한 그는 지리정보과학에는 GIS 자체에 대한 연구뿐 아니라 GIS가 수반되는 연구 모두가 포함되어야 한다고 했다(Goodchild, 1992).

## 2. GIS의 필수 기능요소

GIS에 포함되는 필수적 기능요소는 자료의 수집(data acquisition), 예비적 처리(pre-processing), 자료의 관리(data management), 자료의 변형 및 분석(data manipulation and analysis), 결과물 제작(product generation) 등으로 구분할 수 있다(Star and Estes, 1990). 또한 이러한 기능요소들은 GIS 사용에서 일련의 연속적 과정을 통해 수행된다.

### 2.1. 자료의 수집(Data Acquisition)

GIS는 자료의 수집으로부터 시작된다. 자료의 수집은 목적 또는 용도에 부합하는 자료를 찾아서 모으는 과정으로, 최종 결과물의 질적 수준을 결정짓는 GIS 분석 전 단계에서 가장 중요한 부분을 차지한다. GIS 자료는 이미 구축된 자료를 이용할 수도 있으나, 측량, 답사, 조사 등을 위한 다양한 탐사도구를 동원하여 새로운 자료를 작성할 수 있다. 또한 원자료(raw data)를 가공하여 새로운 정보를 생성하는 단계를 거치기도 한다. 실제 우리가 사용하게 되는 많은 GIS 자료들은 기존에 존재하는 다양한 자료원으로부터의 가공과 1차적인 분석을 통해 추출된 것들이 대부분을 차지한다.

GIS의 필수 기능요소

　이러한 자료의 구축에서 중요한 것은 자료수집에 투입되는 시간과 경비에 대한 고려이다. 이는 GIS 자료의 정확도(accuracy)와 정밀도(precision)와 관련이 있다. 정확도는 자료의 값이 얼마나 '참값'에 가까운지를 나타내며, 정밀도는 작은 차이를 구분해낼 수 있는 능력을 의미한다. 정확도는 측정값과 실제값의 오차 수준으로 표현되며, 정밀도는 관측 또는 측정되는 값의 편차로, 실제 저장되는 값의 소수점 아래 자릿수의 수준으로 결정지을 수 있다. 예를 들어, 과녁을 향해 고정된 자세로 총을 10발 발사했다고 하자. 발사된 총알이 과녁의 중앙을 벗어난 곳에 조밀한 탄착군을 형성할 경우, 정확성은 떨어지나 정밀도는 높다 할 수 있다. 이러한 정밀도와 정확도의 개념은 수집할 자료의 수준을 사전에 설정하는 데 긴요하다. 전국을 대상으로 도시별 인구수 현황을 파악하는 데 필지 단위까지 표현된 도면을 사용하거나, 반대로 필지 단위의 정보를 이용하여 부동산 가격동향을 분석하는 데 시군구 단위의 행정구역 자료를 이용하는 것은 자료의 정밀도 측면에서 볼 때 바람직하지 않다. 정밀도가 높아질수록 GIS 자료의 용량이 커지기 때문에 분석의 목적과 사용하려는 컴퓨터 시스템의 용량에 적합한 수준으로 자료를 구축해야 한다.

## 2.2. 예비적 처리(Preprocessing)

자료의 구득단계에서 분석자가 필요로 하는 GIS 자료가 바로 얻어지기도 하지만 종이에 출력된 도면이나 문서와 같이 디지털로 변환되지 않은 자료가 있을 수 있다. 이 경우 컴퓨터에서 인식될 수 있는 형태의 디지털 자료로의 변환이 필요하다. 예비적 처리는 종이자료의 디지털화와 같이 수집한 자료를 변형하여 GIS 입력에 적절한 형태로 준비하는 과정을 말한다. 이 과정에서의 주요 과업은 자료의 형식변환(data format conversion)과, 원자료에서 관심 대상 객체의 위치 및 형태를 체계적 방법으로 분류하여 GIS 분석을 수행할 수 있는 준비 자료를 만드는 일이다.

아날로그 자료를 디지털로 변환하는 것 외에 자료의 형식변환에서 중요한 것은 분석 자료의 해상도, 축척, 좌표체계의 통일이다. GIS 분석에서는 동일한 좌표체계와 축척을 가진 자료를 이용해야 한다. 또한 해상도가 서로 다른 여러 개의 GIS 자료를 이용하여 분석할 경우, 그 결과는 가장 낮은 해상도의 자료수준에 맞춰진다는 것에 유의해야 한다. 이 책 제7장 「자료의 구축」 부분의 실습이 이에 해당된다.

## 2.3. 자료의 관리(Data Management)

GIS는 도형정보와 속성정보가 결합된 자료구조를 가지고 있으며 GIS의 속성정보는 데이터베이스를 통해 관리된다. GIS 내 자료관리 기능은 자료입력, 즉 데이터베이스의 생성과 갱신, 삭제, 검색 등을 관장한다. 최근에는 인터넷 환경의 발달로 인해 규모가 큰 GIS 자료의 경우 별도의 데이터베이스 서버를 구축하여, 인터넷 환경을 통해 여러 사용자가 동시에 원격지에서 자료를 검색하고 관리할 수 있다.

이러한 자료의 관리에서는 보안이 중요한 부분을 차지한다. 자료 그 자체에의 접근을 통제하는 것도 중요하나 자료에 접근해서 내리는 일련의 명령들이 적절하고 정확한지를 검색하는 것도 중요한 사항이다.

인터넷을 통한 자료관리

다양한 주제도

## 2.4. 자료의 변형 및 분석(Manipulation and Analysis)

GIS의 자료 변형과 분석 기능은 데이터베이스 내용을 재료로 하여 분석자가 필요로 하는 새로운 정보를 도출해내는 일을 담당한다. 이는 GIS에서 가장 핵심을 이루는 부분으로 다양한 알고리즘과 각종 GIS 공간분석기능을 이용하여 답을 찾는 과정이다. 그래서 이 부분을 지오프로세싱(geoprocessiong)이라 부르기도 한다.

하나의 GIS 소프트웨어에서 사용자가 원하는 모든 분석기능을 구현하기 어려울 경우, 특별한 기능을 갖춘 외부의 다른 소프트웨어로 자료를 변환하여 옮김으로써 만족스러운 분석을 할 수 있으며, 그 결과치와 변환된 자료를 다시 받아 다음 과정의 분석처리를 수행하는 데 이용할 수도 있다.

GIS 자료의 분석은 전통적인 GIS 분석방법인 래스터 자료를 대상으로 한 도면대수(map algebra)에 의한 연산, 벡터 자료의 위상관계에 의한 중첩(boundary operation), 네트워크 분석(network analysis), 속성정보를 이용한 연산과 도면 표출 등 다양한 기법이 적용된다. 이 책의 제3부와 제4부에는 이러한 각종 GIS 분석기법에 대해 실습과 구체적인 예시가 제시되어 있다.

## 2.5. 결과물 제작(Product Generation)

결과물 제작은 GIS로부터 최종 성과물을 창출해내는 단계이다. 이 과정의 산물은 도면뿐 아니라 표로 구성된 통계적 보고서, 다양한 종류의 도식 등 컴퓨터로 표현 가능한 모든 서식이 될 수 있다. 또한 컴퓨터 화면이나 도면에 표현하는 것 이외에도 추후의 새로운 분석을 위해 분석결과를 디지털 자료로 작성하여 GIS 데이터베이스에 저장하는 일은 다른 소프트웨어에서의 사용을 위해서도 매우 중요한 의미를 지닌다.

GIS는 도면작성에서도 뛰어난 성능을 발휘한다. GIS를 이용하면 짧은 시간 안에 효과적으로 공간정보를 전달할 수 있는 도면을 작성할 수 있다. 특히 속성정보를 이용한 다양한 주제도의 작성, 3차원 정보의 시각화 등 기존 CAD나 종이도면에 비해 많은 강점을 가지고 있다. 이 책 제2부 제11장 「도면작성」에서는 이러한 결과물 제작에 해당하는 실습을 수행하게 된다.

3차원 지도표현

## 참고문헌

Burrough, P. A. 1986. *Principles of Geographical Information systems for Land Resources Assessment*. Oxford: Clarendon Press.

Goodchild, M. F. 1992. "Geographical Information Science." *International Journal of Geographical Information Systems*. Vol. 6, No. 1(Jan-Feb).

Star, J., and J. E. Estes. 1990. *Geographic Information Systems: An Introduction*. N.J.: Prentice Hall.

# 제3장

# GIS와 지도

## 1. 지도

지도는 실세계를 종이 위에 축약된 정보로 표현한 것이다. 실세계의 복잡한 현상을 모두 표현하기 어렵기 때문에 전하고자 하는 정보를 효과적으로 표현하기 위한 다양한 방법을 고안하게 되었다. 다음 페이지의 지도는 청구전도의 경조오부도 채색본으로, 지도를 살펴보면 우리 조상들이 풍수지리에서 중요하게 여기는 산맥과 물길이 명확히 그려진 것을 알 수 있다. 또한 주요 지점과 도로망을 표시하여 당시의 교통로 체계를 한눈에 확인할 수 있다.

이렇듯 지도 제작에는 현실세계에서 필요로 하는 정보를 가장 효과적으로 전달하기 위한 다양한 기법들이 이용된다. 실제 크기와 동일한 비율을 적용하여 도면에 표현하기 위한 축척, 미리 정의된 기호와 표식으로 정보를 제공하는 범례, 지구가 둥글다는 것이 증명되고 또한 그 형체가 타원체에 가깝다는 것이 확인된 이후 고안된 편평률, 좌표체계, 투영법 등이 그들이다. 이 장에서는 지구의 형상과 그에 따른 좌표체계의 종류에 대해 알아보려고 한다.

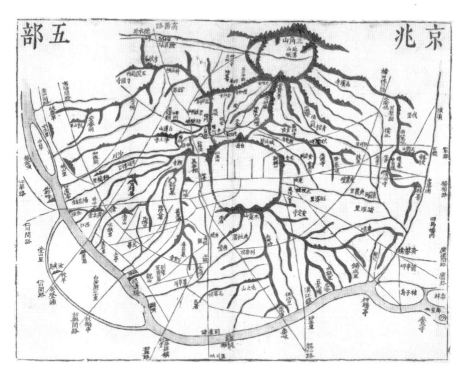

경조오부 목판본(청구전도), 김정호, 1861년, 30.0cm×39.7cm(영남대학교 박물관, 1998)

## 2. 지구의 형상

지구의 형상은 완벽한 구형이 아니라 적도 부분이 약간 부풀은 타원체에 가깝다. 이는 지구의 자전이 원인인 것으로 해석되고 있다. 지도를 작성하거나 인공위성의 궤도 등을 결정하기 위해서는 수학적으로 표현할 수 있는 지구의 형상이 필요한데, 이때 이용하는 것이 지구 타원체라고 하는 것이다. 이러한 지구 타원체의 형태를 측정하기 위해 편평률이라는 개념이 사용된다. 편평률은 1에서 '지구 중심에서 적도까지의 거리'에 대한 '지구 중심에서 극까지의 거리'의 비를 뺀 값으로 다음의 그림과 식으로 표현되며 그 값은 약 1/300에 가깝다.

편평률을 계산하는 데 필요한 적도의 반경은 지구 표면의 굴곡과 측정지역에 따라 다르게 나타나기 때문에 다양한 편평률이 제안되었으며 국가별로 자국에 적합한 타원체를 선정하여 사용하고 있다. 과거 우리나라는 Bessel 타원체를 사용해왔으나

### 지구 타원체의 종류와 편평률

| 명칭 | 적도반경(km) | 편평률 | 사용국가들 |
|---|---|---|---|
| Everest(1830) | 6377.276 | 1/301 | 인도 |
| Bessel(1841) | 6377.397 | 1/299 | 일본, 독일, 한국 |
| Airy(1844) | 6377.563 | 1/299 | 영국 |
| Clarke(1866) | 6378.206 | 1/295 | 북아메리카 |
| Clarke(1880) | 6378.249 | 1/293 | 프랑스, 남아프리카 |
| International(1924) | 6378.388 | 1/297 | 국제적 |
| Krasovsky(1938) | 6378.245 | 1/298 | 러시아 |
| GRS80(1980) | 6378.135 | 1/298 | 국제적 |
| WGS84(1984) | 6378.137 | 1/298 | 국제적 |

\* GRS: Geodetic Reference System, WGS: World Geodetic System

자료: Cambell(1991), *Introductory Cartography* (2nd ed.)

$$편평률 = 1 - \frac{b}{a}$$

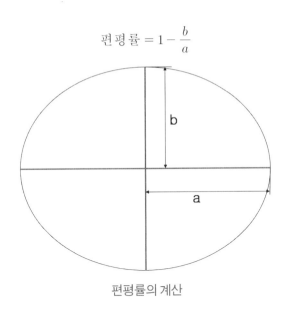

편평률의 계산

인공위성의 활용과 GPS 보급 등의 요인으로 인해 2007년부터는 WGS84를 기준으로 좌표체계를 사용하도록 하고 있다. 실제 GPS 수신기에 표시되는 경위도 좌표계는 GPS 위성의 궤도가 지구를 WGS84 타원체를 기준으로 모델링하여 결정된 것이기 때문에 모두 WGS84 타원체상의 좌표로 나타난다.

WGS(World Geodetic System)는 1950년대 말 미국 국방성에서 발표한 타원체로

WGS60을 시작으로 정밀측정기술의 발달과 함께 보완되어 WGS84에 이르게 되었다. 각국별로 다른 타원체 사용에 따른 문제점을 해결하기 위해 현재 세계적으로 WGS 타원체를 채택하려 하고 있다. 또한 GRS(Geodetic Reference System)는 국제측지학 및 지구물리학연합(IUGG: International Union of Geodesy and Geophysics)에서 채택된 타원체로, GRS80 타원체는 WGS84와 거의 차이가 없는 타원체로 인식되고 있다.

## 3. 좌표체계(Coordinate System)

지도를 제작할 때 가장 까다로운 점은 바로 지구의 형태가 둥글다는 데 있다. 또한 그 형태도 완전한 구(球)가 아니라는 점이 더욱 정확한 지도 제작을 어렵게 한다. 지구의 형상을 있는 그대로 표현하기 어렵기 때문에 다양한 수학적 모델링을 통해 둥근 지구를 평면으로 표현해왔다. 이때 사용되는 것이 바로 투영법(projection)과 축척(scale)이다. 투영법은 둥근 형태의 지구를 평면상의 지면에 표현하기 위한 방법으로 이름 그대로 빛을 비출 때 생기는 그림자를 이용하는 원리이다. 또한 축척은 실제 길이를 일정한 비율로 축소하는 정도를 의미한다. 투영법과 축척 외에 지도를 제작할 때 중요한 요소는 바로 좌표체계이다. 좌표체계는 위치를 표현하는 데 매우 효과적으로 이용되는 것으로 19세기 데카르트에 의한 xy좌표체계가 대표적이다. 공간상의 객체는 지표면상의 특정 위치를 참조하게 된다. 이때 그 위치를 나타내는 방식에 따라

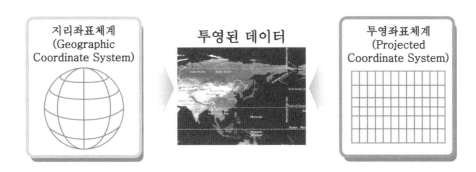

지리좌표체계와 투영좌표체계

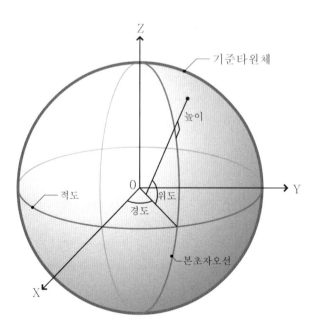

지리좌표체계에서의 경위도

크게 지리좌표체계(geographic coordinate system)와 투영좌표체계(projected coordinate system)로 나뉜다.

### 3.1. 지리좌표체계(Geographic Coordinate System)

지리좌표체계는 경도(longitude)와 위도(latitude)로 구성된 구면(spherical) 좌표체계로 실세계의 지표면상 위치를 식별하는 데 유용하다. 경위도는 지표면에 있는 지점과 지구 중심을 연결하는 선의 각도를 의미한다. 이때 경도는 동서방향, 위도는 남북방향으로 측정되며, 자오선이라고 불리는 경도선은 남극과 북극 사이를 가로지르고, 평행선이라고도 불리는 위도는 적도와 평행한 원 형태로 지구 둘레를 에워싼다. 경도는 영국의 그리니치천문대(현재는 케임브리지로 이전)가 위치한 지점을 본초자오선(prime meridian)으로 하고 이를 기준으로 동서로 총 360도의 각도로 각각 동경 180도, 서경 180도로 구분했다. 위도는 지구 자전축에 직각으로 지구의 중심을 지나도록 자른 평면인 적도에 평행한 선이다. 위도는 적도를 0도로 하고 북반구와 남반구를 각각 90도로 나누며, 북위 0~90도, 남위 0~90도와 같은 방식으로 표현한다.

## 3.2. 투영좌표체계(Projected Coordinate System)

투영좌표체계는 구와 유사한 형태인 지구를 평면의 격자 형태로 표현한 것을 의미한다. 지구의 형상을 평면으로 표현하기 위해서 사용되는 방법이 투영(projection)이다. 투영법은 지구 내부에서 밝은 빛을 비췄을 때 평면에 나타나는 형상을 본 떠 그리는 것과 같은 개념으로 대부분의 지도가 투영법에 의해 제작된다. 이러한 투영법은 빛을 비추는 방식과 투영되는 면에 따라 여러 가지 투영법으로 구분된다.

현재 우리나라의 지도는 횡축 메르카토르 도법이라고 불리는 TM(Transverse Mercator) 투영법을 이용하고 있다. 벨기에의 지리학자인 게라르두스 메르카토르(Gerardus Mercator)가 고안한 메르카토르 투영법에서 유래한다. 이 도법은 원통과 접하는 부분이 적도가 아니라 적도에서 직각으로 회전된 경선과 접하도록 하여 투영시켜 전개한 개념이다. 또한 일반적인 기하학적 투영방법이 아니라 수학적 모델에 의한 격자체계로 남북방향과 동서방향의 축척 증가가 같은 비율로 이루어지도록 고안되었다.

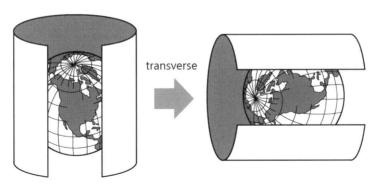

transverse

TM(Transverse Mercator)

**광원에 따른 분류**

- 정사도법(orthographic projection): 광원이 지구본으로부터 무한대의 거리상에 위치하여 지구본에 투영되는 빛이 평행한 도법을 말한다.
- 평사도법(stereographic projection): 광원의 위치가 투영면이 접하는 지점의 반대편에 위치한다.
- 심사도법(gnomonic projection): 광원의 위치가 지구본의 내부 중앙에 위치한다. 투시방위도법이라고도 한다.

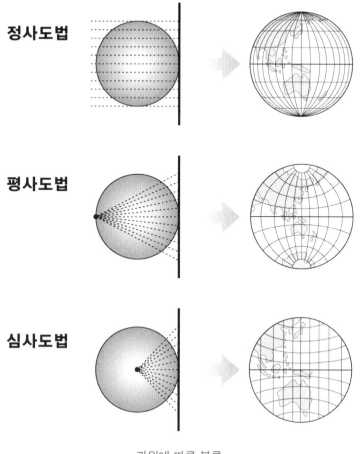

정사도법

평사도법

심사도법

광원에 따른 분류

**투영면에 따른 분류**

- 원통도법(cylindrical projection): 지구에 원통을 씌워 투영. 원통과 지구본이 만나는 방법에 따라 구분된다.
- 원추도법(conic projection): 지구에 원추를 씌워 투영. 원주의 개수와 종류에 따라 구분된다.
- 평면도법(azimuthal projection): 방위도법이라고도 하며 지구에 평면을 접하여 투영하는 법으로 시점의 종류에 따라 구분된다.

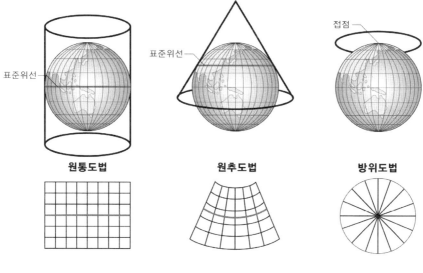

표준위선

표준위선

접점

**원통도법**　　　　**원추도법**　　　　**방위도법**

투영면에 따른 분류

### 3.3. UTM(Universal Transverse Mercator)

　　UTM(Universal Transverse Mercator)은 전 세계에서 보편적으로 이용되는 투영법으로 1947년 미국 육군에 의해 개발되었다. UTM좌표계는 남위 80도에서 북위 84도까지의 지역을 경도 6도의 간격으로 나눈, 총 60개의 격자띠로 이루어져 있다. 각 격자띠는 다시 가로로 20개의 격자로 나뉘는데, 그 간격은 위도 8도이며 가장 북쪽의 격자는 12도로 되어 있다. 동서방향으로 1에서 60까지의 번호가 매겨지며 남북방향으로는 숫자와의 혼동을 막기 위해 'I'와 'O'를 제외한 'C'에서부터 'X'까지의 알파벳으로 구분되어 있다. 이러한 UTM좌표계에서 우리나라는 51S, 51T, 52S, 52T 구역에 속한다.

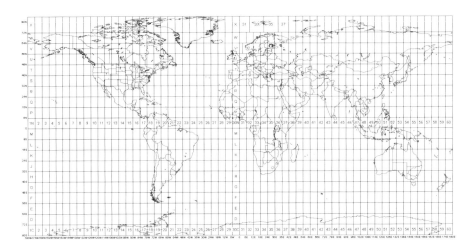

UTM Zone System(자료: http://www.gsd.harvard.edu/gis/manual/projections)

**참고문헌**

영남대학교 박물관. 1998. 『한국의 옛지도』. 영남대학교 박물관.

Cambell, H. J. 1991. *Introductory Cartography*, 2nd ed. Dubuque, I. A.: Wm. C. Brown.

# 알 이드리시의 세계지도

래스터 형식의 GIS 소프트웨어 중 IDRISI가 있다. IDRISI는 미국 클라크대학교 지리학과의 로널드 이스트먼(Ronald Eastman) 교수를 중심으로 1987년부터 개발되어온 대표적인 GIS 소프트웨어로, 래스터 기반의 각종 지리 분석모듈을 탑재하여 주로 학술분야에서 사용되고 있다. 이 IDRISI라는 명칭은 아랍의 유명한 지리학자의 이름이라고 한다. '무하마드 알 이드리시(Muhammad Al Idrisi)'는 무슬림 도시 세우타(Ceuta)에서 태어났다. 그의 조상은 스페인 말라가 지역을 지배했던 칼리프의 후손으로 이드리시는 어릴 때부터 체계적인 교육을 받았다고 한다. 이드리시는 스페인 코르도바에서 대학교육을 마친 뒤, 시를 지으며 에스파냐 아프리카 북쪽 연안, 영국 해안 등을 유랑했다. 1138년 어느 날 시칠리아 왕국의 국왕 로제르 2세(Roger II)는 이드리시를 자신의 궁정에 초대하고 이드리시에게 정확한 세계지도를 만들어달라는 부탁을 했다.

기록에 의하면, 로제르 2세는 약 700kg에 이르는 은을 알 이드리시에게 주었고, 이드리시는 그것을 은장이에게 주며 둥근 은판을 만들게 했다고 한다. 당시 이드리시가 만든 평면 구형도는 가로 3.5m, 세로 1.5m 크기에 무게가 180kg에 달하는 크고 평평한 모양의 지도였다. 이 지도에는 이드리시가 세계지리에 대해 잘못 판단한 점들이 몇 가지 나타나 있다. 예를 들어, 잉글랜드는 유럽 해안에서 벗어나 먼 바다 위에 떠 있는 작은 점으로 표시되어 있고, 아프리카 대륙은 남극까지 연결되어 있다. 따라서 이 지도에 따르면 유럽에서 아프리카 해안을 따라 인도로 향해하는 것은 불가능하다. 반면에 나일 강의 지류인 청나일 강은 에티오피아에서 시작되고, 백나일 강은 중앙아프리카에 있는 "달의 산"에서 발원한다는 것이 정확하게 그려져 있다. 이것은 영국의 지리학자들도 19세기 중반까지 확인하지 못했던 사실이다. 그뿐 아니라 이 지도에는 스칸디나비아와 일본까지 그려져 있다. 또한 고대 그리스의 지리학자들처럼 알 이드리시도 지구가 둥글다고 믿었으며, 지구의 최대 둘레를 약 37,000km로 산출했다. 지구의 실제 둘레가 약 40,000km라는 점을 생각하면 꽤 근접한 수치임을 알 수 있다.

1154년 1월, 15년에 걸친 작업 끝에 은으로 만든 지도와 지리 해설서가 완성되었다. 그러나 로제르 2세가 죽자 시칠리아 왕국은 분열되었다. 1161년 3월 9일 아침, 반란군이 시칠리아 왕궁에 난입해 궁전에 보관된 수많은 문서들을 태워버렸다. 이날 커다란 은판에 세계지도를 새겨 넣은 알 이드리시의 평면 구형도도 사라졌다고 한다.

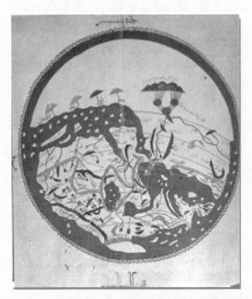

1154년 알 이드리시에 의해 만들어진
Tabula Rogeriana(The map of Roger)

자료:『지도를 만든 사람들』(발 로스 지음, 홍영분 옮김), Clark Labs 웹사이트(http://www.clarklabs.org)

# 제4장

# GIS의 자료구조

## 1. 래스터(Raster)와 벡터(Vector) 모델

GIS에서 실세계(real world)를 표현하는 방법은 크게 래스터 모델(raster model)과 벡터 모델(vector model)로 구분할 수 있다. 래스터 모델은 실세계의 객체를 그리드(grid), 셀(cell), 또는 픽셀(pixel)이라고 불리는 최소도면화단위(MMU: Minimum Mapping Unit)들의 집합으로 표현한 것을 말한다. 우리가 일반적으로 사용하는 jpg나 bmp와 같은 포맷의 이미지 파일이 바로 래스터 모델에 해당한다. 이러한 래스터 모델에 의해 작성된 파일은 격자 크기(cell size)에 의해 해상도가 정해지기 때문에 격자 크기를 최소화할수록 높은 해상도의 이미지를 얻을 수 있다. 그러나 그로 인해 정보의 저장용량을 많이 차지하게 되는 단점이 있다.

이에 반해 벡터 모델은 수학적 개념으로 시작점, 방향, 거리를 갖는 개체로 설명할 수 있으며, 점, 선, 면과 같은 형태를 통해 표현된다. 따라서 래스터 모델에 비해 실세계의 객체표현이 더 정밀하다. 또한 벡터 모델은 방향성, 연결성, 인접성, 면적성, 근접성과 같은 위상구조의 특성을 가지고 있어 주로 ArcGIS와 같은 벡터 기반의 소프트웨어에서 공간분석을 위한 자료구조로 이용된다. 특히 래스터 모델에서 중요시되

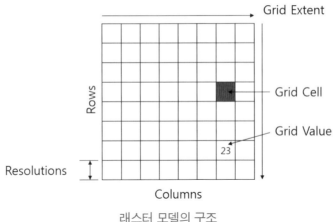

래스터 모델의 구조

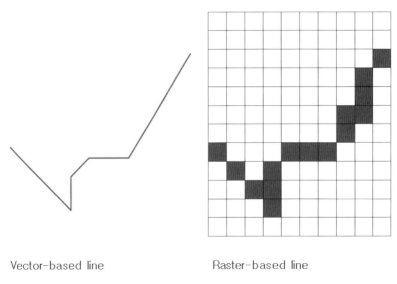

Vector-based line          Raster-based line

벡터와 래스터 모델 자료의 차이

없던 해상도의 개념이 필요하지 않기 때문에 확대할 경우 도형의 왜곡이 발생하지 않는다. 실세계의 표현에서 래스터 모델과 벡터 모델 간의 차이와 특징은 다음 그림과 같이 확연히 구분된다.

    GIS에서는 벡터와 래스터의 기본적인 자료구조하에서 프로그램별로 다양한 파일 포맷을 사용하여 각종 지리정보들이 저장되고 읽힌다. 대표적으로 사용되는 GIS 프로그램인 ArcGIS에서는 자료의 구조에 따라 Vector, Raster, TIN 등으로 구분되며 파일 형식으로는 Feature Classes, Shapefiles, Coverages, Raster(grid) 등으로 구분할 수 있다. 또한 이 외에도 jpg, bmp와 같은 이미지 포맷과 dwg, dgn과 같은 CAD(Computer Aided Design) 포맷도 사용가능하며, 엑셀과 같은 스프레드시트 자료도 불러오기와 편집이 가능하다.

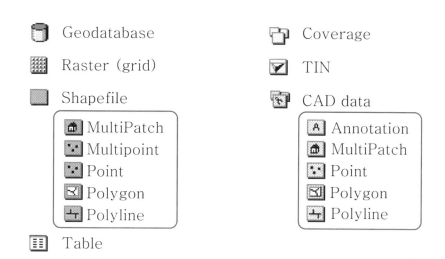

ArcGIS에서 이용되는 GIS 자료의 종류

## 2. 도형정보와 속성정보

GIS가 CAD와 구별되는 것은 도형정보(graphic information)와 속성정보(attribute information)의 결합을 통한 작업이 가능하다는 것이다. 이해를 돕기 위해 스프레드시트[1]와 CAD 소프트웨어의 예를 들어보자.

CAD 소프트웨어는 도형을 작도하는 데 주로 이용된다. 예시의 지적도는 길이와 면적, 위치와 같은 공간상의 기본정보는 가지고 있으나 CAD 소프트웨어상에서 도

---

1) 일상 업무에 많이 필요한, 여러 가지 도표 형태의 양식으로 계산하는 사무업무를 자동으로 할 수 있는 표 계산 프로그램이다. 경리, 회계업무에 사용하던 계산용지를 컴퓨터로 옮긴 것으로 최근에는 데이터베이스, 그래프 기능까지 추가되었다. 대표적인 소프트웨어로 마이크로소프트사의 엑셀(Excel)을 들 수 있다.

도형정보                                              속성정보

형을 통해 지목, 소유자, 지가 등의 추가적인 정보는 확인하기 어렵다. 그리고 옆의 스프레드시트의 자료는 해당 필지에 대한 상세한 정보는 알 수 있으나 그 형태와 위치는 바로 확인하기 어렵다. 따라서 이러한 도형과 속성의 양쪽 장점을 결합한 것이 GIS 자료구조의 기본적인 특징이라 할 수 있다.

물론 CAD 소프트웨어에서도 도형정보뿐 아니라 다양한 속성정보를 활용하여 공간분석을 수행할 수 있다. 이는 엄격히 CAD의 기능이 아니라 GIS의 영역에 해당한다고 할 수 있다. 국내에서 가장 많은 사용자를 확보하고 있는 CAD 소프트웨어인 AutoCAD의 경우 적용분야별로 특성화된 CAD 소프트웨어를 개발하여 판매하고 있는데, 그중 AutoCAD Map 3D는 AutoCAD의 기본적인 기능에 GIS기능을 추가한 것으로 보면 된다. 이와 반대로 GIS에서도 CAD의 도형작도 기능이 보강되어가는 추세이다.

한편, ESRI의 설립자인 Jack Dangermond는 공간자료의 기본적 특성을 도형정보와 속성정보 외에 시간정보를 추가하여 세 가지 측면으로 구분했다(Dangermond, 1990). 다음 그림은 그가 제안한 GIS 자료의 세 가지 개념적 요소를 나타내고 있다.

GIS의 공간자료는 기본적으로 도형자료와 속성자료로 구분되는데, 여기서 도형자료는 점(point), 선(line), 면(polygon)의 세 가지 요소로 구분할 수 있으며, 그 표현방식은 래스터와 벡터로 구분할 수 있다. 또한 GIS에서 속성자료는 Stevens의 4가지 척도(Stevens, 1946)에 의해 명목척(nominal scale), 서열척(ordinal scale), 등간척(interval scale), 비율척(ratio scale)으로 입력된다. 그리고 이러한 공간자료는 시간정보에 기반을 둔 자료(temporal data)로 구축될 수 있다.

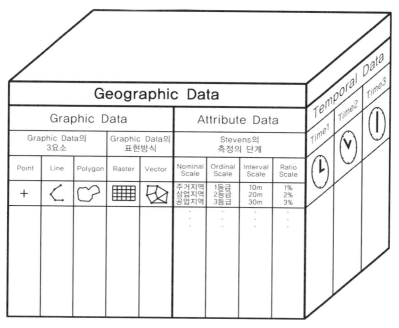

GIS 자료의 개념적 요소(Dangermond, 1990에서 재정리)

Stevens의 측정의 단계(Stevens, 1946)

| 측정의 단계<br>(level of measurement) | 설명 |
|---|---|
| 명목척<br>(nominal scale) | 가장 기본이 되는 측정단계로, 사물을 집단(group)별로 분류하는 척도이다. 집단의 구분에는 문자, 숫자, 기호 등 다양한 표기가 적용가능하며, 숫자의 경우에도 수와 수 사이의 순서의 의미는 존재하지 않는다.<br>예) 주거지역, 상업지역, 공업지역…… |
| 서열척<br>(ordinal scale) | 서열척은 측정대상 간의 순서를 밝혀주는 척도이다. 서열척을 이용한 측정은 여러 개의 집단 또는 객체를 비교하여 대소관계를 바탕으로 순서를 정하는 방식으로 이루어진다.<br>예) 1등급, 2등급, 3등급…… |
| 등간척<br>(interval scale) | 등간척은 서열척과 같이 분류와 순서의 의미를 갖는다. 그런데 비교대상 간에 존재하는 크기나 양이 동일하여 측정단위 간격에 동일한 수적 차이를 부여하는 척도를 말한다. 즉, 서열 외에 얼마의 단위만큼 크고 작은 것인가를 밝힐 수 있다.<br>예) 표고 10m, 20m, 30m, 40m…… |
| 비율척<br>(ratio scale) | 비율척은 명목, 서열, 등간 등의 속성에 비율성을 갖춘 척도라고 할 수 있다. 또한 능간척은 임의의 점을 기준으로 측정하지만 비율척은 물리적으로 아무것도 없는 현상인 절대영점(absolute zero)을 기준으로 계산한다. 온도나 해발고도는 물리적인 절대영점을 기준으로 하지 않기 때문에 등간척으로 측정될 수 있지만 길이, 면적, 무게와 같은 속성은 영점을 지니고 있기 때문에 비율척도로 측정된다.<br>예) 건폐율 10%, 20%, 30%…… |

# 3. 위상(Topology)

위상(topology)은 객체 간의 공간적 관계를 설명할 수 있는 모델로 정의할 수 있다. 벡터 모델의 자료는 일반적으로 위상구조를 가진다. 사실 위상구조는 Coverage라 불리는 ESRI사의 GIS 자료형식과 관련된 자료구조이다. 최근 Coverage의 사용 빈도가 낮아지고 Geodatabase라고 하는 새로운 자료형식을 이용하고 있으나 여전히 GIS 분석을 위한 기본 원리를 파악하기 위해서는 Coverage 위상구조에 대한 이해가 필요하다.

위상구조는 점, 선, 면과의 관계에 의해 도형의 생성원리를 설명하기 때문에 관계형 자료구조라 불리기도 한다. 점의 경우 데카르트의 좌표계(Cartesian Coordination System)에 의해 x와 y 좌표값으로 표현할 수 있다. 선은 점과 점을 연결하는 개념으로 이해할 수 있으며, 면은 선들로 폐합된 공간을 구성함으로써 생성된다. 이러한 점, 선, 면의 관계를 바탕으로 구성된 것이 위상구조이며, Geodatabase나 Coverage와 같은 GIS 자료구조는 점과 선, 선과 면의 위상구조로 설명된다.

우선 일반적으로 점, 선, 면으로 부르는 용어는 GIS에서 좀 더 세부적으로 구분된다. 점에 해당하는 용어로 point, node, spot 등이 존재하며, 선에 대해서는 line, arc,[2] chain이, 면은 polygon, region, area 등으로 표현된다.

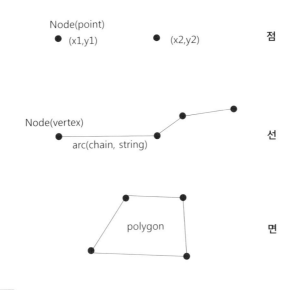

---

2) 일반적으로 arc는 '호'로 해석되나 ArcGIS에서는 '선'을 의미한다.

## 3.1. 점 위상(Node Topology)

위상구조는 점으로부터 시작한다. CAD와 마찬가지로 GIS에서 점은 좌표값으로 기록된다. ArcGIS의 Coverage 파일구조에서는 당초 점으로만 구성된 파일일 경우 point 위상이 생성되고, 선으로 된 파일일 경우 선과 선의 교차점에 node가 생성된다.

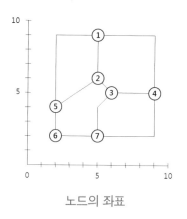

노드의 좌표

| Node | X, Y 좌표 |
|------|-----------|
| 1 | (5, 9) |
| 2 | (5, 6) |
| 3 | (6, 5) |
| 4 | (9, 5) |
| 5 | (2, 4) |
| 6 | (2, 2) |
| 7 | (5, 2) |

## 3.2. 점과 선 위상(Arc-Node Topology)

선은 두 지점을 연결하여 만들어진다. 이러한 원리에 의해 작성되는 선들은 시작 점(FNODE: From Node)과 끝점(TNODE: To Node)에 의해 방향성을 가지게 되며 이러한 특성을 이용하여 네트워크 분석 등에 이용된다. ArcGIS에서는 점과 선 위상이 생성되면 자동적으로 각 선상의 점(node)과 선의 관계가 정의되고 선의 길이도 계산된다.

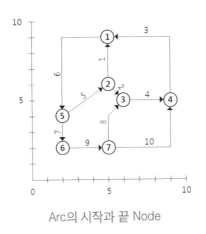

Arc의 시작과 끝 Node

| Arc | FNODE | TNODE |
|-----|-------|-------|
| 1 | 2 | 1 |
| 2 | 2 | 3 |
| 3 | 4 | 1 |
| 4 | 3 | 4 |
| 5 | 5 | 2 |
| 6 | 1 | 5 |
| 7 | 5 | 6 |
| 8 | 7 | 3 |
| 9 | 6 | 7 |
| 10 | 7 | 4 |

### 3.3. 선과 면 위상(Arc-Polygon Topology)

면은 선으로 둘러싸여 폐합되어 있다. 점과 선 위상에 의해 선이 방향성을 가지고 있다면 다시 선의 방향을 기준으로 면의 위치를 오른편(RPOLY: Right Polygon)과 왼편 (LPOLY: Left Polygon)으로 구분할 수 있다. 이 경우 선의 속성파일에 면의 위치정보 가 기록되며, 면의 속성파일에는 면적이 자동으로 계산된다. 선과 면 위상에서 면의 번호는 2번부터 시작된다. 1번은 면의 외부지역을 나타낸다.

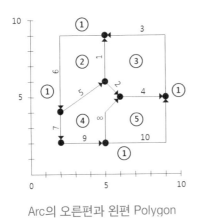

Arc의 오른편과 왼편 Polygon

| Arc | LPOLY | RPOLY |
|-----|-------|-------|
| 1 | 2 | 3 |
| 2 | 3 | 4 |
| 3 | 3 | 1 |
| 4 | 3 | 5 |
| 5 | 2 | 4 |
| 6 | 2 | 1 |
| 7 | 4 | 1 |
| 8 | 4 | 5 |
| 9 | 4 | 1 |
| 10 | 5 | 1 |

**참고문헌**

Dangermond, J. 1990. "A Classification of Software Components Commonly Used in Geographic Information Systems." *Introductory Readings in Geographic Information Systems*. pp. 30~51.

Stevens, S. 1946. "On the theory of scales of measurement." *Science*, 103(2684). pp. 677~680.

# 제5장

# GIS를 이용한 공간분석

## 1. GIS 공간분석의 문제유형

GIS의 공간분석 기능을 이용하여 조사, 분석할 수 있는 주요 문제는 위치(location), 조건(condition), 추세(trend), 경로(routing), 패턴(pattern), 모형(modeling) 등 여섯 가지로 구분할 수 있다. 이 같은 문제들 대부분은 전통적인 방법에 의존한다면 그 해결이 매우 어렵거나 해결에 많은 시간이 소요되는 것들이다(대한국토·도시계획학회, 2003).

### 1.1. 위치(Location)

주어진 위치에서 발생하는 사건 혹은 상황의 종류나 형태를 파악하려는 것으로서, 예를 들어 "주어진 분석 대상지 내의 인구수는 얼마인가?"와 같은 질문이 이에 해당한다. 이는 단순히 주어진 자료에 대한 속성을 확인하는 수준으로 이 책의 제2부 제9장 1절 「도구모음(Tools)을 이용한 도면 탐색」 부분이 이에 해당된다.

도면 탐색을 통한 속성 확인

## 1.2. 조건(Condition)

'조건'은 '위치'에 반대되는 것으로서 특정 조건이나 상태를 지니는 대상을 찾고
자 하는 경우이다. '조건'에 관한 것은 주로 질의(query)에 의해 답을 얻을 수 있으며,
질의는 단순히 속성만을 기준으로 원하는 값을 도출하는 속성질의(attribute query)와
객체 간의 공간적 관계를 조건으로 값을 얻는 공간질의(spatial query)로 구분할 수 있
다. 이는 제2부 제9장 2절「질의(Query)를 통한 도형 및 속성정보 선택」에 해당된다.

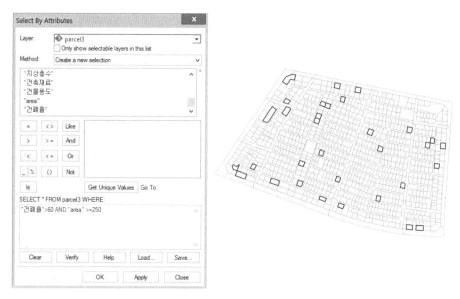

조건문 입력을 통한 객체 선택

## 1.3. 추세(Trend)

'추세'는 일정 기간 동안 사물이 변화한 추이를 관찰하고자 할 경우인데, 예를 들어 "특정 지역의 아파트 매매가는 지난 10년간 어떻게 변화했는가?"와 같은 질문이 이에 속한다. '추세'를 분석하기 위해서는 GIS 자료가 시계열로 구축되어야 하며, 미래예측을 수행하기 위해 다양한 통계기법도 적용된다.

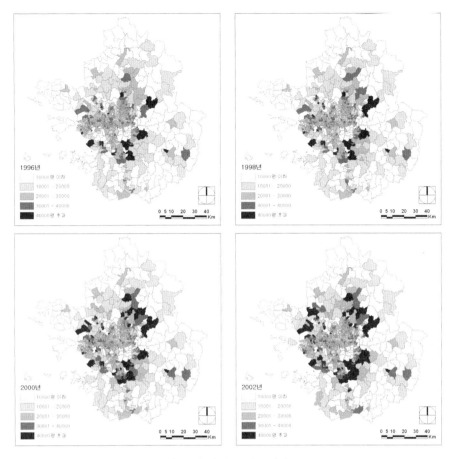

수도권 행정동 인구변화

## 1.4. 경로(Routing)

특정 위치와 위치 사이에 존재하는 가장 빠른, 가장 짧은 혹은 가장 아름다운 등과 같은 최적 경로 산출을 원할 때의 질문이다. 넓은 의미에서는 선형의 네트워크를 이용한 모든 분석이 이에 해당된다. "현재 위치에서 가장 가까운 근린공원이 어디에 있는가?" 또는 "현재 위치에서 시청까지의 가장 빠른 경로는 어떻게 되는가?"가 그 예이다. 이 책에서는 제4부 제17장「네트워크 분석」이 이에 해당된다. 경로는 주로 벡터구조의 네트워크 자료를 이용하여 분석하며, 경로분석을 위한 네트워크상의 이동과 관련된 다양한 변수와 조건설정이 선행되어야 한다.

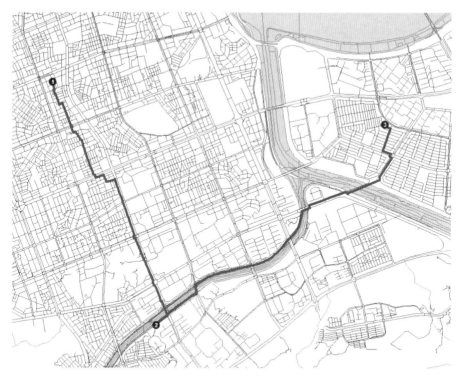

최적 경로 네트워크 분석 사례

### 1.5. 패턴(Pattern)

특정 현상의 분포나 그러한 분포의 과정을 이해하기 위해 던지는 질문이다. "수도
권 지역의 공장입지가 어떠한 패턴을 보이는가?"가 그 예이다. 패턴과 관련된 문제
를 해결하는 데는 주로 공간통계분석 기능이 활용된다. 공간적인 패턴을 분석하기
위한 Morans I, Geary's C 등의 지표는 객체의 군집도를 평가하기 위해 이용된다.

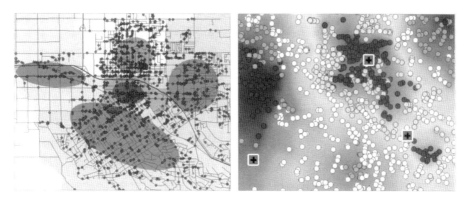

범죄발생 분포패턴의 파악(Zeiler, 1999)

## 1.6. 모형(Modeling)

가설을 기반으로 수립되는 다양한 모형을 평가, 검토하고자 할 경우인데, 예를 들면 "현재의 해수면이 10cm 상승했을 때 해안선은 어떻게 변화하는가?"가 이에 해당한다. GIS 공간분석의 고급단계는 대부분 이와 같은 모형을 적용하여 답을 얻어내는 것이며, 이 책 제3부와 제4부의 분석들이 모형과 관련된 문제라 할 수 있다.

침수지역의 파악(Zeiler, 1999)

## 2. 공간분석기능

GIS를 이용한 공간분석 기능은 매우 다양하며, 현재도 계속 새로운 분석기법들이 개발되고 있다. 공간분석은 사용되는 자료구조, 분석대상과 목적 등에 따라 다양한 분류가 가능하다. 우선 래스터와 벡터로 구분되는 자료구조의 차이로 인해 적용되는 분석기법이 다르다. 벡터 자료의 경우, 점, 선, 면과 같은 도형요소에 따라 가능한 분석기법을 구분할 수 있다. 개별 도형만으로 수행할 수 있는 분석이 있을 수 있으며, 점과 선, 선과 면과 같이 두 가지 이상의 도형을 조합하여 분석을 수행할 수 있다.

앞서 GIS를 이용하여 해결 가능한 문제 유형으로 위치(location), 조건(condition), 추세(trend), 경로(routing), 패턴(pattern), 모형(modeling)의 6가지를 제시했다. 실제 GIS 공간분석에서는 이러한 문제유형들이 복합적으로 적용되는 경우가 대부분이다. 그 대표적인 예가 적지분석인데, 적지분석에는 이 책에서 GIS의 기본적 공간분석기법으로 분류한 측정(measurement), 질의(query), 재분류(reclassification), 중첩(overlay), 근접성(proximity), 지형 기반 분석(surface analysis), 연결성(connectivity), 공간통계(spatial statistics), 영상처리(image processing) 등의 기법들이 모두 적용될 수 있다.

### 2.1. 측정(Measurement)

GIS에서 측정은 가장 기본적인 공간분석 기능이다. 측정은 지리·공간상 도형의 위치(location), 빈도(frequency), 거리(distance), 방향(direction), 면적(area), 부피(volume) 등에 대해 수행될 수 있다.

공간자료의 위치는 기본적으로 좌표값으로 정의된다. 점으로 된 자료의 경우 점 자체의 좌표값이 위치정보가 되며, 선이나 면 자료는 각 끝점이나 중심점(centroid point)을 기준으로 위치를 나타낼 수 있다. 빈도는 사전에 선택된 영역 내에 속한 객체의 수(point-in-polygon)를 탐색하는 방식으로 분석된다. 거리는 점, 선, 면 모두에 대해 분석이 가능하다. 특히 점의 경우 점 간의 거리(point distance)로 나타낼 수 있으며, 선은 길이(length), 면은 둘레(perimeter)로 표현이 가능하다. 또한 점과 선, 선과 면의 거리도 중심점 등을 이용하여 계산할 수 있다. 방향은 위치와 거리가 복합적으로 작용하여 계산된다. 도형이 방향성을 가진다는 것은 시작점을 기준으로 설명할 수 있으며 지정된 방향으로의 길이값을 가질 수 있다. 이러한 방향과 관련된 분석은 주로 수계(watershed) 분석이나 지형의 경사면과 관련된 향(aspect) 분석에서 이루어진다. 면적은 면에 대한 분석으로 평면상의 좌표를 이용하여 객체의 넓이를 계산할 수 있다. 또한 xy축으로 구성된 평면에서 z축이 포함된 입체적인 부피도 계산할 수 있으며, 이는 절·성토(cut/fill)와 같은 지형변화 분석에 주로 이용된다.

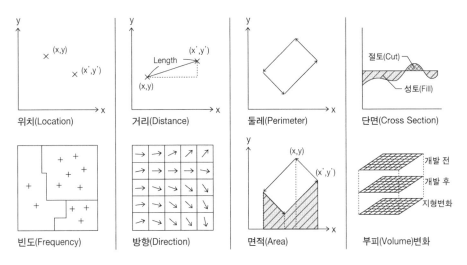

측정과 관련된 분석(Dangermond, 1990에서 재정리)

## 2.2. 질의(Query)

질의는 GIS가 데이터베이스 시스템으로 구축되었기 때문에 가능한 기능으로, 속성에 대한 질의(attribute query)와 공간에 대한 질의(spatial query)로 구분할 수 있다. 속성에 대한 질의는 GIS 시스템뿐 아니라, 일반적인 데이터베이스 시스템에서 기본적으로 수행 가능한 기능으로, GIS에서도 속성정보는 데이터베이스의 테이블과 같은 필드(field)와 레코드(record)로 구분되는 구조를 가지고 있다. 데이터베이스에 저장된 정보를 탐색하기 위해서는 질의문(query statement)을 작성하게 되는데, 질의문에는 연산자(operator)가 포함된다. 질의문에 이용되는 연산자는 산술 연산자(arithmetic operators)와 논리 연산자(logical operators)로 구분된다. 이들 연산자와 데이터베이스용 질의어인 SQL(Structured Query Language)[3]을 이용하여 속성질의를 수행할 수 있다.

Select <속성 이름> FROM <테이블 명> WHERE <조건>

공간에 대한 질의는 GIS가 다른 데이터베이스 시스템과 가장 크게 차별화되는 기능으로 지리·공간적 위치 관계에 의한 답을 얻을 수 있다. 속성질의에서와 동일한 연산자의 이용이 가능하지만 공간질의에서는 객체 간의 중첩과 인접성 여부가 더 중요한 연산기준이 된다. 다음은 공간질의에서 사용되는 연산규칙으로 두 객체에 대한 중첩방식을 기준으로 작성된 것이다.

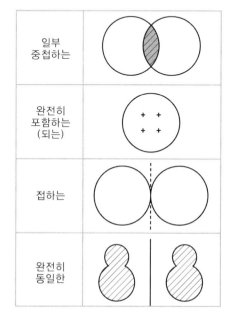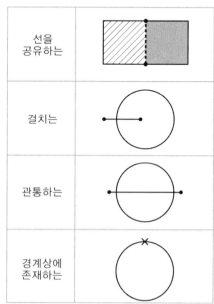

공간질의에 이용되는 연산자

## 2.3. 재분류(Reclassification)

중첩을 하기 전 주로 사용되는 분석으로 자료의 재분류(reclassification)가 있다. 래스터 분석에서 재분류는 각각의 셀에 입력된 원래의 값을 새로운 값으로 치환하는 재부호화(recode) 방식을 통해 이루어지며, 벡터 분석에서는 점, 선, 면 등의 도형에 연결된 속성값을 분류 기준에 맞게 입력함으로써 수행된다.

---

3) 데이터베이스 프로그램에서 사용되는 공통적인 언어로 데이터베이스의 생성, 제거를 비롯하여 데이터베이스 내에 테이블을 삽입, 갱신, 삭제하는 등의 다양한 작업을 할 수 있다.

재분류는 래스터 형식의 자료를 대상으로 주로 수행한나. 래스터 자료는 연속된 값의 셀들로 구성되어 있기 때문에 구간(class)을 정하여 자료를 표현한다. 벡터 형식의 자료에서 이용되는 Dissolve와 유사하지만 Dissolve는 속성자료의 필드값을 기준으로 도형을 결합하고 분류하는 기능인 데 비해, 래스터 자료의 재분류는 분석자가 원하는 구간을 정하고 새로운 값을 부여할 수 있다.

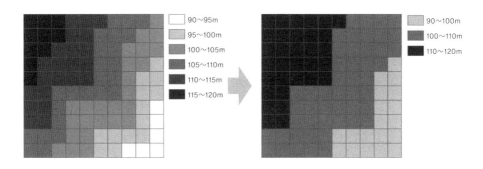

래스터 자료의 재분류

아래의 예시는 식재된 나무의 수종으로 구분된 벡터 형식 도면을 활엽수와 침엽수의 구분으로 재분류한 것을 보여준다.

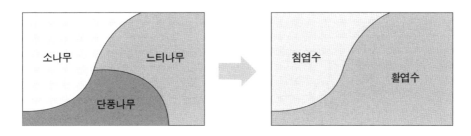

벡터 자료 재분류

## 2.4. 중첩(Overlay)

도면중첩(map overlay)은 가장 고전적인 GIS 분석방법으로 적지분석에서 매우 빈번히 사용되는 기능 중 하나다. 도면중첩은 사용되는 자료의 구조에 따라서 래스터 자료를 이용한 분석과 벡터 자료를 이용한 분석으로 구분할 수 있다. 래스터 자료를 이용한 중첩의 경우, 도면대수(圖面代數, map algebra)라 불리는 공간분석기법에 의해 분석이 수행되며 벡터 자료에서는 위상을 이용하여 경계를 분할, 결합, 삭제하는 등의 중첩을 수행하는데, 이를 경계연산(boundary operation)이라고 부르기도 한다.

### 래스터 자료의 중첩(Map Algebra)

도면대수는 동일한 셀 크기를 가지는 래스터 자료를 이용하여 수학연산자를 사용해 새로운 셀값을 계산하는 방법이다. 다음 그림은 동일한 셀 크기와 범위를 가지는 두 개의 래스터 파일을 이용한 도면대수의 예를 보여준다.

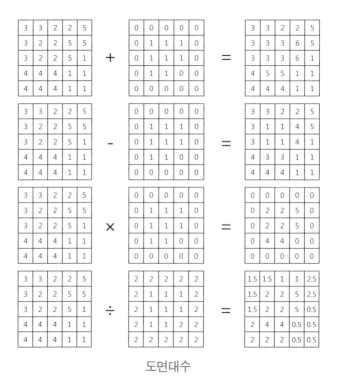

도면대수

특히, 위의 그림 중 곱하기 연산을 살펴보면, 0과 1로 이루어진 도면을 통해 1에 해당하는 부분의 값은 그대로 남고 0에 해당하는 값은 전부 0으로 처리된 것을 알 수 있다. 이와 같이 0과 1의 이진법적 결정방식을 사용하는 연산을 19세기 이를 고안한 영국의 수학자 조지 불(George Boole)의 이름을 따 불연산 또는 불대수(Boolean algebra)라 부른다. 래스터 분석에서는 주로 관심지역에 1을 할당하고 그 외 지역에 0을 입력한 도면을 원 도면에 곱하여 원하는 부분만을 추출하는 데 이용된다.

### 벡터 자료의 중첩(Boundary Operation)

벡터 형식의 자료를 이용한 중첩은 도형자료와 속성자료로 구분하여 수행된다. 벡터 자료의 중첩은 주로 면으로 표현되는 객체를 대상으로 이루어지나, 점과 면, 선과 면 간의 중첩도 가능하다. 면과 면을 이용한 중첩의 경우, 공통지역의 도출, 배제, 결합과 관련된 연산으로 수학의 논리연산의 합집합, 교집합, 차집합 등과 같은 개념으로 영역을 도출하는 데 이용된다. 그 외 점과 면, 선과 면의 경우도 면과 면을 이용한 중첩과 동일하게 적용 가능하다.

벡터 형식에서 도면중첩은 두 개 이상의 도면을 겹쳤을 때 경계선이 새롭게 생성되고 속성이 합쳐지고 분리되는 과정을 수행한다. 대표적인 도면중첩 분석기능으로 Erase와 Clip, Intersect와 Union, Split와 Dissolve 등이 있다. 이제 아래 도형들의 형태와 속성을 기준으로 다양한 중첩방식에 대해 알아보자.

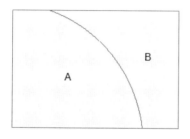

파일명: Box1.shp

| FID | Shape | ATTR1 |
|-----|---------|-------|
| 0 | Polygon | A |
| 1 | Polygon | B |

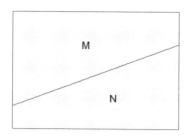

파일명: Box2.shp

| FID | Shape | ATTR2 |
|-----|---------|-------|
| 0 | Polygon | M |
| 1 | Polygon | N |

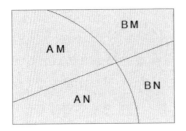

파일명: Box3.shp

| FID | Shape | AT1 | AT2 |
|---|---|---|---|
| 0 | Polygon | A | M |
| 1 | Polygon | B | M |
| 2 | Polygon | B | N |
| 3 | Polygon | A | N |

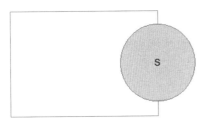

파일명: Circle.shp

| FID | Shape | ATTR3 |
|---|---|---|
| 0 | Polygon | S |

· Erase와 Clip

　　Erase는 도형의 특정 부분을 지우기 위해 사용되는 명령어이고, Clip은 이와는 반대로 특정 부분만을 남기고 나머지 부분을 없앤 새로운 도형을 생성시키는 명령어이다.

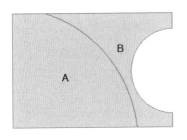

Box1 Erase Circle

| FID | Shape | ATTR1 |
|---|---|---|
| 0 | Polygon | A |
| 1 | Polygon | B |

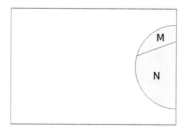

Box2 Clip Circle

| FID | Shape | ATTR2 |
|-----|---------|-------|
| 0 | Polygon | M |
| 1 | Polygon | N |

· Dissolve와 Split

　　Dissolve는 속성값을 기준으로 인접 객체와 속성값이 동일할 경우 하나의 객체로 만드는 명령이다. Dissolve는 polygon뿐 아니라 line 형식의 객체에도 적용 가능하다. 이와 반대로 Split는 원 파일에 다른 파일이 속성값을 기준으로 중첩하게 되면 각 속성값에 해당하는 부분이 분할되어 여러 개의 새로운 파일을 생성하는 명령어이다.

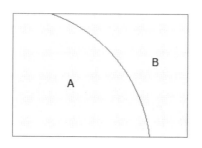

Box3 Dissolve(AT1 속성 이용)

| FID | Shape | AT1 |
|-----|---------|-----|
| 0 | Polygon | A |
| 1 | Polygon | B |

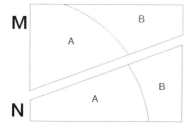

Box1 Split Box2(ATTR2 속성 이용)

M.shp

| FID | Shape | ATTR1 |
|-----|---------|-------|
| 0 | Polygon | A |
| 1 | Polygon | B |

N.shp

| FID | Shape | ATTR1 |
|-----|---------|-------|
| 0 | Polygon | A |
| 1 | Polygon | B |

· Intersect와 Union

Intersect는 교집합의 성격을 가지고 Union은 합집합의 성격을 가진다. 두 개의 도면이 교차했을 때 겹쳐지는 부분만을 남기되 공통된 부분의 모든 속성을 포함하는 것이 Intersect이며, 중첩된 모든 지역을 포함하고 그 모든 속성 또한 유지되는 것이 Union이다.

Box2 Intersect Circle

| FID | Shape | FID_BOX2 | ATTR2 | FID_CIRCLE | ATTR3 |
|-----|-------|----------|-------|------------|-------|
| 0 | Polygon | 0 | M | 0 | S |
| 1 | Polygon | 1 | N | 0 | S |

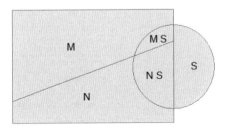

Box2 Union Circle

| FID | Shape | FID_BOX2 | ATTR2 | FID_CIRCLE | ATTR3 |
|-----|-------|----------|-------|------------|-------|
| 0 | Polygon | −1 | | 0 | S |
| 1 | Polygon | 0 | M | −1 | |
| 2 | Polygon | 1 | N | −1 | |
| 3 | Polygon | 0 | M | 0 | S |
| 4 | Polygon | 1 | N | 0 | S |

## 2.5. 근접성(Proximity)

근접성(proximity) 분석은 거리를 계산하여 얼마나 가깝고 먼가를 따져보는 분석기법이다. 근접성 분석에서는 주로 Buffer와 Point Distance 명령어가 이용된다. Buffer는 주어진 거리 내의 영역을 그리는 것으로 점, 선, 면 모든 위상에 적용 가능하다. Point Distance는 점 위상에 적용하는 것으로 각 점 간의 거리를 계산해준다.

### Buffer

Buffer(버퍼)는 점, 선, 면 모든 객체로부터 일정거리 내의 영역을 표시하는 기능이다. 생성된 버퍼 내에 관심 객체가 포함되는지의 여부를 판단하는 것과 같은 공간질의에 주로 사용된다. Buffer 명령어는 래스터 자료와 벡터 자료에 모두 적용이 가능하며, 일정 구간을 여러 단계로 지정하여 영역을 생성할 수도 있다.

벡터의 경우 모든 방향으로 일정한 거리로 버퍼 영역을 그리는 것이 가능하지만 격자구조를 가지는 래스터 자료의 경우 대각선 방향이 동서남북 방향의 셀 크기보다 약 1.414($\sqrt{2}$)배 길다. 따라서 래스터 버퍼의 경우 별도의 거리연산 규칙을 가지게 된다.

|  점  |  선  |  면  |

### Point Distance

Point Distance는 각 지점(point) 간의 거리를 계산하는 기능이다. 이때의 거리는 어떠한 장애물이나 저항값이 고려되지 않는 직선거리(euclidean distance)로 계산된다. 교통계획에서의 O-D(origin-destination)분석과 광역적인 규모에서 공간적 상호작용(spatial interaction) 등을 파악하기 위해 주로 이용된다. 다음 그림은 각 지점 간 거리를 Point Distance 기능을 이용하여 계산한 결과를 표로 나타낸 것이다. 왼쪽 도면은 거리를 계산하게 되는 각 지점과 객체번호가 표기되어 있으며, 오른쪽 표에는 각 지

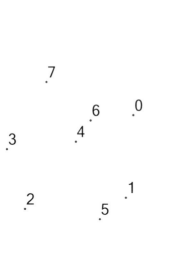

| OBJECTID* | INPUT_FID | NEAR_FID | DISTANCE |
|---|---|---|---|
| 1 | 0 | 5 | 270.225385 |
| 2 | 0 | 2 | 360.206019 |
| 3 | 0 | 1 | 204.716672 |
| 4 | 0 | 3 | 332.562888 |
| 5 | 0 | 4 | 160.501498 |
| 6 | 0 | 6 | 109.547218 |
| 7 | 0 | 7 | 237.03315 |
| 8 | 1 | 5 | 84.796131 |
| 9 | 1 | 2 | 259.19402 |
| 10 | 1 | 3 | 326.510717 |
| 11 | 1 | 4 | 188.86454 |
| 12 | 1 | 6 | 211.618631 |
| 13 | 1 | 0 | 204.716672 |
| 14 | 1 | 7 | 351.539655 |
| 15 | 2 | 5 | 192.947158 |
| 16 | 2 | 1 | 259.19402 |
| 17 | 2 | 3 | 154.70704 |
| 18 | 2 | 4 | 210.574392 |
| 19 | 2 | 6 | 275.38381 |
| 20 | 2 | 0 | 360.206019 |
| 21 | 2 | 7 | 318.444214 |
| 22 | 3 | 5 | 293.496632 |

Point Distance 기능을 이용하여 지점 간(왼쪽 point) 직선거리를 계산한 결과(오른쪽 표)

점 간 거리가 계산되어 입력되어 있음을 알 수 있다.

## 2.6. 지형 기반 분석(Surface Analysis)

래스터 자료의 경우 인접한 셀들과의 관계를 중심으로 분석이 이루어지는데, 이러한 특성으로 인해 지형과 관련된 분석에 주로 이용된다. 지형을 표현하는 방식은 등고선, TIN(Triangled Irregular Network), DEM(Digital Elevation Model) 등과 같이 다양하지만, 경사도, 향, 음영기복도, 가시권 분석 등은 각 셀의 높이값을 이용한 래스터 기반의 분석기능이다. 지형 기반 분석의 대표적인 사례인 경사도의 경우, 인접한 셀들과의 높이차와 거리를 이용하여 경사도를 계산한 후 다시 각 셀에 새로운 값을 입력하는 구조를 취하고 있다.

지형 기반 분석에서 가장 기본이 되는 것은 지형파일의 생성이며, 대표적으로 TIN과 DEM이 있으며 이 중 DEM은 셀마다 높이값이 입력된 격자구조의 래스터 자료로 지형 기반 분석에서 기본적으로 이용된다.

특히, 지형과 관련하여 관측된 지점의 높이값을 이용하여 구하고자 하는 지점의 높이값을 추정하는 방법으로 공간보간법(spatial interpolation)이 이용된다. 내삽법(內插法)이라고도 하며, 보간(interpolation)이란 비워진 값을 메운다는 뜻을 갖고 있다. 공간보간법은 Tobler의 공간적 자기상관(spatial autocorrelation)의 개념에 토대를 두고 있다.

공간적 자기상관은 "모든 것은 그 밖의 다른 모든 것과 관련되어 있지만, 인접해 있는 것들이 멀리 있는 것들보다는 더 높은 관련성을 보인다"는 지리학 제1법칙(the first law of geography)으로 설명할 수 있다(Tobler, 1970). 공간보간법에는 공간통계(geostatistics)기법이 이용되는데, 대표적으로 크리깅(kriging), 스플라인(spline), 역거리가중(inverse distance weighting)에 의한 기법이 이용되고 있다. 다음의 예는 공간보간법의 가장 간단한 예를 보여주는 것으로서 기측정된 값들이 선형적 관계를 가진다는 가정을 하고 있다.

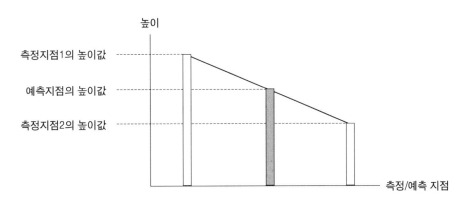

선형적 관계에 기반을 둔 높이 보간의 예

지형 기반 분석은 기본적으로 인접한 셀들의 값을 이용한다. 예를 들어, 경사도 분석의 경우 다음 그림과 같이 인접한 셀과의 거리와 높이를 이용하여 경사도를 계산하고, 계산된 값들 중 최고값을 다시 원래의 셀에 입력하는 구조로 되어 있다. 셀을 이동하면서 새로운 값이 입력되는데 이러한 방식을 무빙 윈도우(moving window)라고 한다. 음영기복도와 일조분석의 경우에도 무빙 윈도우 방식으로 해당 분석 알고리즘이나 연산식에 의해 각 셀에 해당하는 값을 입력하는 구조를 가지고 있다.

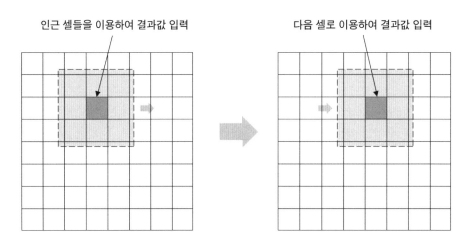

인근 셀들을 이용하여 결과값 입력

다음 셀로 이용하여 결과값 입력

무빙 윈도우 방식에 의한 셀값 입력

대표적인 지형 기반 분석으로 가시권 분석(viewshed analysis), 수계 분석(watershed analysis), 일조 분석(solar radiation analysis), 경사도/향(slope/aspect) 분석, 공간 보간(spatial interpolation), 등고선 생성(automated contours), 단면 분석(cross section), 3차원 분석(3D view) 등이 있다.

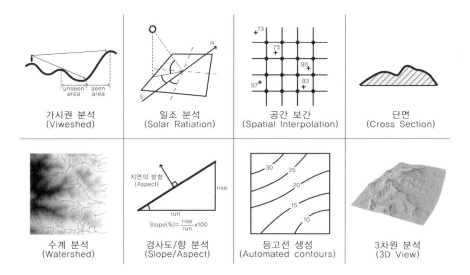

지형 기반 분석의 종류와 예시(Dangermond, 1990에서 재정리)

## 2.7. 연결성(Connectivity)

　연결성은 선형과 관련된 분석으로, 대표적인 분석기법으로 네트워크 분석을 들 수 있다. 네트워크 분석은 래스터와 벡터 기반의 두 가지로 구분할 수 있다. 래스터 기반의 네트워크 분석은 실제 도로망과 같은 네트워크 형상에 기반을 둔 것이 아닌, 비용표면(cost surface)을 이용한 분석이 주가 된다. 비용표면은 이동에 소요되는 거리, 시간 등이 각 셀에 입력된 래스터 자료이다. 비용표면은 출발점이 되는 셀에서 도착점에 해당되는 셀까지 가장 빠른, 또는 짧은 경로를 탐색하는 최소비용경로 분석(least-cost path analysis)과 출발점에서 주어진 자원이 소진되기까지의 영역 파악 등에 이용된다.

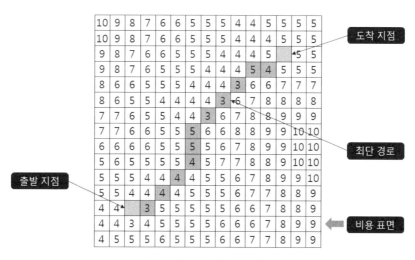

최소비용경로 분석의 원리

　GIS에서 벡터 기반의 네트워크는 자원의 흐름으로 연결된 선형의 체계를 의미한다(ESRI, 1994). 물이라는 자원을 이동시키는 선형의 체계는 하천, 수로, 상수도관이 될 수 있으며, 차량의 경우 도로망이 네트워크에 해당된다. 이러한 자원의 흐름은 선형의 연결 상태와 다른 요소들의 특성에 영향을 받게 된다. 예를 들어, 동일한 길이를 가진 도로라 하더라도 고속국도와 일반국도에서는 법적 규제로 인해 속도 차이가 발생하며, 도로의 형태와 교통신호기의 존재 유무도 영향을 미치게 된다. 네트워크 분석에서는 이러한 모든 요소들을 반영하여 현실적인 모형을 구축할 수 있다.

다음 그림은 네트워크 분석의 구성요소가 크게 연결선(Links), 중심점(Centers), 장애물(Barriers), 회전(Turns), 정지점(Stops)의 다섯 가지 요소로 이루어져 있음을 보여준다(ESRI, 1994). 중심점은 자원을 받거나 배분하는 곳으로, 여기서 자원은 학생 수, 호수의 용량, 출동 가능한 소방차의 대수 등이 될 수 있다. 이러한 자원이 모이거나 모여 있는 곳을 뜻하는 중심점은 네트워크 분석의 출발점 또는 도착 지점이 된다. 연결선은 가로, 수로, 도로와 같이 자원이 이동할 수 있는 경로가 된다. 연결선을 통한 자원의 이동에는 조건이 주어지게 되는데, 장애물은 이동을 가로막는 제약조건으로, 자원이 연결선을 따라 이동 중에 장애물을 만나게 되면 더 이상 이동을 할 수 없게 된다. 정지점은 장애물과는 달리 이동을 할 수는 있으나 자원을 일부 또는 전부를 취하거나 다시 배정하는 이벤트가 실행되는 곳이다. 버스를 예로 들면, 승객 20명을 태운 버스가 정지점에 도달하게 되면 5명의 승객이 내리고 3명의 새로운 승객이 승차하게 되는 규칙을 부여할 수 있는 것이다. 그 외 연결선 자체에 주어지는 속성으로 저항값(impedance)이 있다. 저항값은 이동의 시간과 거리, 속도 등을 의미하며, 정방향과 역방향에 다른 저항값을 입력할 수도 있다. 마지막으로 회전은 실제 도로와 같이 좌우회전, 유턴 등의 규칙을 정할 수 있다.

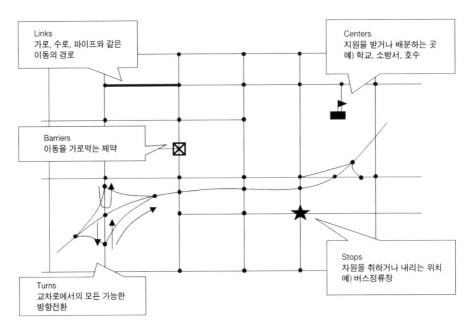

네트워크의 구성요소(ESRI, 1994)

## 2.8. 공간통계(Spatial Statistics)

공간통계에도 산술통계, 히스토그램이나 빈도 추출과 같은 간단한 연산에서부터 상관관계와 회귀분석에 이르기까지 대부분의 일반적 통계기법을 적용할 수 있다. 통계분석의 다양한 분석기법들은 래스터와 벡터 기반 자료에 모두 적용 가능한데, 일반적으로 래스터의 경우 통계분석 시 변수값은 래스터 파일 자체가 입력되며 벡터 자료는 속성테이블상의 각 필드가 변수로 입력된다.

이러한 공간통계가 일반적인 통계분석과 가지는 가장 큰 차이점은 지리·공간적인 변수가 추가된다는 데 있다. 이와 관련하여 공간통계에서는 앞서 공간 보간법에서 설명한 공간적 자기상관의 개념이 가장 중요한 부분을 차지하고 있다. 공간적 자기상관은 패턴이나 군집을 분석할 때 주로 적용되는 개념으로, Moran's I, Geary's C 등과 같은 군집을 분석하는 지표가 개발되어 이용되고 있다. Moran's I는 지리·공간적 객체들의 속성과 거리를 이용하여 유사한 값들끼리 군집을 이루고 있는 정도를 −1 (분산)에서 1(군집) 사이의 값으로 표현한 것으로 Patrick Moran에 의해 개발되었다 (Moran, 1950). 이와 마찬가지로 Geary's C도 Moran's I를 개선하여 공간적 자기상관에 의한 군집정도를 표현하기 위한 지표로 개발되었다(Geary, 1954).

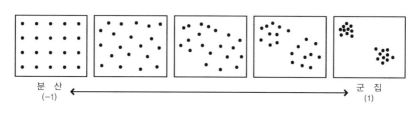

공간적 군집과 분산의 분석

## 2.9. 영상처리(Image Processing)

GIS를 이용하여 항공사진이나 위성영상 이미지에 대한 분석을 수행하기 위해서는 전처리과정을 거쳐야 한다. 위성영상은 사진의 형태로 기록되기 때문에 대기에 의한 산란, 태양 각도 및 지형 기복, 기기 자체의 오차 등의 다양한 오류를 최대한 보정해야 한다. 이러한 보정은 크게 방사보정(radiometric correction)과 기하보정(geometric correction)으로 구분할 수 있다. 방사보정은 다양한 요인에 의해 수신 시에 발생하는 것으로 색상, 파장 등에 대한 수정을 의미한다. 한편, 기하보정은 촬영된 이미지 형태의 자료를 지구 자전에 의한 영향, 촬영 각도와 위치 등을 고려하여 좌표체계에 맞도록 일치시키는 작업이다. 전처리과정을 거친 영상자료는 다시 영상화질 개선과 같은 강조처리 과정을 거치게 된다. 영상강조는 영상의 분석과 판독을 용이하게 하기 위한 작업으로 최근 보편화되고 있는 이미지 처리프로그램에서의 히스토그램을 이용한 균등화와 매우 유사하다.

다음은 영상의 분류단계이다. 가장 대표적인 것으로 토지피복분류가 있다. 전처리와 영상강조처리가 된 도면을 이용하여 범주별로 구분해내는 과정으로 정보추출 방법에 따라 감독분류(supervised classification)와 무감독분류(unsupervised classification)가 있다. 감독분류는 판별의 기준이 되는 참조치를 설정한 다음, 분석자가 직접 각각의 픽셀이 가지는 특성을 검토하여 어느 항목에 속하게 되는지 결정하는 방식으로 시간이 오래 걸리며, 분류자의 주관이 개입될 가능성이 있다. 이에 비해 무감독분류는 참조할 데이터가 없을 경우 적용하는 방식으로, 컴퓨터 연산만을 통해 픽셀을 분류하는 자동화된 기법이다. 따라서 무감독분류의 경우 빠른 분류가 가능하지만 분류 규칙이 정밀하지 못할 경우 오류가 발생할 가능성이 높다.

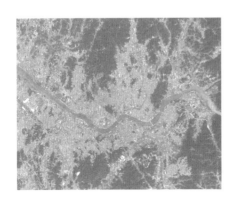
위성영상

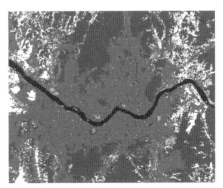
피복분류 도면

이러한 분류에서 색상과 색조(color/tone), 크기(size), 형태(shape), 질감(texture), 그림자(shadow), 패턴(pattern), 위치(site), 관계(association) 등을 참조할 수 있다(Star and Estes, 1991). 색상과 색조는 지형지물을 구분하는 데 이용된다. 눈이 내린 지역과 깊은 바다는 색상과 색조 차이를 통해 확연히 구분된다. 또한 촬영된 영상은 일반적으로 좌표값을 가지고 있지 않기 때문에 절대적인 규모를 알고 있는 객체를 기준으로 상대적 비율을 이용하여 크기를 파악할 수 있다. 객체의 일반적인 형상은 영상처리에서 가장 중요한 해석 요소가 된다. 예를 들어, 워싱턴 D.C.에 있는 미 국방성 건물인 펜타곤은 오각형의 특징적인 형상으로 되어 있어 영상에서 위치를 파악하는 기준이 되기도 한다. 질감은 공간적인 변화를 파악하는 기준으로 이용되기도 한다. 지표면에 잔디가 심겨진 지역은 영상에서 질감이 고운 지역으로 보이며, 짧은 거리에도 밝기에서 큰 차이를 나타낸다. 반대로 거친 질감을 가진 지역들은 명확한 경계지점 내에서는 유사한 특징을 보인다. 촬영 당시의 태양의 고도와 각도 등을 알고 있다면, 그림자는 지표면 객체의 높이나 형상을 유추할 수 있는 중요한 단서가 된다. 열을 지어 식재된 나무는 과수원일 가능성이 높은 것처럼, 패턴 또한 공간적인 배열을 토대로 토지의 용도를 유추해낼 수 있는 단서가 된다.

영상을 이용한 분석은 광역적 범위에 대한 관측, 주기적이고 반복적인 관측, 접근이 불가능한 지역에 대한 관측이 가능한 장점을 가지고 있다. 이러한 장점들로 인해 주로 전 지구적인 영역을 대상으로 자연상태의 변화를 모니터링하는 분야에서 활용되고 있다. 특히 전 지구적인 기후변화에 대한 대응노력의 일환으로 인공위성 영상을 이용한 환경모니터링과 관리에 대한 관심이 높아지고 있으며 인공위성 영상을 이용한 GIS 분석은 날로 확대되고 있다.

**참고문헌**

ESRI. 1994. *PC Network User's Guide*. ESRI Press.

Tobler, W. 1970. "A Computer Movie Simulating Urban Growth in Detroit Region." *Economic Geography*, 46(2). pp. 234~240.

Zeiler, M. 1999. *Modeling Our World: The ESRI Guide to Geodatabase Design*. ESRI Press.

Dangermond, J. 1990. "A Classification of Software Components Commonly Used in Geographic Information Systems." *Introductory Readings in Geographic Information Systems*. pp. 30~51.

Geary, R. C. 1954. "The Contiguity Ratio and Statistical Mapping." *The Incorporated Statistician*. Vol. 5, No. 3. pp. 115~145.

Moran, P. A. P. 1950. "Notes on Continuous Stochastic Phenomena." *Biometrika*, Vol. 37. pp. 17~33.

Star, J. and Estes, J. E. 1990. *Geographic Information Systems: An Introduction*. N. J.: Prentice Hall.

대한국토·도시계획학회. 2003. 『도시계획론』. 보성각.

제2부

GIS 도구의 이해

# 제6장

# ArcGIS 소개

ArcGIS는 미국의 GIS 기업인 ESRI사에서 개발한 GIS 소프트웨어로 강력하고 다양한 기능으로 GIS 분야에서 널리 활용되는 대표적인 프로그램으로 손꼽히고 있다. 앞서 GIS의 역사 부분에서도 언급되었다시피, ArcGIS는 하버드 연구실에서 개발한 벡터 기반의 GIS 프로그램인 오디세이(Odyssey)에 기원을 두고 있다. 오디세이를 개발할 당시 연구원이었던 Jack Dangermond가 ESRI사의 창업자로 ESRI에서는 ArcInfo를 시작으로 ArcView, ArcGIS 등의 GIS 프로그램들을 출시했다.

현재 국내에서 이용되고 있는 데스크탑용 GIS 분석프로그램들은 ArcGIS, IDRISI, ERDAS, ENVI, MapInfo 등이 있으며, 이 중 ArcGIS가 가장 대중적으로 이용되고 있다. 여기서는 ArcGIS 소프트웨어의 기본적인 구성과 각 세부 프로그램들의 역할에 대해 알아보고자 한다. 우선 ArcGIS는 운영 환경에 따라서 Workstation과 Desktop 버전으로 구분할 수 있다. Workstation 버전은 현재 ArcGIS의 전신인 Unix 기반의 ArcInfo 프로그램을 지칭하는 것으로, 텍스트 기반의 명령어 입력 방식으로 되어 있다. 반면, Desktop 버전은 변화된 윈도우 환경의 GUI(Graphic User Interface) 환경에 맞게 구성된 ArcGIS 프로그램을 의미한다. 이 책에서는 ArcGIS Desktop 10.1 버전을 기준으로 실습을 진행하게 된다.

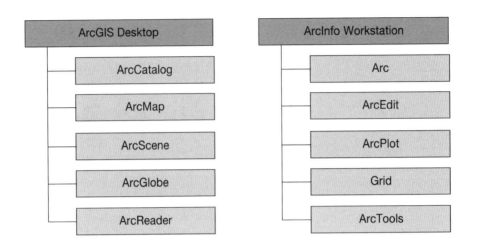

그리고 ArcGIS Desktop은 하나의 프로그램으로 구성된 것이 아니라 몇 개의 기능을 분담하는 프로그램들이 하나의 세트를 구성한다. 대표적인 프로그램으로 ArcCatalog, ArcMap, ArcScene, ArcGlobe, ArcReader를 들 수 있다. 이 중 Arc Reader는 무료 프로그램으로 ESRI 웹 사이트(www.esri.com)에서 다운로드받은 후 사용할 수 있다.


## 1. ArcCatalog

ArcCatalog는 윈도우의 탐색기와 같은 역할을 한다. 윈도우 탐색기에서 파일 탐색, 삭제, 이동, 복사, 파일명 변경, 속성보기 등의 작업을 하는 것처럼 ArcCatalog에서는 GIS 자료에 대한 파일의 탐색, 삭제, 이동, 복사, 파일명 변경, 속성보기 등의 작업을 수행할 수 있다. 윈도우 탐색기와 기능이 유사함에도 불구하고 GIS 분석을 위해서 ArcCatalog를 사용하는 이유는 GIS의 자료구조와 파일형식이 복잡하여 일반 탐색기로 GIS 파일을 탐색할 경우 ArcCatalog상에 보이는 파일목록보다 복잡하게 나타나기 때문이다. 또한 ArcCatalog는 파일탐색과 더불어 간단한 분석과 파일변환, GIS 파일 미리보기 등의 기능도 가능하다.

## 1.1. ArcCatalog 인터페이스

ArcCatalog의 인터페이스는 ArcGIS Desktop의 다른 하위 프로그램인 ArcMap, ArcScene, ArcGlobe 등과 유사한 구성을 갖추고 있다.

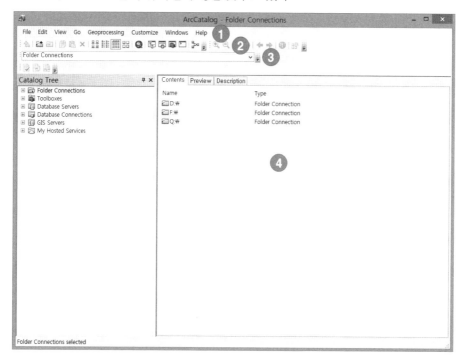

| 번호 | 화면구성 | 설명 |
|---|---|---|
| 1 | 메인 메뉴(Main Menu) | ArcCatalog의 각종 명령들을 실행할 수 있는 주 메뉴가 나타난다. |
| 2 | 표준 메뉴(Standard) | 파일 복사, 붙이기, 지우기, 자주 가는 폴더 지정, 파일 보기의 형식, 파일 탐색기 등 ArcCatalog에서의 기본적인 명령을 수행하는 아이콘으로 구성되어 있다. |
| 3 | 위치(Location) | 현재 지정된 파일의 위치를 나타내주거나 직접 위치를 바꿀 수 있다. |
| 4 | 파일 확인 활성창 | 각종 공간자료 형식의 확인, 미리보기, 메타정보의 확인이 가능하다. |

위 각 메뉴들은 사용자가 주로 사용하는 기능 위주로 편성이 가능하다. 메뉴바들이 위치하는 곳의 공백 부분에 마우스 오른쪽을 클릭하게 되면 추가할 수 있는 도구나 메뉴가 나타나게 되는데, 이 중 원하는 도구나 메뉴를 선택해 추가할 수 있다.

ArcGIS Desktop의 모든 하위 프로그램에서도 이와 동일한 방식으로 메뉴나 도구를 추가할 수 있다.

## 1.2. ArcCatalog 시작

① 시작＞모든 프로그램＞ArcGIS＞ArcCatalog를 클릭한다.
② 실습폴더(\exercise\ch6)로 이동한 후 Contents 탭을 클릭한다. 선택된 폴더 내에 존재하는 자료명, 형식 등을 볼 수 있다.

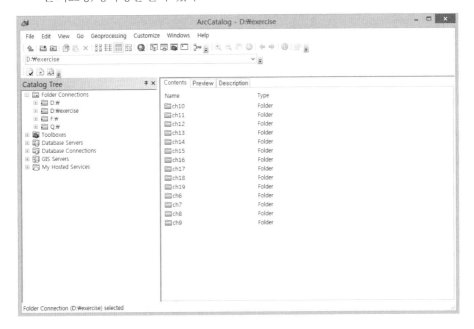

③ 기존 윈도우의 탐색기를 통해 본 파일 구성과의 차이를 확인하기 위해 윈도우 탐색기를 실행하여 실습폴더(\exercise\ch6)를 열어보자. ArcCatalog상에서 나타나는 파일보다 그 수가 많고 더욱 복잡한 것을 알 수 있다. 이는 GIS 프로그램에서 보이는 자료들이 윈도우상에서는 실제로 다양하고 복잡한 구조에 의해 이루어지기 때문이다. 따라서 GIS로 자료를 탐색하고 관리하기 위해서는 ArcCatalog를 이용하는 것이 편리하다.

윈도우 탐색기로 본 GIS 파일            ArcCatalog로 본 GIS 파일

④ 다시 ArcCatalog로 돌아와 Preview 탭을 클릭한다. 하단부의 Preview 선택 옵션을 변경 하면 데이터를 도형(geography) 또는 표(table) 형식으로 볼 수 있다.

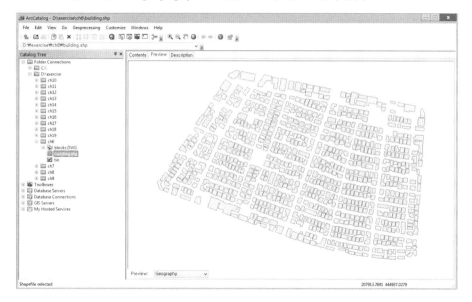

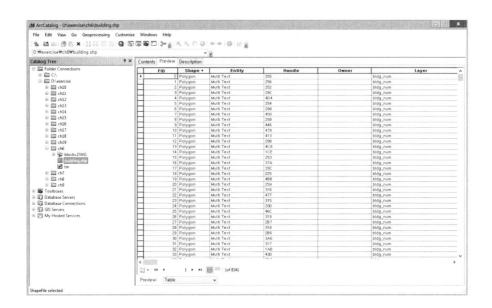

⑤ Description 탭을 클릭한다. 선택된 데이터의 요약적인 설명(description), 공간자료
(spatial)와 속성자료에 대한 설명(attributes)으로 구성된 Metadata를 확인할 수 있다.

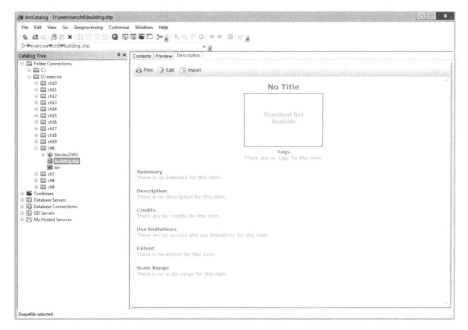

## 1.3. 폴더 연결

① ArcCatalog의 표준 메뉴(Standard)에서 Connect to Folder( )를 클릭한다.
② Connect to Folder 대화창에서 자주 사용하는 폴더를 설정해준다.

**참고** ArcCatalog뿐 아니라 ArcGIS의 모든 프로그램에서는 파일을 불러오고 저장할 때 주로 사용하는 폴더를 지정해놓을 수 있다. 만약 찾고자 하는 폴더가 보이지 않는다면 Connect to Folder 기능을 통해 폴더가 있는 경로를 설정해놓으면 된다.

## 1.4. 데이터 관리

ArcCatalog의 주요 역할은 데이터 관리기능이다. ArcCatalog에서는 데이터의 이동, 복사, 이름 변경, 삭제 등의 작업을 지원한다. ArcCatalog를 이용하여 새 폴더를 생성하고 폴더명을 변경하는 실습을 한다.

① Contents 탭을 클릭한 후 실습폴더의 ch6을 선택하고 마우스의 오른쪽 버튼을 클릭한 후 New>Folder를 클릭한다.

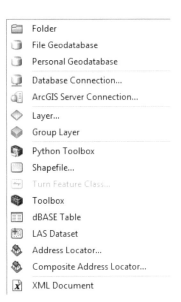

② ArcCatalog는 새로운 폴더의 이름이 기본값으로 'New Folder'로 명명된다. New Folder 에 마우스의 오른쪽 버튼을 클릭하고 Rename을 선택한 후 폴더의 이름을 '예제'로 변경한다.

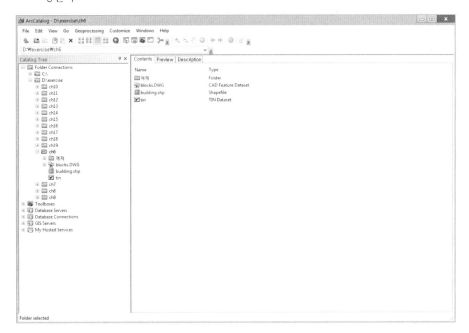

③ 이 외에도 파일의 삭제, 이동, 복사 등 윈도우 탐색기의 기본적인 기능들을 수행할 수 있다. 새로운 파일을 생성하기 위해 새롭게 생성된 폴더 내로 들어간 후 마우스 오른쪽 버튼을 클릭한 후 New>Shapefile을 선택한다.

④ ArcGIS의 대표적인 파일인 shapefile을 생성하기 위한 작업이다. 파일명(Name)을 '새파일'로 설정하고 객체의 형태(Feature Type)를 Polygon으로 선택한 후 OK를 클릭한다.

⑤ 폴더 내에 '새파일'이라는 Shapefile이 생성된 것을 확인할 수 있다. 참고로 ArcGIS에서 사용되는 다양한 종류의 파일마다 아이콘 중앙부의 형상이 점, 선, 면, 문자 등에 따라서 다르게 표시된 것을 확인할 수 있을 것이다.

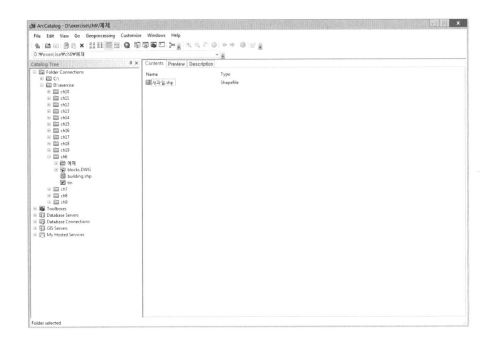

## 2. ArcMap

ArcMap은 ArcGIS에서 가장 활용도가 높은 메인 프로그램이다. ArcMap은 기본적으로 모든 도면을 2차원 평면상에 표시한다. ArcMap은 도면중첩, 통계 분석, 데이터 변환, 위상생성, 맵 투영 등 ArcGIS에서 할 수 있는 대부분의 분석을 수행할 수 있다. 또한 지도 제작을 위한 도구, 공간데이터의 시각화를 위한 도구, 질의를 위한 도구, 지리데이터를 편집하고 생성할 수 있는 도구 등을 제공한다.

## 2.1. ArcMap 인터페이스

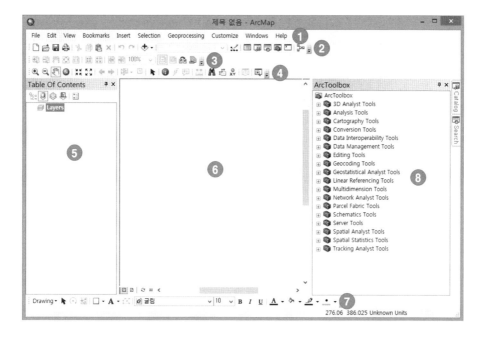

| 번호 | 화면구성 | 설명 |
|---|---|---|
| 1 | 메인 메뉴(Main Menu) | ArcMap의 명령을 실행할 수 있는 주 메뉴가 나타난다. |
| 2 | 표준 메뉴(Standard) | 도면의 저장, 불러오기, 인쇄 등의 기본적인 명령을 수행하는 아이콘으로 구성되어 있다. |
| 3 | 레이아웃 메뉴(Layout) | 디스플레이 창을 레이아웃 뷰(Layout View)로 전환했을 때 도면의 스케일과 위치 등을 조절한다. |
| 4 | 도구모음(Tools) | 도면의 줌, 객체의 선택 및 탐색, 객체의 속성을 나타내는 등 도면에서 작업을 간편하고 빠르게 도와주는 도구들이다. |
| 5 | 내용표시 창 (Table of Contents) | 작업에 사용되는 레이어들을 활성화하여 나타낸다. |
| 6 | 디스플레이 창 (Display Window) | 도면들이 디스플레이되는 공간이다. |
| 7 | 그리기 도구모음(Drawing) | 여러 가지 그리기와 문자 편집 등이 가능한 아이콘으로 구성되어 있다. |
| 8 | ArcToolbox 창 (ArcToolbox Window) | 파일변환, 공간분석, 위상생성, 자료관리, 통계분석 등의 각종 도구로 구성되어 있다. |

## 2.2. ArcMap 시작 및 속성정보 조회

① 시작 > 모든 프로그램 > ArcGIS > ArcMap을 클릭하여 ArcMap을 시작한다.

② 표준 메뉴(Standard)에서 Add Data( ✚ ▾)를 클릭한 후 실습폴더의 ch6으로 이동하여 shapefile인 *building.shp*와 CAD 파일인 *blocks.dwg*의 *Polyline*을 불러온다.

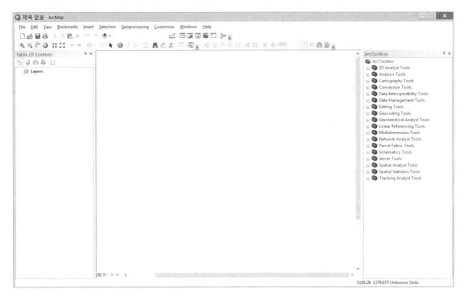

③ 이번에는 레이어 전체의 속성정보와 특정 Feature의 속성정보를 파악해보자. 내용표시 창(Table of Contents)의 Building 레이어를 선택하고 마우스 오른쪽 버튼을 클릭한 후, Open Attribute Table을 선택한다.

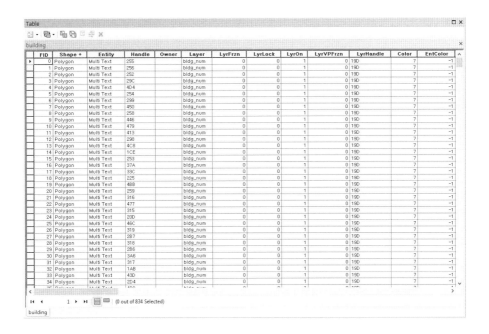

**참고** Building 레이어와 결합된 속성테이블이 나타나며, 하단의 정보를 통해 전체 레코드 수를 확인할 수 있다.

④ 속성테이블을 닫고 특정 Feature의 속성정보를 알아보기 위해 도구모음(Tools)에서 Zoom in( 🔍 )을 이용하여 임의의 지역을 확대한 후 Identify( ⓘ )를 선택한다.

⑤ *building* 레이어의 임의의 Feature를 클릭해보자. Feature가 깜박거린 후 Identify Results 창에 선택된 Feature의 속성정보가 표시된다.

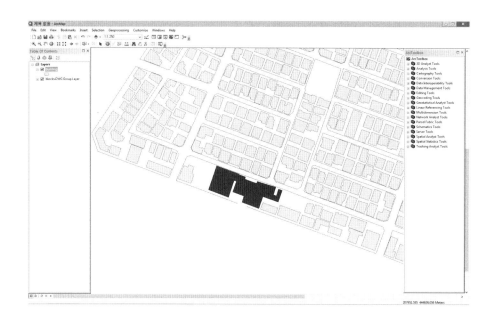

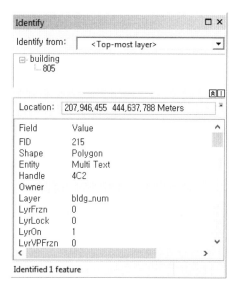

⑥ 지금까지 작업한 내용들을 MXD 파일로 저장한다. 메인 메뉴(Main Menu)에서 File>
Save를 클릭한 후 실습폴더에 map1.mxd로 저장하자. MXD 파일은 불러온 파일들의
경로, 색 지정, 확대보기 상태 등 현재의 작업상태를 그대로 담게 된다. 따라서 ArcMap
을 다시 실행하고 저장된 MXD 파일을 불러오면 마지막으로 저장된 작업상태가 로드
된다.

## 2.3. ArcToolbox 시작

ArcToolbox는 ArcGIS의 데이터를 이용해 3차원 분석, 지도 제작, 자료구축, 통계
분석, 공간분석 등의 작업을 할 수 있는 다양한 도구들로 이루어져 있다. 새로운
Toolbox를 생성하여 자주 사용하는 Geoprocessing 도구들을 한곳에 모아보자.

① ArcMap의 표준 메뉴(Standard)에서 ArcToolbox(  )를 클릭하면 ArcToolbox를 활성
  화 또는 비활성화시킬 수 있다. ArcToolBox는 ArcMap뿐 아니라 기타 ArcGIS 내 다른
  프로그램에도 탑재되어 있다.
② ArcToolbox에는 GIS에서 이용하는 기능들을 성격에 따라 각각의 Toolbox로 구분하여
  묶어놓았다. 펼침 버튼을 클릭하면 하위 도구모음 또는 도구들을 확인할 수 있다.

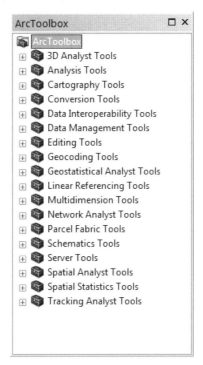

| ToolBox | 설명 |
|---|---|
| 3D Analysis Tools | TIN의 생성, 지형분석, Raster 생성, 표면생성 등의 3차원 분석 도구 |
| Analysis Tools | 2차원적인 중첩분석 위주의 기능 제공 |
| Cartography Tools | 도면제작을 지원하는 각종 도구로 구성 |
| Conversion Tools | 커버리지, CAD 파일, Metadata 등의 GIS 자료 간 변환기능 제공 |
| Data Interoperability Tools | 다수의 시스템 간에 데이터를 교환하거나 교환된 데이터를 상호 간에 사용할 수 있도록 하는 기능 제공 |
| Data Management Tools | 자료의 비교, 편집, 연결, 변환 등에 관한 분석도구 제공 |
| Editing Tools | 도형 객체를 수정 편집하는 도구 제공 |
| Geocoding Tools | 위치주소 입력과 관련된 도구 모음 |
| Geostatistical Analysis Tools | 공간통계를 이용하여 Contour, Grid, Point 형식으로 변환기능 제공 |
| Linear Referencing Tools | 선형 객체의 경로의 생성, 변환, 분석 등에 관련된 기능 제공 |
| Multidimension Tools | NetCDF(Network Common Data Form)를 이용한 다차원적인 기능 제공 |
| Network Analyst Tools | 네트워크 형식의 분석 기능을 제공 |
| Parcel Fabric Tools | 필지 형태 객체와 관련된 도구 제공 |
| Schematics Tools | 스키마 툴을 사용하여 다이어그램으로 전환하는 기능 제공 |
| Server Tools | 서버상에 맵을 생성하거나 삭제하는 등의 기능 제공 |
| Spatial Analyst Tools | 밀도, 수계분석 등의 고급 공간분석기능 제공 |
| Spatial Statistics Tools | 공간적인 패턴 분석, 렌더링, 군집 등의 공간통계 도구 제공 |
| Tracking Analyst Tools | 날짜와 시간을 연관시켜 분석하는 기능 제공 |

③ ArcToolbox에는 사용자가 새로운 도구를 만들어 추가할 수 있으며 빈번하게 사용하는 도구들을 따로 복사하여 모아둘 수도 있다. 새로운 Toolbox를 생성하기 위해 ArcToolbox 창에서 마우스의 오른쪽 버튼을 클릭하여 Add Toolbox를 선택한다.

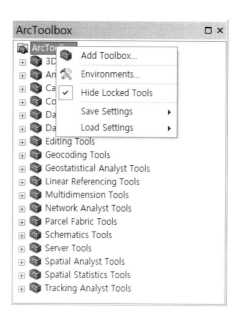

④ Add toolbox를 선택하면 다음과 같은 창이 뜨는데 오른쪽 위의 New Toolbox( )를 누른 후 'Geoprocessing Tools'로 입력한다. 'Geoprocessing Tools'를 선택하고 open을 클릭하면 ArcToolbox 메뉴 중 새로운 Toolbox가 추가된 것을 확인할 수 있다.

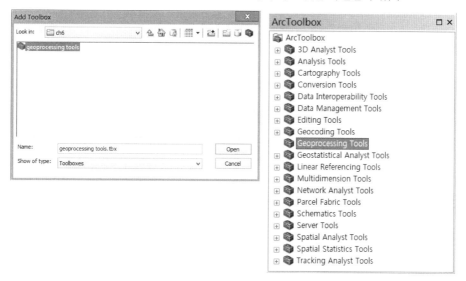

⑤ 다른 곳에 위치한 도구들을 복사해오기 위해 복사해오고자 하는 도구에 마우스 오른쪽 버튼을 클릭하고 Copy를 선택한다.

⑥ 다시 'Geoprocessing Tools'를 선택하고 마우스의 오른쪽 버튼을 클릭하여 Paste를 선택한다. 'Geoprocessing Tools' 아래에 복사한 도구가 추가된 것을 확인할 수 있다.

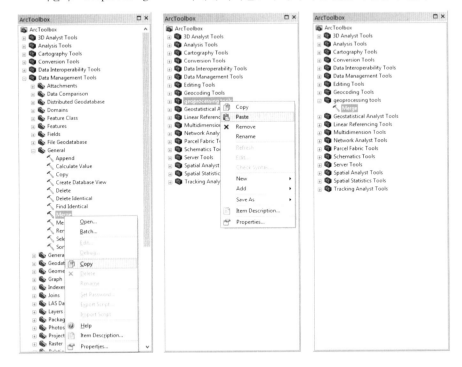

## 3. ArcReader

ArcReader는 ArcGIS로 작업한 도면을 어떤 사용자라도 손쉽게 검색 및 출력 가능하게 하는 읽기 전용 프로그램으로, ESRI 웹사이트를 통해 무료로 다운받아 사용할 수 있다. 도면의 확대와 축소, 선택, 찾기, 측정 등의 간단한 탐색과 정보 확인은 가능하나, 데이터의 편집과 분석은 불가능하다. ArcReader는 PMF 형식의 파일만을 불러올 수 있으므로 ArcMap상에서 작업이 완료된 파일을 PMF 파일로 변환해야만 ArcReader에서 읽어올 수 있다.

① 시작>모든 프로그램>ArcGIS>ArcMap을 클릭한다.
② 앞서 ArcMap 부분을 실습했다면 ArcMap 실행 첫 화면에 ArcMap - Getting Started라는 창이 나타날 것이다. 여기서 이전에 저장한 *map1.mxd* 파일을 불러온다.

③ 메인 메뉴(Main Menu)에서 Customize＞Extensions를 선택하여 Extensions 창이 활성화
되면 Publisher를 체크한다.

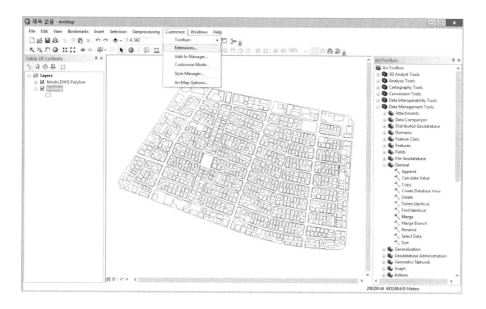

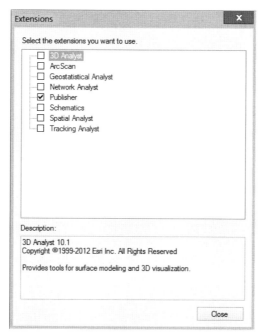

④ 메인 메뉴(Main Menu)에서 Customize>Toolbars>Publisher를 선택한다.

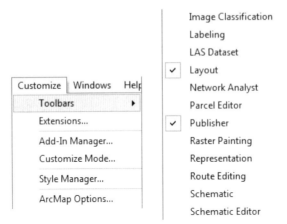

⑤ 지금까지 작업한 내용들을 ArcReader에서 읽기 위해 PMF 파일로 저장한다. Publisher>
Publish Map을 클릭한 후 실습폴더에 *map1.pmf*로 저장하자.

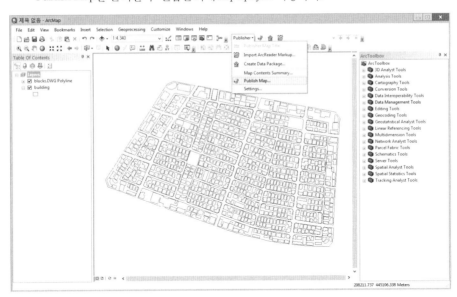

⑥ ArcReader를 실행한 후, 메인 메뉴(Main Menu)에서 File>Open을 클릭하여 PMF 파일
인 *map1.pmf*를 불러온다. 불러온 파일을 살펴보면, ArcMap에서 저장된 상태의 도면정
보가 화면에 그대로 출력된 것을 확인할 수 있다.

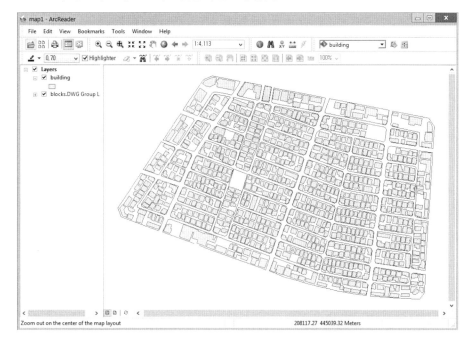

## 4. ArcScene

ArcScene은 ArcGIS 3차원 분석 애플리케이션으로 높이값을 가진 Shapefile, TIN, Raster 등의 공간 데이터를 3차원으로 표현할 수 있으며, 지형분석, 3차원 시각화, 동영상 제작 등이 가능하다. ArcScene에서의 모든 데이터는 3차원 공간에서 작업이 이루어진다. ArcScene의 작업환경은 ArcMap과 매우 유사한 구조로 되어 있으며 일부 ArcMap 기능들을 이용할 수 있다.

① 시작>모든 프로그램>ArcGIS>ArcScene을 클릭한다.
② 표준 메뉴(Standard)에서 Add Data( ✛ ▾ )를 클릭한 후 실습폴더 ch6로 이동하여 *tin* 파일을 불러온다. 불러온 파일이 3차원으로 표현된 것을 확인할 수 있다.

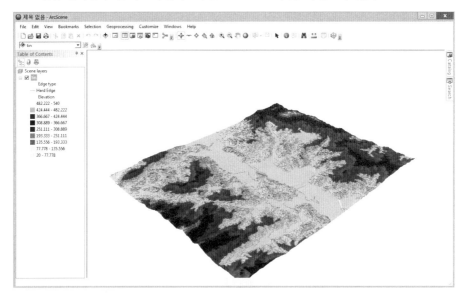

③ *tin* 레이어를 선택한 후 마우스의 오른쪽 버튼을 클릭하여 Properties를 선택한다.

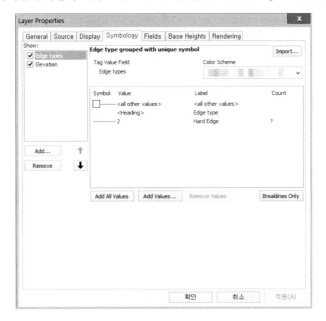

④ 등고선을 제거하기 위해 Symbology 탭에서 왼쪽의 Edge types를 선택해제하고 확인을
클릭한다.

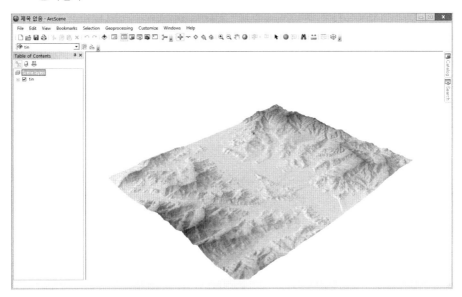

⑤ 지금까지 작업한 내용들은 ArcMap의 MXD와 마찬가지로 SXD 파일로 저장가능하다.
메인 메뉴(Main Menu)에서 File>Save를 클릭한 후 실습폴더에 *map1.sxd*로 저장한다.

참고 SXD 파일은 ArcMap의 MXD 파일과 마찬가지로 불러온 파일들의 경로, 색 지정, 확대보
기 상태 등 현재의 작업 상태를 그대로 담게 되는 ArcScene의 파일 저장 형식이다. ArcScene을 다시
열고 저장된 SXD 파일을 불러오면 마지막으로 저장된 작업상태가 로드된다.

## 5. ArcGlobe

ArcGlobe는 각종 지리정보를 지구본 형태 위에 표현하여 역동적인 화면을 제공하
며, 이를 기반으로 3차원상에서의 각종 분석을 수행할 수 있다.

① 시작>모든 프로그램>ArcGIS>ArcGlobe를 클릭하여 ArcGlobe를 실행한다.

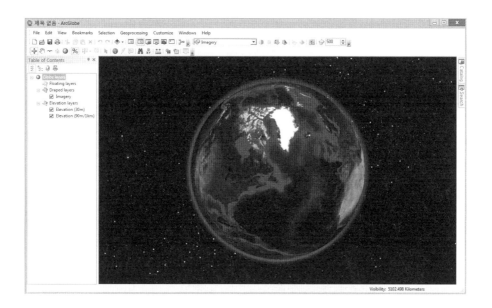

② 탐색을 위한 도구모음(Tools)은 다음과 같이 구성되어 있다. 만약 도구모음이 보이지 않는다면 메인 메뉴의 Customize>Toolbars>Tools를 활성화시킨다.

③ Navigate 버튼(🔷)을 클릭하면 마우스를 이용하여 지구본 형상을 회전시키거나 도면을 이동시키는 등의 탐색작업을 할 수 있다. 확대/축소는 마우스의 휠을 이용한다.

④ Navigate 옆의 Fly 버튼(🕊)을 클릭하면 비행시뮬레이션과 같은 방식으로 공중을 비행하면서 탐색이 가능하다. 마우스를 이용하여 조작하며, 마우스 오른쪽 버튼은 가속, 왼쪽 버튼은 감속이며, 휠 버튼을 클릭하면 정지하게 된다.

⑤ Navigation Mode(✎)를 사용하게 되면 Global view 와 Surface view로 시점의 변화가 가능하게 해준다.

⑥ Set Observer (🌐)는 원하는 지점에서 Surface view로 탐색을 가능하게 해준다. 단 이 기능은 Navigation Move를 Surface view로 전환했을 경우에 가능하다.

⑦ Draft Mode(🗔) 기능을 활성화시키면 탐색 속도를 빠르게 히기 위해 비행도중 변화하는 지표면의 상태를 현재 상태 그대로 유지하게 해준다.

⑧ 다시 초기화면으로 돌아가기 위해 도구모음의 Full Extent( )를 클릭한다.

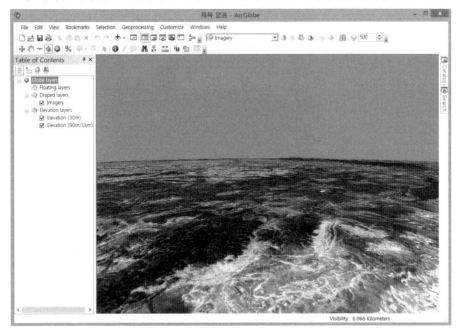

참고 ArcGlobe에서는 지리좌표체계(geographic coordinate system)가 설정되어 있는 파일을 불러와야 한다. 또한 ArcMap, ArcScene과 마찬가지로 3DD 파일로 전체 도면을 저장할 수 있다. 3DD파일은 ArcMap의 MXD, ArcScene의 SXD 파일과 마찬가지로 불러온 파일들의 경로, 색 지정, 확대보기 상태 등 현재의 작업상태 그대로 저장한다.

# 제7장

# 자료의 구축

## 1. ArcScan을 이용한 자료 변환

컴퓨터 시스템을 이용하기 이전의 지도는 대부분 종이와 같은 물리적 매체 위에 도면화하여 사용했다. 현재 이러한 자료들은 컴퓨터의 발달과 그 사용의 증가에 힘입어 상당 부분 디지털화되어 사용되고 있다. 이렇게 디지털화된 자료들은 이전의 종이에 표시된 자료들에 비해 그 제작비용이 저렴하고 자료의 변환과 가공이 쉽다는 장점을 지니고 있다.

종이로 작성된 자료를 디지털화하는 방법에는 디지타이징(digitizing), 스캐닝(scanning) 등이 있다. 디지타이징은 디지타이저(digitizer)라는 기구를 사용하여 종이 도면에 그려진 도형을 따라 그려 컴퓨터에 입력시키는 방식으로 주로 벡터 형식으로 자료를 저장하는 데 이용된다. 이에 반해 스캐닝은 종이 도면을 스캐너라는 기구를 통해 컴퓨터에 입력하는 방식으로 이 경우 컴퓨터에 입력된 자료는 래스터 이미지의 형식을 갖게 된다. 최근에는 스캐닝 장비의 발달로 인해 디지타이저의 이용빈도가 극히 낮은 실정이며, CAD 소프트웨어가 주로 이용된다. ArcGIS에서는 스캔된 파일을 이용하여 인터랙티브(interactive)한 변환을 가능하게 하는 ArcScan이라는 확장도

드럼 스캐너를 이용한 도면입력

구를 제공한다.

이 장에서는 직접 마우스를 이용해 디지타이징하는 Raster tracing과 옵션 설정을 통해 선을 자동으로 작도하는 Batch vectorization을 실습하게 된다.

### 1.1. Vectorization

ArcScan은 ArcGIS의 확장기능(extension) 중 하나로, 스캔한 래스터 이미지를 벡터 자료로 변환하여 새로운 개체(feature)를 생성하는 데 용이하다. 이 과정을 통해 래스터 자료를 벡터 자료로 변환하는 데 걸리는 시간을 확연히 단축시킬 수 있다. 실습에서는 스캔된 필지 도면으로부터 벡터 형식의 개체를 생성할 것이다.

**실습 준비**

① 우선 실습에 필요한 파일을 불러온다. Add Data( ✚ ▾ )를 클릭하여 실습폴더에서 *trace.tif*, *line.shp*, *poly.shp*를 불러온다. 불러온 파일 중 *line.shp*와 *poly.shp*는 새로 생성되는 벡터 형식의 개체를 저장할 파일로 현재 어떠한 도형 및 속성자료도 입력되지 않은 빈 파일이다.

**참고** Raster tracing은 편집모드(Editing)에서 작성한 개체(Feature)를 새로운 파일에 저장하는 형식을 취한다. 따라서 아무런 자료가 없는 공백파일을 이용하여 결과를 저장한다.

② 실습을 위해서는 확장기능(extension)의 활성화가 필요하다. 우선 메인 메뉴(Main Menu)에서 Customize>Extensions를 선택하면 Extensions 창이 활성화된다.

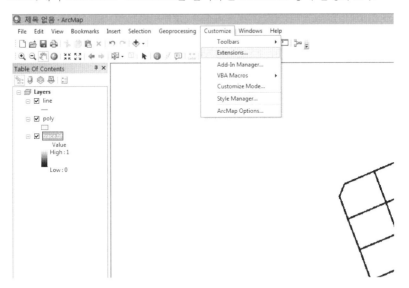

③ Extensions 창에서 ArcScan을 선택한 후 닫기(Close)를 클릭하여 창을 닫는다.

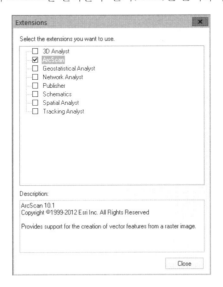

④ 실습에 필요한 Editor와 ArcScan 도구막대(Toolbar)를 열기 위해 메인 메뉴(Main Menu)의 빈 곳에 마우스 커서를 위치시키고 오른쪽 버튼을 클릭하여 ArcScan과 Editor 를 선택한다. 메인 메뉴(Main Menu) 하단에 새로운 도구막대(Toolbar)들이 생성되는 것을 확인할 수 있다.

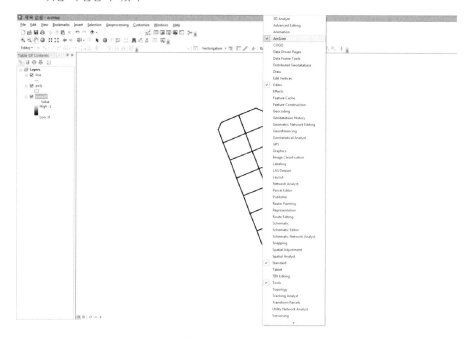

## ArcScan 기본 설정

① ArcScan 도구와 명령에 이용되는 이미지 파일은 반드시 0과 1로 이루어진 2진 이미지 로 기호화되어야 한다. 따라서 Table of Contents의 *trace.tif* 래스터 레이어에서 마우스 오른쪽 버튼을 클릭한 후 속성(Properties)을 클릭하고 Symbology 탭을 선택한다.

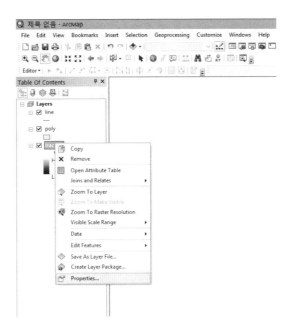

② Symbology 탭에서 Classified 표현 옵션을 클릭하면 Symbol이 검정색(0)과 흰색(0 초과
~ 1 이하)으로 바뀌는 것을 볼 수 있다. 확인을 클릭하여 창을 닫는다.

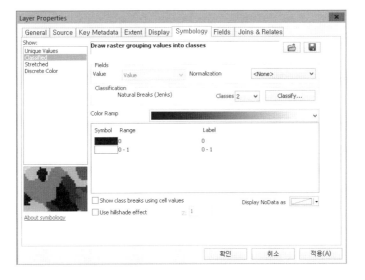

**참고** 배경 이미지(래스터 이미지)를 0과 1의 두 가지로 단순화함으로써 배경 이미지의 자취를
따라가는 것(tracing)을 가능하게 한다. 예를 들어, AutoCAD의 객체스냅(OSNAP)이 결절점이나
선을 스냅하듯이 ArcGIS의 스냅 기능은 검정색(0으로 표현되는 부분)을 스냅하게 된다.

③ ArcScan은 래스터 이미지에서 선을 추출한 후, 이를 새로운 파일에 저장하는 형식을 취한다. 따라서 빈 파일에서의 편집을 활성화하기 위해서 편집도구(Editor)에서 Start Editing을 선택한다(ArcScan은 Editing 상태에서만 작동한다).

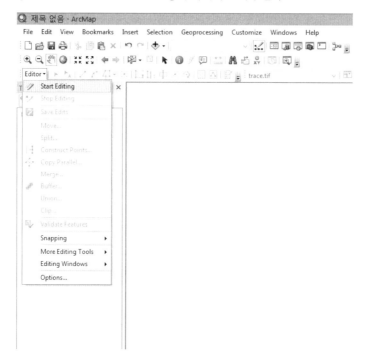

④ ArcScan 도구막대(Toolbar)에서 Raster Snapping Options( )를 클릭하여 Raster Snapping Options 창을 활성화시킨다.

⑤ Raster Snapping Options의 Raster Line Width에서 스냅을 할 래스터 이미지의 최대 두께를 픽셀(pixel) 수로 지정한다. 여기에서는 기본값인 20을 그대로 사용한다. 모든 설정을 마친 후 확인을 클릭하여 창을 닫는다.

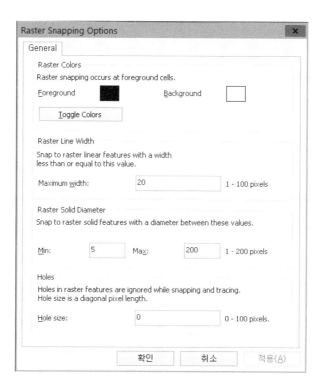

## Polyline Tracing

① 선(line) 형태의 래스터 이미지를 벡터화하기 위해서 편집도구(Editor)의 Create Feature 창에서 선형 shapefile인 line을 선택한다.

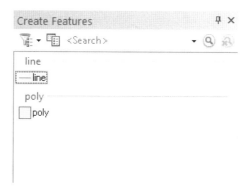

참고 Create Feature 창이 보이지 않을 시에는 편집도구(Editor)에서 Editing Window>Create Feature를 선택하여 창을 연다.

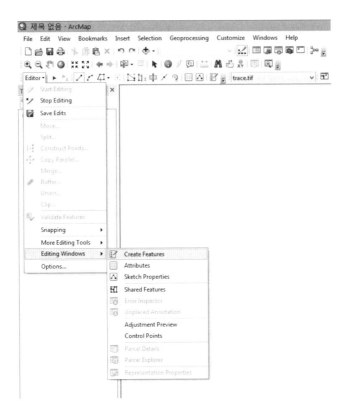

② ArcScan 도구막대(Toolbar)에서 Vectorization Trace(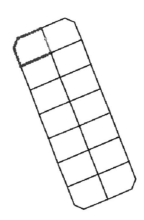)를 클릭한다.

③ 마우스 포인터를 래스터 이미지에서 벡터화하고자 하는 부분의 경계를 따라가면서 클릭하면 래스터 이미지의 자취를 따라 자동적으로 그려진다.

④ 필지 경계의 자취를 모두 그린 후, 마우스의 오른쪽 버튼을 클릭하고 Finish Sketch를 선택하거나 F2를 눌러 그리기를 마친다.

⑤ 현재 나타나 있는 선은 실제 자취만을 나타낼 뿐 저장이 되어 있지 않은 상태이다. 편집도구(Editor)의 Save Edit를 선택하여 자취를 *line.shp* 파일에 저장한다.

⑥ 편집도구(Editor)의 Stop Editing을 선택하여 편집을 종료한다.

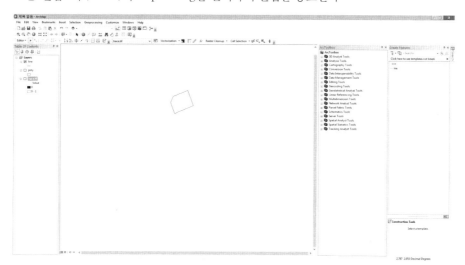

## Polygon Tracing

① 편집도구(Editor)에서 Start Editing을 선택하여 편집기능을 활성화시킨다. Polyline Tracing에서와 같이 편집상태(Editing)에서만 ArcScan을 사용할 수 있다.

② 다각형(Polygon) 형태의 래스터 이미지를 벡터화하기 위해서 편집도구(Editor)의 Create Feature 창에서 선형 shapefile인 poly를 선택한다.

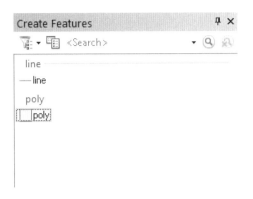

③ ArcScan 도구막대(Toolbar)에서 Vectorization Trace(⬚)를 클릭한다.

④ 마우스 포인터를 래스터 이미지에서 벡터화하고자 하는 부분의 경계를 따라가면서 클릭하면 래스터 이미지의 자취를 따라 자동적으로 그려진다.

⑤ 필지 경계의 자취를 다 그리고 난 후, 마우스 오른쪽 버튼을 클릭하고 Finish Sketch를 선택하거나 F2를 눌러 그리기를 마친다.

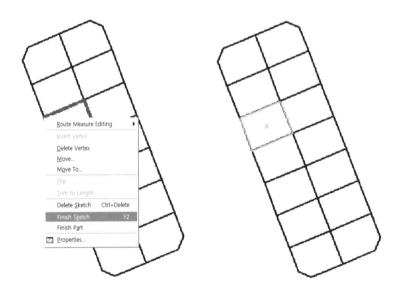

⑥ 현재 나타나 있는 선은 실제 저장이 되어 있지 않은 상태이다. 편집도구(Editor)의 Save Edit를 선택하여 자취를 *poly.shp*에 저장한다.

⑦ 편집도구(Editor)의 Stop Editing을 선택하여 편집을 종료한다.

⑧ 선을 그린 결과와 다각형을 그린 결과를 비교하면 다음과 같다.

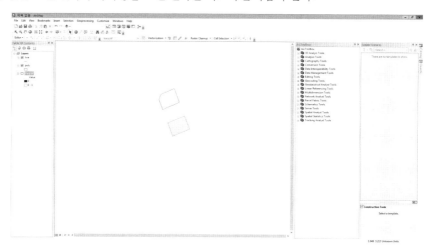

## 1.2. Batch Vectorization

여기에서는 일괄적인 방식에 의해 벡터화를 수행하는 방법을 알아볼 것이다. 일괄방식을 효과적으로 수행하기 위해서는 입력된 도형이 '선' 형태로 인식되도록 사전에 래스터 이미지에 대한 정리작업이 선행되어야 한다. 즉, 스캔된 도면에서 벡터화하는 범위(한계)를 벗어나는 래스터 셀을 제거하면 벡터 파일이 보다 깨끗하게 생성될 수 있다. 여기서 주의할 점은 일괄 벡터화를 사용할 경우 '선' 형태의 벡터화만 가능하다는 것이다.

### 실습 준비
① 우선 실습에 필요한 파일을 불러온다. Add Data(✛ ▾)를 클릭하여 실습폴더에서 *batch.tif*, *batch1.shp*, *batch2.shp*를 불러온다. *batch1.shp*와 *batch2.shp*는 새로 생성되는 벡터 형식의 개체가 저장될 파일로 현재는 아무런 개체가 없는 빈 파일이다.

② 래스터 레이어 편집을 위한 Raster Painting 도구막대를 추가하기 위해 메인 메뉴(Main Menu)의 빈 곳에 마우스 커서를 위치시키고 오른쪽 버튼을 클릭하여 Raster Painting을 선택한다. 또는 이미 활성화되어 있는 ArcScan 도구막대(Toolbar)의 Raster Cleanup 풀다운 메뉴에서 Raster Painting Toolbar를 선택한다. 메인 메뉴(Main Menu) 하단에 새로운 도구막대(Toolbar)가 생성되는 것을 확인할 수 있다.

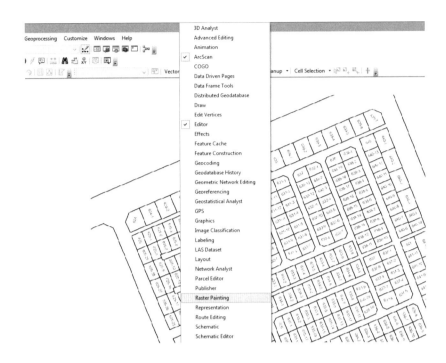

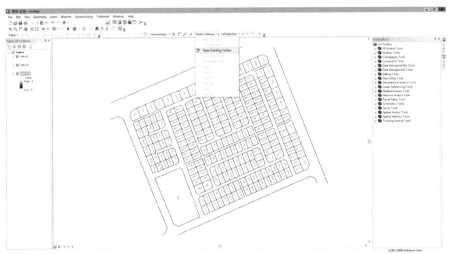

## ArcScan 기본 설정

① ArcScan 도구와 명령에 이용되는 이미지 파일은 반드시 0과 1로 이루어진 2진 이미지로 기호화되어야 한다. 따라서 Table of Contents의 *batch.tif* 레이어에 마우스의 오른쪽 버튼을 클릭한 후, 속성(Properities)을 클릭하고 Symbology 탭을 선택한다.

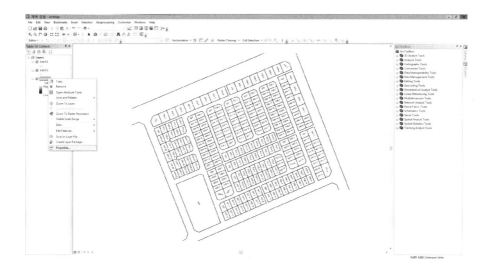

② Symbology 탭에서 Classified 표현 옵션을 클릭하고 확인을 클릭한다.

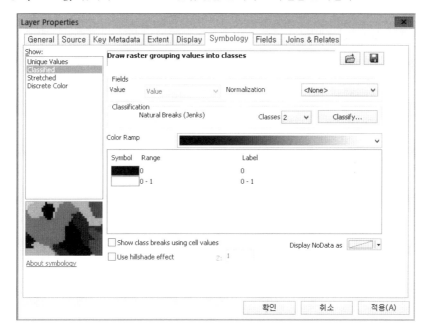

③ ArcScan은 래스터 이미지에서 선을 추출한 후, 이를 새로운 파일에 저장하는 형식을 취한다. 따라서 빈 파일에서의 편집을 활성화하기 위해서 편집도구(Editor)에서 Start Editing을 선택한다. (ArcScan은 Editing 상태에서만 작동한다)

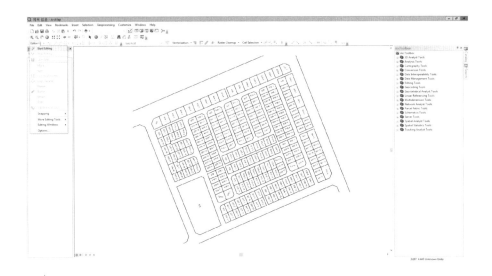

## 래스터 이미지의 정리

Raster Tracing이 원하는 부분만 스냅하여 그리는 것과는 달리 일괄 벡터화는 래스터 이미지 전체를 일괄적으로 벡터화하기 때문에 사전에 래스터 이미지를 정리할 필요가 있다. 이는 래스터 이미지에서 벡터화가 되지 않기를 원하는 셀들을 제거하는 것으로, Raster Cleanup이라 불린다.

여기에서는 *batch.tif* 이미지에서 원치 않는 글자를 제거하기 위해 ArcScan 도구막대(Toolbar)의 Raster Cleanup 도구를 사용할 것이다. Raster Cleanup은 자기가 원하는 부분만 선택하여 정리하는 것과 전체적으로 공통된 특성을 갖는 래스터 셀을 한 번에 정리하는 두 가지 방법으로 구성되어 있다.

① 지우고자 하는 부분을 도구모음(Tools)의 확대(Zoom In) 도구( ⊕ )를 이용하여 확대한다.

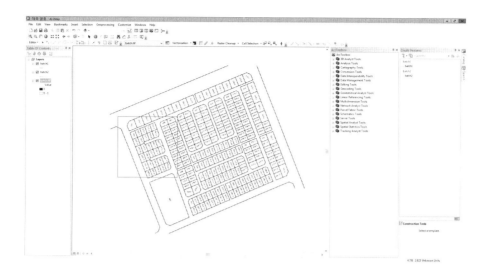

② Raster Cleanup을 시작하기 위해서 ArcScan 도구막대(Toolbar)의 Raster Cleanup 풀다
운 메뉴에서 Start Cleanup을 선택한다.

③ Raster Painting 도구막대(Toolbar)에서 Erase 도구(🖌)를 선택한다. 마우스 포인터가
(🖋)와 같이 변하는 것을 볼 수 있다.

④ 마우스의 왼쪽 버튼을 클릭하여 필지 안의 글자를 지운다.

⑤ 지우개의 크기는 Erase 도구의 우측에 있는 Erase Size( "ᄆ)를 이용하여 조절할 수 있다.
다른 방법으로, Magic Erase 도구( )를 이용하는 방법이 있다. 이는 원하는 부분을 클
릭하거나 드래그하여 선택되는 셀들을 한 번에 지울 수 있다.

### 일괄 래스터 이미지 정리

앞서 살펴본 바와 같이 지우기를 원하는 부분을 직접 클릭하는 방법은 전체 이미
지를 정리하는 데 많은 시간이 소요된다. 따라서 이를 효율적으로 실행하기 위해

Raster Cleanup 도구에서는 Cell Selection이라는 도구를 제공한다. 이는 일정한 면적을 기준으로 그 이상, 초과, 이하, 미만의 면적으로 연결되어 있는 셀들을 한 번에 선택하는 것이다.

① 전체 화면을 보기 위해 Table Of Contents에서 *batch.tif*를 선택하고 마우스 오른쪽 버튼을 클릭한 후 Zoom To Layer를 선택하여 *batch.tif* 래스터 이미지를 한 번에 확인할 수 있도록 한다.

② ArcScan 도구막대(Toolbar)의 Cell Selection 풀다운 메뉴에서 Select Connected Cells를 선택한다.

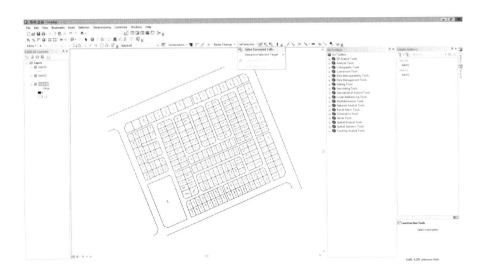

③ Select Connected Cells 창에서 Enter total area 부분에 몇 픽셀까지 연속된 셀들을 선택

할 것인지 설정한다. 여기에서는 '2000'을 사용한다.

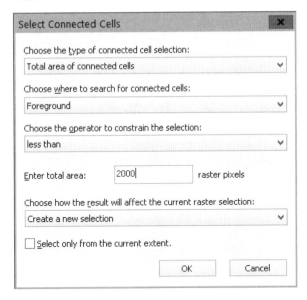

④ OK를 클릭히여 창을 닫으면 전체 이미지에서 글자를 나타내는 셀들이 선택된다.

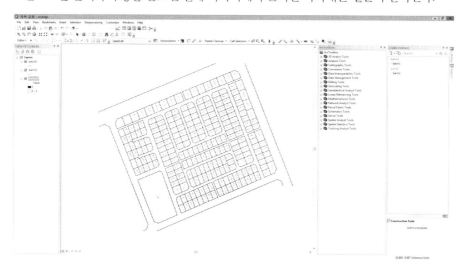

⑤ Raster Cleanup 풀다운 메뉴의 Erase Selected Cells를 선택하여 선택된 셀들을 지운다.

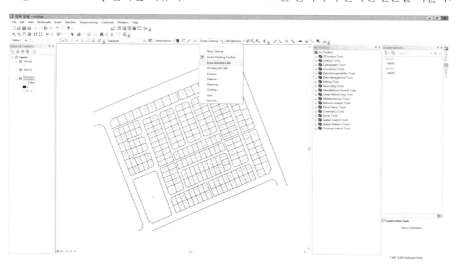

⑥ 벡터화를 위해 남은 셀들을 확인하여 문자가 표기된 곳이 없는지 확인한다.

## 부분 일괄 벡터화

Generate Features Inside Area는 전체 래스터 이미지 중에서 일정 부분을 선택하여 그 범위 내의 래스터 이미지를 일괄적으로 벡터화하는 도구이다.

① *batch1.shp* 파일을 편집하기 위해 편집도구(Editor)의 Create Features에서 *batch1*를 선택한다.

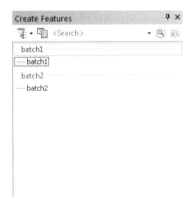

② ArcScan 도구막대(Toolbar)의 Generate Features Inside Area 도구(▉)를 클릭한다. 이는 마우스로 외곽선을 그린 후 그 내부에 속해 있는 셀들을 벡터화하기 위한 도구이다.

③ 왼쪽 마우스 버튼을 클릭하여 다각형을 그리면서 벡터화를 수행할 부분을 선택하고, 선택을 끝내기 위해서는 마우스의 왼쪽 버튼을 더블클릭한다.

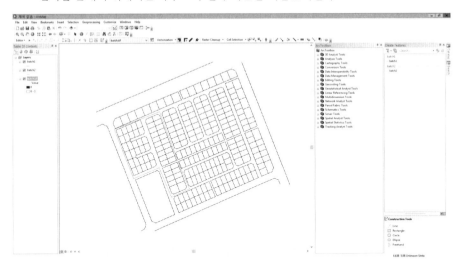

④ Generate Features Inside Area 창에서 선택된 선이 저장될 레이어(*batch1*)를 선택한 후 OK를 클릭한다.

⑤ 편집도구(Editor)의 Save Edits를 선택하여 편집 결과를 저장하고, Stop Editing을 선택하여 편집을 종료한다.

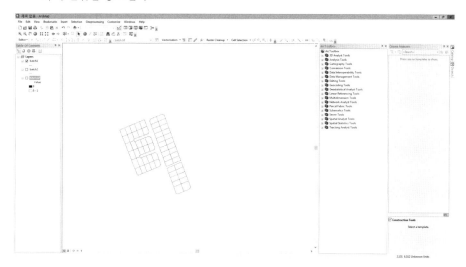

**전체 일괄 벡터화**

ArcScan에서는 선택 과정이 없이 벡터화를 수행하는 방법을 제공하고 있다. Generate Features Inside Area 도구를 이용하면 전체 이미지를 한 번에 벡터화할 수 있다.

① *batch2.shp* 파일을 편집하기 위해 편집도구(Editor)의 Create Feature 창에서 *batch2*를 선택한다.

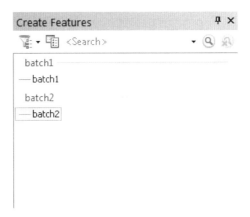

② 최적의 결과를 도출하기 위해 ArcScan 도구막대(Toolbar)의 Vectorization 풀다운 메뉴에서 Vectorization Settings를 선택하여 Vectorization Settings 창을 연다.

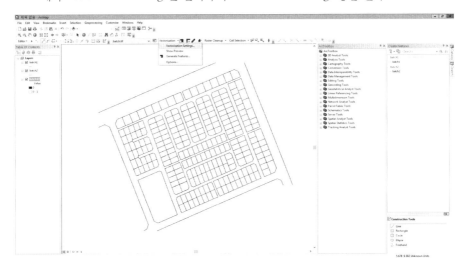

③ 이 창에서는 최대 선 두께, 이미지의 노이즈 수준 등을 설정할 수 있다. 여기에서는 기본값을 그대로 사용한다. Close를 클릭하여 창을 닫는다.

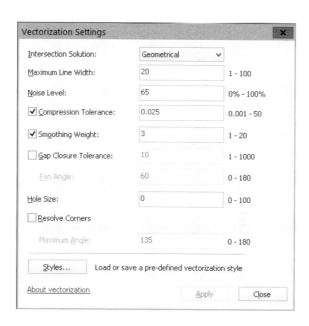

④ ArcScan 도구막대(Toolbar)의 Vectorization 풀다운 메뉴에서 Show Preview를 선택하여 어떠한 형태로 벡터화되는지를 확인한다.

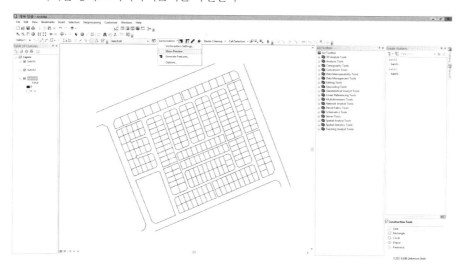

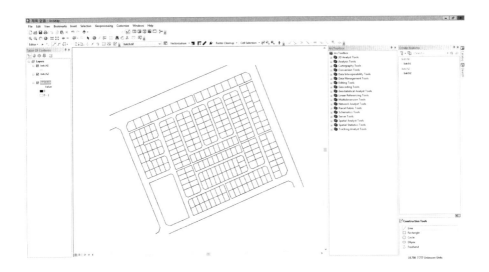

⑤ ArcScan 도구막대(Toolbar)의 Vectorization 풀다운 메뉴에서 Generate Features를 선택
하여 Generate Features 창을 활성화한다.

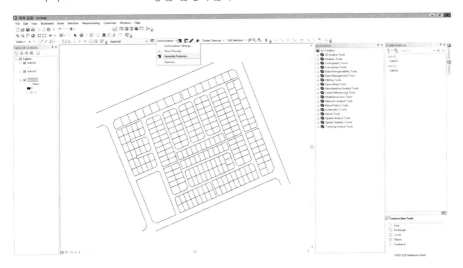

⑥ Generate Features Inside Area 창에서 선택된 선이 저장될 레이어(*batch2*)를 선택한 후
OK를 클릭한다.

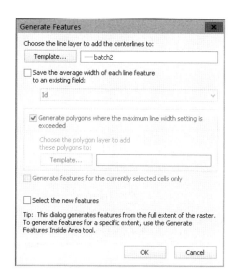

⑦ 편집도구(Editor)의 Save Edits를 선택하여 편집 결과를 저장하고, Stop Editing을 선택
하여 편집을 종료한다.

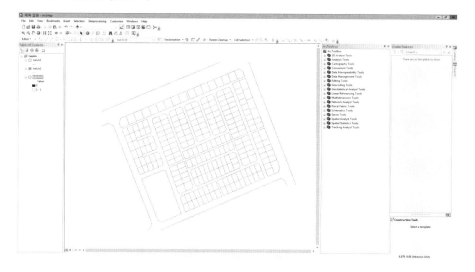

## 2. CAD 파일의 GIS 자료로의 변환

ArcInfo를 이용한 자료구축에서는 주로 커버리지(Coverage)라고 하는 GIS 포맷을
이용한다. 커버리지는 ACODE와 XCODE라는 대푯값을 갖는 코드를 이용하여 도

형자료에 기입된 문자와 같은 속성을 테이블에 담을 수 있다. 그러나 이는 이미 후퇴한 방식으로 현재 ArcGIS Desktop 버전에서는 이용되고 있지 않다. 최근에는 대용량 데이터베이스와의 호환이 가능한 shapefile이나 GDB(Geodatabase) 형식을 주로 이용하고 있다.

여기에서는 CAD 형태로 작성된 지적도를 GIS 자료로 구축하는 작업을 수행할 것이다. 실습에 사용될 파일은 지적선과 지번이 기입된 특정 지역의 지적도이다.

| 실습파일명 | 저장형식 | 레이어 구분 |
|---|---|---|
| parcel.dwg | Autocad 2004 DWG | 0: 기본 레이어<br>PARCEL: 지적선<br>PCODE: 지번 |

실습에 사용될 CAD 파일

## 2.1. Geodatabase 구축

① ArcMap을 실행하고 ArcToolbox의 Conversion Tools>To Geodatabase에서 CAD to Geodatabase를 선택한다.

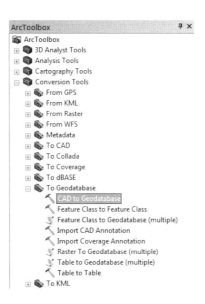

② 실습폴더에서 Input CAD Files에 변환할 파일인 *parcel.dwg*를 입력하고 OK를 클릭한다. 이 경우 변환할 CAD 파일의 버전이 ArcGIS에서 지원되는지 확인할 필요가 있다. 일반적으로 사용 중인 ArcGIS 버전보다 이후에 출시된 CAD 포맷일 경우 ArcGIS에서 지원되지 않을 수 있다.

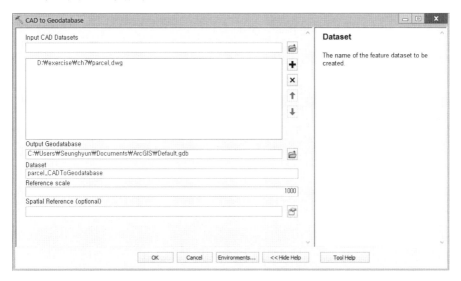

③ Table of Contents를 살펴보면 도형정보인 Polyline1, Polygon과 텍스트정보인 Annotation을 확인할 수 있다.

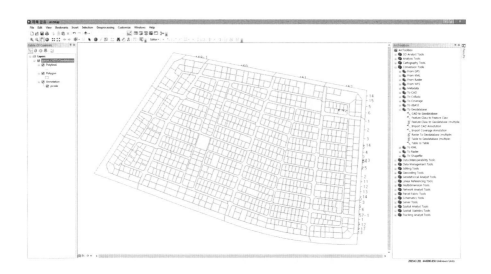

## 2.2. 폴리곤 생성 및 속성 연결

① 변환된 자료의 오른쪽 상단 부분을 보면 폴리곤 자료가 완벽하게 변환되지 않은 것을 확인할 수 있다. CAD자료에서 폴리곤으로 작성된 부분만 변환되었기 때문이다. 이번 실습에서는 선(polyline) 자료를 이용하여 다각형(Polygon)을 생성할 것이다. 폴리곤 생성 시 지번정보도 함께 변환하게 된다.

② CAD 파일 중 Annotaion의 속성테이블을 보면 긱 레코드에 지번징보가 Text라는 필드에 입력된 것을 확인할 수 있다. 이 정보는 폴리곤 형태의 지적형상을 구성할 때 각 지적에 연결된다.

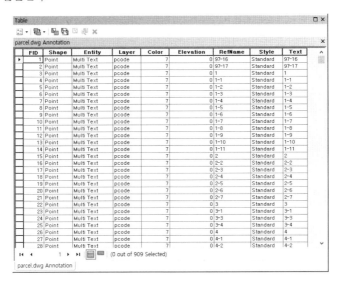

③ CAD 파일에서 변환된 자료 중 *Polyline*을 이용하여 *Polygon*을 생성하기 위해 ArcTool-box의 Data Management Tools＞Features에서 Feature to Polygon을 선택한다.

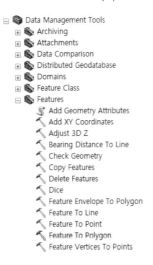

④ 입력 Feature로 *Polyline*을 선택하고 Label Features에는 CAD 파일의 *Annotation*을 입력하고 **OK**를 클릭한다.

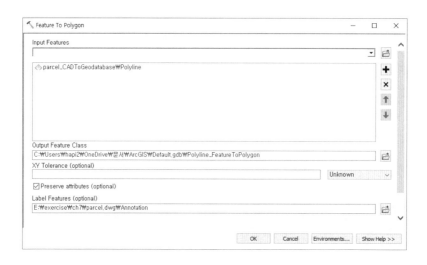

⑤ 디스플레이 창을 보면 CAD자료에서 생성되지 않은 폴리곤까지 모두 생성된 것을 확인할 수 있다.

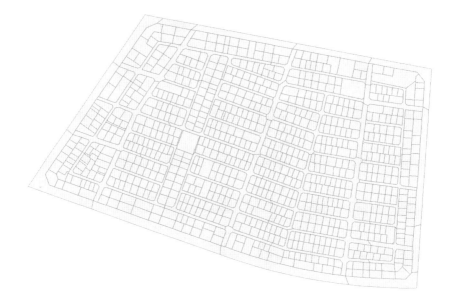

⑥ 변환된 파일의 속성파일을 확인하기 위해 Table of Contents의 파일에 마우스 오른쪽 버튼을 클릭한 후 Open Attribute Table을 선택한다. 속성파일을 확인해보면 Annotation에 있던 지번정보가 Text 필드에 입력된 것을 확인할 수 있다.

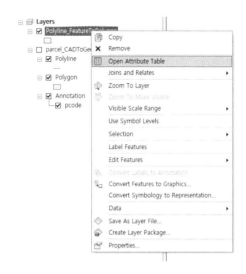

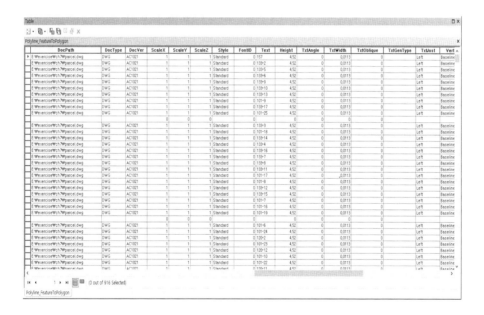

## 2.3. Shape 파일로 저장

① 작업된 Geodatabase 파일을 Shape 파일로 저장해보자. 지번정보까지 연결된 파일에 마우스 오른쪽 버튼을 클릭하고 Data>Export Data를 선택한다.

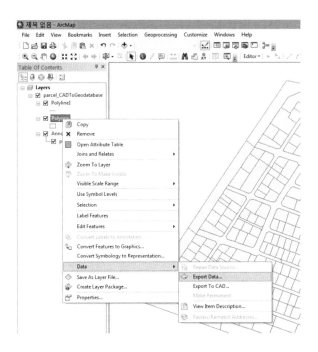

② 저장할 파일명(*parcel.shp*)과 위치를 선택한 뒤 OK를 클릭한다.

## 3. 속성 연결(Join)

앞서 실습을 통해 CAD자료의 GIS자료로의 변환에 대해서 알아보았다. 변환과
정 외에 실제 자료구축과정에서는 도형자료와 속성자료 간의 연결(Join) 작업은

빈번히 발생하는 작업으로 자료구축 부분에서 가장 중요하고도 복잡한 과정이다. 이러한 Join 기능은 속성을 기준으로 연결하는 Attribute Join과 공간적 위치를 기준으로 하는 Spatial Join으로 구분할 수 있다.

① 앞서 실습한 결과물인 *Parcel.shp*과 속성파일인 실습폴더의 *data.xlsx(data$* 시트)를 불러온다. *data$*의 속성테이블을 열어보면 지번, 지목, 사용승인일, 건축면적, 지하층수, 지상층수, 건축재료, 건물용도와 같은 정보가 포함된 것을 알 수 있다.

| CODE | 건축재료 | CODE | 용도 | CODE | 용도 |
|------|----------|------|------|------|------|
| 1 | 벽돌 | 1 | 단독주택 | 8 | 업무시설 |
| 2 | 시멘트벽돌 | 2 | 다세대/다가구 | 9 | 의료시설 |
| 3 | 경량철골 | 3 | 연립주택 | 10 | 자동차관련시설 |
| 4 | 철골 | 4 | 근린생활시설 | 11 | 도로 |
| 5 | 철근콘크리트 | 5 | 복지시설 | 12 | 공원 |
| 6 | 아스팔트 | 6 | 문화및집회시설 | 13 | 종교시설 |
| 7 | 공원 | 7 | 숙박시설 | | |

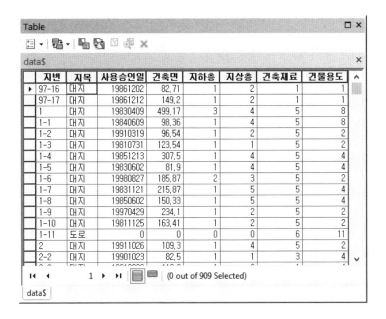

② *parcel.shp*의 지번정보가 들어 있는 필드인 Text 또는 TxtMemo를 기준으로 *data$*의 정보를 Join시킨다. Table of Contents의 *Polygons*에 마우스 오른쪽 버튼을 클릭하고 Join and Relates>Join을 선택한다.

③ 테이블 속성 조인(Join attribute from a table)을 선택하고 조인 시 기준이 되는 *parcel* 파일의 연결 지을 필드(TxtMemo), 연결할 파일명(*data$*), 연결할 파일의 조인필드(지번)를 선택하고 OK를 클릭한다.

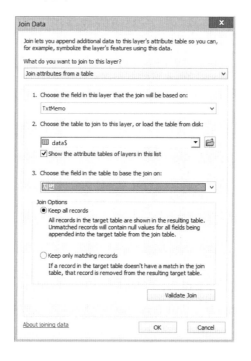

④ *parcel*의 속성을 확인하기 위해 *parcel*에 마우스 오른쪽 버튼을 클릭한 후 Open Attribute Table을 선택한다. 속성파일을 확인해보면 *data$*에 있던 필드와 정보가 추가된 것을 확인할 수 있다.

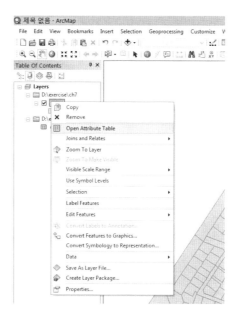

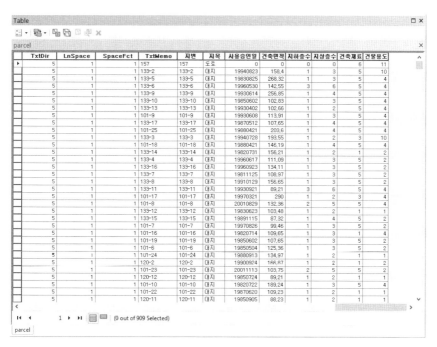

⑤ Join을 수행하면 파일이 Join된 상태로 영구적으로 유지되는 것이 아니며, 프로그램을 종료한 뒤 다시 불러올 경우 Join의 효력이 사라진다. 따라서 Join된 상태에서 새로운 파일을 생성해야 한다. Join된 *parcel*에 마우스 오른쪽 버튼을 클릭하고 Data>Export Data를 선택한다.

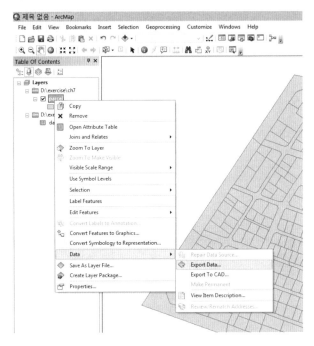

⑥ 저장할 파일명(*parcel2.shp*)과 위치를 선택한 뒤 OK를 클릭한다.

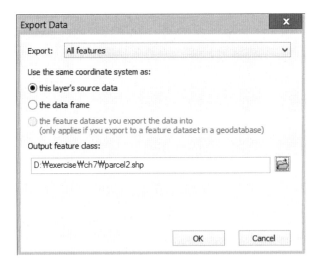

# 4. 좌표체계 부여(Projection)

## 4.1. 데이터 형식별 좌표체계 저장방식

ArcGIS에서 이용되는 파일포맷들의 좌표체계는 별도의 파일에 저장하는 방식을 채택하고 있다. Shapefile과 커버리지(coverage)는 'projection 파일(prj 확장자)'에 저장되며, CAD 파일은 'world 파일'에 저장된다. 래스터 형식의 데이터의 경우, 좌표체계 정보가 'aux(auxiliary) 파일'에 저장된다. Geodatabase에서는 데이터베이스 내에 좌표체계를 저장하기 때문에 투영정보를 저장할 별도의 파일 형식이 필요하지 않다.

파일 포맷별 좌표체계 저장방식

## 4.2. 좌표체계 정의(Define Projection)

구형의 지구를 평면의 도면으로 만들기 위해 사용된 방식은 빛을 투과시켜 벽면에 나타난 그림자를 기준으로 도면을 작성한 데서 유래하여 투영(projection)이라 부른다. ArcGIS에는 특정 지역에 바로 적용할 수 있는 사전에 정의된 다양한 투영파일을 제공하고 있다. 이번 실습에서는 ArcMap을 이용하여 구축된 자료에 좌표체계정보를 추가하는 작업을 수행할 것이다.

① ArcMap을 실행하고 구축된 자료파일인 *parcel2.shp* 파일을 불러온다.

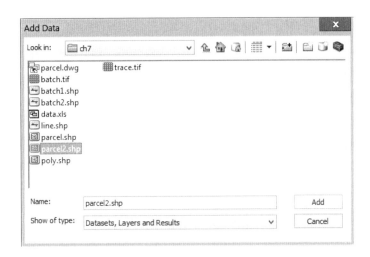

② Table of Contents의 *parcel2* 파일을 마우스로 더블클릭하여 Layer Properties(레이어 속
성)의 Source 탭을 열어보자. Data Source의 Coordinate System 부분에 아직 어떠한 좌
표체계도 정의되지 않았음을 알 수 있다.

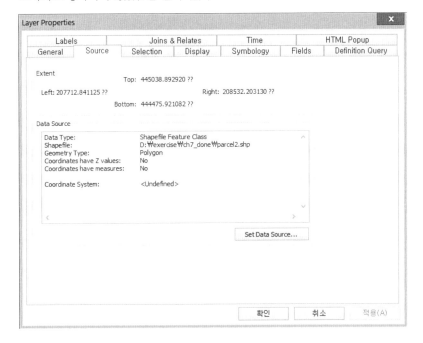

③ 좌표체계를 부여하기 위해 ArcToolbox의 Data Management Tools>Projections and Transformations>Define Projection을 실행한다.

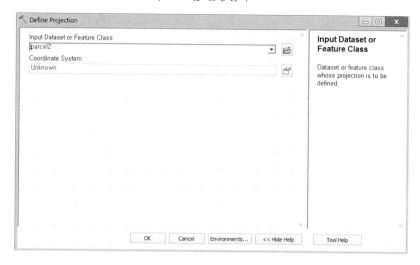

④ 입력파일로 *parcel2*를 선택하고 좌표체계를 고르기 위해 평면좌표계(XY Coordinate System)에서 오른쪽의 Add Coordinate System 아이콘(⊕ ▼)을 클릭하고 Import를 선택한다.

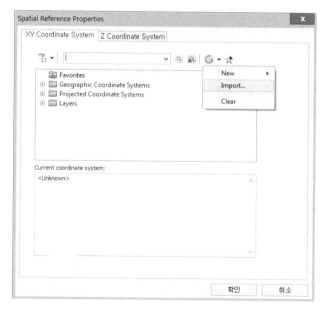

⑤ 실습폴더의 *tm.prj* 파일을 선택한다.

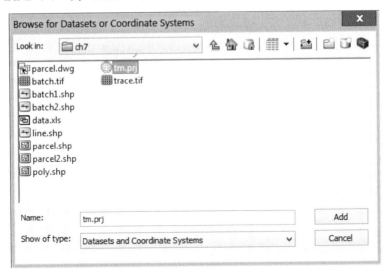

⑥ 선택된 좌표체계는 구면좌표체계로 Bessel 1841 타원체를 이용하는 것을 알 수 있다.
 확인을 클릭하여 좌표체계를 설정한다.

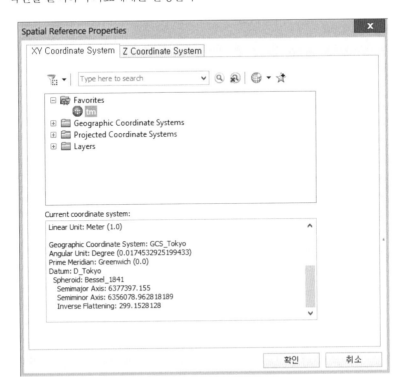

⑦ 다시 Table of Contents의 *parcel2* 파일을 더블클릭하여 속성의 Source탭을 열어보면 정의된 좌표체계가 나타날 것이다.

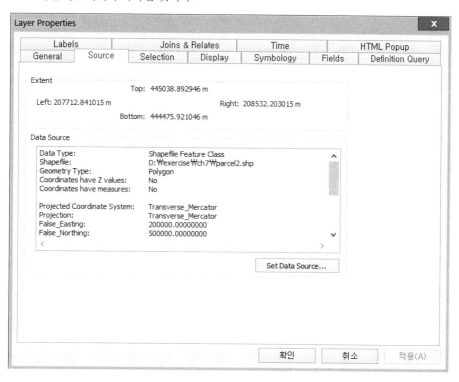

# 제8장

# 자료의 편집(Editing)

## 1. 속성자료 편집

ArcGIS에서의 속성편집은 Editor 기능을 이용한다. GIS 자료는 CAD와는 다르게 바로 편집이 가능하지 않고 편집의 시작을 알리는 명령을 실행한 다음 가능하다. 마찬가지로 편집을 마친 후 편집종료 명령을 실행해야 수정된 사항이 최종적으로 저장된다.

### 1.1. 속성정보 수정

① 앞서 실습한 7장의 최종 결과물인 *parcel2.shp*를 불러오거나, 실습폴더 ch8에서 *parcel2.shp* 파일을 열어보자.

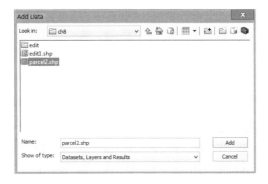

② *parcel2.shp* 파일의 속성을 살펴보면 '119-19'지번의 경우 지번과 지목을 제외한 속성정
보 대부분이 빠져 있음을 확인할 수 있다.

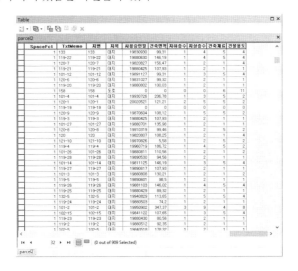

③ 속성자료의 편집을 위해서는 편집(Editor) 기능의 활성화가 필요하다. 메인 메뉴(Main
Menu)에서 오른쪽 마우스를 클릭한 후 Editor가 체크되어 있는지 확인한다.

④ 편집(Editor) 기능을 사용하기 위해서 Editor의 편집시작(Start Editing) 명령을 실행
한다.

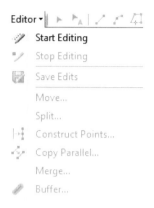

⑤ '119-19' 지번의 각 필드별 정보를 <사용승인일: 19780411, 건축면적: 173, 지하층수:
0, 지상층수: 5, 건축재료: 1, 건물용도: 2>로 수정해보자. 편집시작(Start Editing)이 실
행된 상태에서 *parcel2*의 속성테이블을 열어 해당 레코드에 정보를 입력한다.

| | SpaceFct | TxtMemo | 지번 | 지목 | 사용승인일 | 건축면적 | 지하층수 | 지상층수 | 건축재료 | 건물용도 |
|---|---|---|---|---|---|---|---|---|---|---|
| | 1 | 133 | 133 | 대지 | 19830930 | 99.31 | 1 | 4 | 5 | 4 |
| | 1 | 119-22 | 119-22 | 대지 | 19880630 | 146.19 | 1 | 4 | 5 | 4 |
| | 1 | 120-7 | 120-7 | 대지 | 19820827 | 156.47 | 1 | 2 | 1 | 4 |
| | 1 | 119-21 | 119-21 | 대지 | 19880425 | 107.93 | 1 | 2 | 1 | 1 |
| | 1 | 101-12 | 101-12 | 대지 | 19891127 | 99.31 | 1 | 3 | 5 | 4 |
| | 1 | 120-6 | 120-6 | 대지 | 19831027 | 99.32 | 1 | 2 | 1 | 1 |
| | 1 | 119-20 | 119-20 | 대지 | 19880802 | 100.03 | 1 | 2 | 1 | 1 |
| | 1 | 158 | 158 | 도로 | 0 | 0 | 0 | 0 | 6 | 11 |
| | 1 | 101-4 | 101-4 | 대지 | 19930726 | 206.78 | 1 | 3 | 5 | 2 |
| | 1 | 120-1 | 120-1 | 대지 | 20020521 | 121.21 | 2 | 5 | 5 | 2 |
| ▶ | 1 | 119-19 | 119-19 | 대지 | 0 | 0 | 0 | 0 | 0 | 0 |
| | 1 | 120-9 | 120-9 | 대지 | 19870604 | 108.12 | 1 | 5 | 5 | 2 |
| | 1 | 119-3 | 119-3 | 대지 | 19880425 | 107.93 | 1 | 2 | 1 | 1 |
| | 1 | 101-27 | 101-27 | 대지 | 19880701 | 135.98 | 1 | 2 | 1 | 1 |
| | 1 | 120-8 | 120-8 | 대지 | 19910319 | 99.46 | 1 | 2 | 5 | 2 |
| | 1 | 120 | 120 | 대지 | 19820807 | 108.25 | 1 | 2 | 1 | 4 |
| | 1 | 121-10 | 121-10 | 대지 | 19970826 | 5.58 | 1 | 2 | 5 | 2 |
| | 1 | 119-4 | 119-4 | 대지 | 19960719 | 186.72 | 1 | 4 | 5 | 2 |
| | 1 | 101-26 | 101-26 | 대지 | 19880811 | 110.56 | 1 | 2 | 1 | 2 |
| | 1 | 119-28 | 119-28 | 대지 | 19890530 | 94.56 | 1 | 2 | 1 | 1 |
| | 1 | 101-14 | 101-14 | 대지 | 19811125 | 146.19 | 1 | 3 | 5 | 4 |
| | 1 | 119-27 | 119-27 | 대지 | 19890617 | 107.93 | 1 | 2 | 1 | 1 |
| | 1 | 101-3 | 101-3 | 대지 | 19880808 | 130.21 | 1 | 2 | 1 | 2 |
| | 1 | 119-5 | 119-5 | 대지 | 19890601 | 98.5 | 1 | 2 | 1 | 1 |
| | 1 | 119-26 | 119-26 | 대지 | 19881103 | 146.02 | 1 | 4 | 5 | 4 |
| | 1 | 119-25 | 119-25 | 대지 | 19880429 | 89.32 | 1 | 2 | 1 | 1 |
| | 1 | 132-5 | 132-5 | 대지 | 19940829 | 113.65 | 1 | 5 | 5 | 4 |
| | 1 | 119-24 | 119-24 | 대지 | 19880503 | 74.2 | 1 | 2 | 1 | 1 |
| | 1 | 101-2 | 101-2 | 대지 | 19950902 | 347.37 | 3 | 9 | 4 | 8 |
| | 1 | 102-15 | 102-15 | 대지 | 19641122 | 107.65 | 1 | 3 | 5 | 4 |
| | 1 | 119-23 | 119-23 | 대지 | 19880430 | 80.56 | 1 | 2 | 1 | 1 |
| | 1 | 119-2 | 119-2 | 대지 | 19880512 | 92.35 | 1 | 2 | 1 | 1 |
| | 1 | 102-5 | 102-5 | 대지 | 19840518 | 178.32 | 1 | 2 | 1 | 1 |

51 ▸ ▸| (0 out of 909 Selected)

parcel2

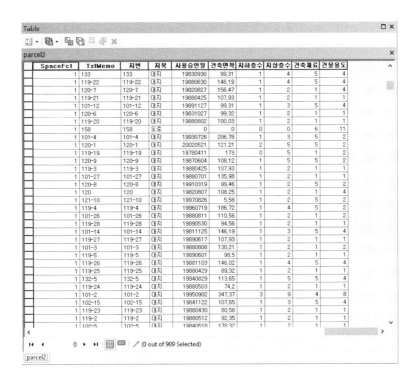

| | SpaceFct | TxtMemo | 지번 | 지목 | 사용승인일 | 건축면적 | 지하층수 | 지상층수 | 건축재료 | 건물용도 |
|---|---|---|---|---|---|---|---|---|---|---|
| | 1 | 133 | 133 | 대지 | 19830930 | 99,31 | 1 | 4 | 5 | 4 |
| | 1 | 119-22 | 119-22 | 대지 | 19880630 | 146,19 | 1 | 4 | 5 | 4 |
| | 1 | 120-7 | 120-7 | 대지 | 19820827 | 156,47 | 1 | 2 | 1 | 4 |
| | 1 | 119-21 | 119-21 | 대지 | 19880425 | 107,93 | 1 | 2 | 1 | 1 |
| | 1 | 101-12 | 101-12 | 대지 | 19891127 | 99,31 | 1 | 3 | 5 | 4 |
| | 1 | 120-6 | 120-6 | 대지 | 19831027 | 99,32 | 1 | 2 | 1 | 1 |
| | 1 | 119-20 | 119-20 | 대지 | 19880802 | 100,03 | 1 | 2 | 1 | 1 |
| | 1 | 158 | 158 | 도로 | 0 | 0 | 0 | 0 | 6 | 11 |
| | 1 | 101-4 | 101-4 | 대지 | 19930726 | 206,78 | 1 | 3 | 5 | 2 |
| | 1 | 120-1 | 120-1 | 대지 | 20020521 | 121,21 | 2 | 5 | 5 | 2 |
| | 1 | 119-19 | 119-19 | 대지 | 19780411 | 173 | 0 | 5 | 1 | 2 |
| | 1 | 120-9 | 120-9 | 대지 | 19870604 | 108,12 | 1 | 5 | 5 | 2 |
| | 1 | 119-3 | 119-3 | 대지 | 19880425 | 107,93 | 1 | 2 | 1 | 1 |
| | 1 | 101-27 | 101-27 | 대지 | 19880701 | 135,98 | 1 | 2 | 1 | 1 |
| | 1 | 120-8 | 120-8 | 대지 | 19910319 | 99,46 | 1 | 2 | 5 | 2 |
| | 1 | 120 | 120 | 대지 | 19820807 | 108,25 | 1 | 2 | 1 | 4 |
| | 1 | 121-10 | 121-10 | 대지 | 19970826 | 5,58 | 1 | 2 | 5 | 2 |
| | 1 | 119-4 | 119-4 | 대지 | 19960719 | 186,72 | 1 | 4 | 5 | 2 |
| | 1 | 101-26 | 101-26 | 대지 | 19880811 | 110,56 | 1 | 2 | 1 | 2 |
| | 1 | 119-28 | 119-28 | 대지 | 19890530 | 94,56 | 1 | 2 | 1 | 1 |
| | 1 | 101-14 | 101-14 | 대지 | 19811125 | 146,19 | 1 | 3 | 5 | 4 |
| | 1 | 119-27 | 119-27 | 대지 | 19890617 | 107,93 | 1 | 2 | 1 | 1 |
| | 1 | 101-3 | 101-3 | 대지 | 19880808 | 130,21 | 1 | 2 | 1 | 2 |
| | 1 | 119-5 | 119-5 | 대지 | 19890601 | 98,5 | 1 | 2 | 1 | 1 |
| | 1 | 119-26 | 119-26 | 대지 | 19881103 | 146,02 | 1 | 4 | 5 | 4 |
| | 1 | 119-25 | 119-25 | 대지 | 19880429 | 89,32 | 1 | 2 | 1 | 1 |
| | 1 | 132-5 | 132-5 | 대지 | 19940829 | 113,65 | 1 | 5 | 5 | 4 |
| | 1 | 119-24 | 119-24 | 대지 | 19880503 | 74,2 | 1 | 2 | 1 | 1 |
| | 1 | 101-2 | 101-2 | 대지 | 19950902 | 347,37 | 3 | 9 | 4 | 8 |
| | 1 | 102-15 | 102-15 | 대지 | 19841122 | 107,65 | 1 | 3 | 5 | 4 |
| | 1 | 119-23 | 119-23 | 대지 | 19880430 | 80,56 | 1 | 2 | 1 | 1 |
| | 1 | 119-2 | 119-2 | 대지 | 19880512 | 92,35 | 1 | 2 | 1 | 1 |
| | 1 | 102-5 | 102-5 | 대지 | 19840518 | 178,32 | 1 | 2 | 1 | 4 |

I◀ ◀  0 ▶ ▶I  ▦ ▦  ∕ (0 out of 909 Selected)

parcel2

⑥ 입력 후 Editor의 편집저장(Save Edits)을 선택하면 편집한 내용이 저장되고, 편집종료 (Stop Editing) 명령을 선택하면 편집이 종료된다.

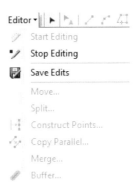

## 1.2. 속성 계산

Calculate Geometry와 Field Calculator 기능을 통해 여러 필드 속성을 이용하여 계산을 수행하고, 그 결과를 새로운 정보로 입력할 수 있다.

① 속성테이블에 새로운 필드를 추가시키는 실습을 해보도록 하자. *parcel2* 파일의 속성테이블을 열어 상단의 첫 번째 메뉴를 클릭한 후, Add Field를 선택하면 새로운 필드를 생성할 수 있다.

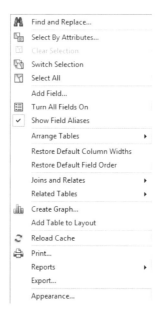

② Add Field 창에서 필드명을 'Area'로 입력하고 속성 형태(type)는 Float, 필드의 길이는 11, 소수점 자릿수는 여섯째자리까지 표현되도록 Scale에 6을 입력한 후 OK를 클릭한다.

**참고** Add Field 창에서 Type은 다음과 같은 유형으로 구분된다. Field Properties는 Type에서 설정해준 속성에 적절한 길이나 소수점 자릿수를 설정해주는 것이다.

| 속성 형태 | 자료 형식 | 예 |
|---|---|---|
| Short Integer | −32,768 ~ 32,767 사이의 정수 | 1234 |
| Long Integer | −2,147,483,648 ~ 2,147,483,647 사이의 정수 | 12345678 |
| Float | −3.4E38 ~ 1.2E38 사이의 실수 | 12.3456 |
| Double | −2.2E308 ~ 1.8E308 사이의 실수 | 12.34567890 |
| Text | 문자 형식 | 'TEXT' |
| Date | mm/dd/yyyy hh:mm:ss AM/PM | 01/01/2010 |

③ 새로운 'Area' 필드가 생성된 것을 확인할 수 있다.

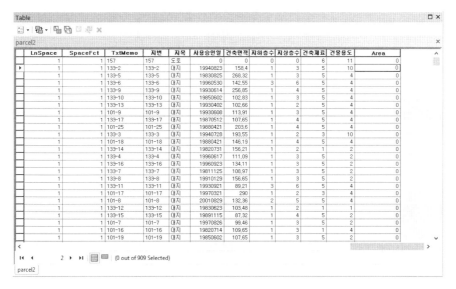

④ 새로 생성된 'Area'에 각각의 지번별 면적을 계산해보도록 하자. 입력하고자 하는 'Area'
  필드에 마우스 오른쪽 버튼을 클릭한 후 나타나는 하위 메뉴에서 Calculate geometry를
  선택한다.

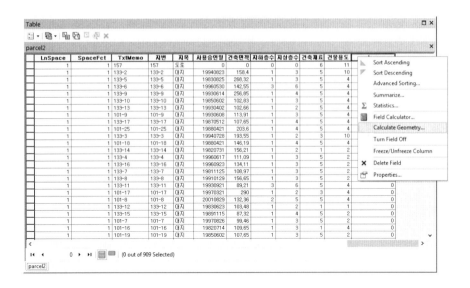

⑤ Calculate Geometry를 클릭하면 아래와 같은 창이 뜬다. 왼쪽에 있는 창은 Calculate Geometry를 실행했을 시 되돌릴 수 있는 방법이 없다는 것을 경고하는 창으로 Yes를 클릭한다(Don't warn me again을 선택하면 다음부터 경고창이 뜨지 않는다).

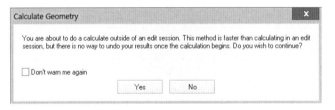

⑥ 다음 창은 본 실습에서 사용하게 될 좌표체계를 결정하는 것이다. data source의 좌표를 사용하는 것으로 선택하고 단위는 OK버튼을 클릭한다.

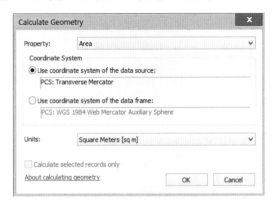

⑦ 테이블의 Arca 필드에 면적이 계산되어 입력된 것을 확인할 수 있다.

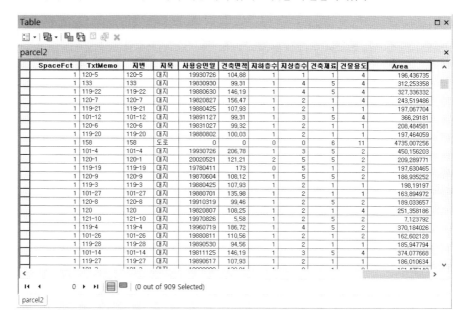

⑧ 이제 동일한 방법으로 '건폐율' field를 생성해보자. Add Field 창에서 필드명을 '건폐율'로 입력하고 속성 형태(type)는 Float, 필드의 길이는 5, 소수점 자릿수는 둘째자리까지 표현되도록 Scale에 2를 입력한 후 OK를 클릭한다.

⑨ 새로운 건폐율 필드가 생성된 것을 확인할 수 있다.

⑩ 새로 생성된 건폐율 필드에 각각의 지번별 건폐율을 계산해보도록 하자. 입력하고자
하는 건폐율 필드에 마우스 오른쪽 버튼을 클릭한 후 나타나는 하위 메뉴에서 Field
Calculator를 선택한다.

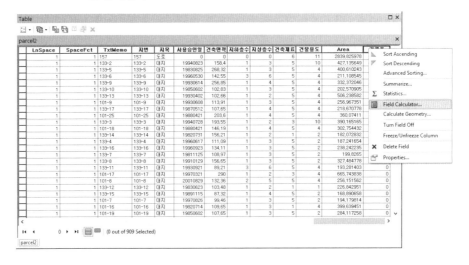

⑪ Field Calculator 창 하단부의 계산식을 작성하는 박스에 속성테이블의 대지 면적을 나
타내는 'Area'와 '건축면적' 필드를 활용하여 건폐율 계산식을 입력하고 OK를 클릭하
자. 건폐율 필드의 모든 셀에 각 지번별 건폐율(%)이 계산되어 입력된다.

$$건폐율(\%) = [건축면적]/[대지면적] \times 100$$

⑫ Field Calculator를 사용하여 속성을 계산한 결과가 건폐율 필드에 입력된 것을 확인할
수 있다.

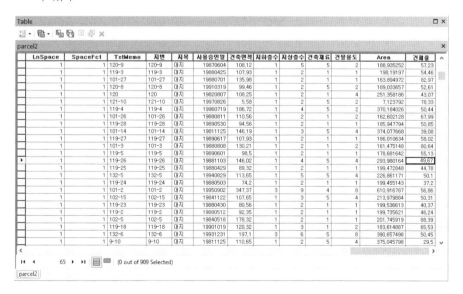

## 2. 공간자료 편집

과거 GIS 프로그램들은 공간자료의 형상을 편집하는 기능이 미약하여 편집작업은 주로 CAD프로그램을 활용했으나, 최근 ArcGIS에서는 자체 프로그램을 이용하여 도면자료의 오류를 수정하고 자료를 추가할 수 있는 기능이 더욱 보완되어 CAD 프로그램을 이용하지 않더라도 편집과 분석을 모두 수행할 수 있는 수준으로 발전되었다.

### ArcGIS의 기본 편집 메뉴

ArcGIS의 기본 편집 메뉴는 일반적인 문서작성 프로그램에서 사용되는 잘라내기(cut), 복사하기(copy), 붙여넣기(paste), 지우기(delete), 되돌리기(undo move), 다시실행(redo move)으로 구성되어 있다. 이러한 기본 편집 기능의 활용을 위해서는 표준 메뉴(Standard) 기능의 활성화가 필요하다. 메인 메뉴(Main Menu)에서 오른쪽 마우스를 클릭한 후 Standard가 체크되어 있는지 확인한다.

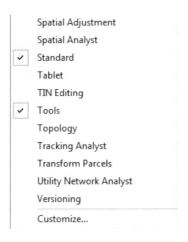

표준 메뉴의 기본 편집 기능은 다음과 같이 구성되어 있다.

| | | |
|---|---|---|
| ✂ | 잘라내기(Cut), Ctrl+X | |
| 📄 | 복사(Copy), Ctrl+C | |
| 📋 | 붙여넣기(Paste), Ctrl+V | |
| ✕ | 지우기(Delete), | |
| ↩ | 되돌리기(Undo Move) | |
| ↪ | 다시실행(Redo Move) | |

### Edit 도구

Edit Tool은 도형을 그리는 데 활용된다. Edit Tool의 경우 Start Editing 상태에서 활성화되며 Edit Tool을 이용하여 객체를 선택하여 수정 편집 가능하다. 각 도구들은 객체 형태와 특정 기능 선택 유무에 따라서 활성화 또는 비활성화된다. 아래와 같은 기능들의 도구들이 사용 가능하며 명칭과 내용들은 아래와 같다.

| | | |
|---|---|---|
| ↗ | Straight Segment | 직선을 작도할 때 사용한다. |
| ⌐ | End Point and Arc Segment | 곡선을 작도할 때 사용한다. |
| ⊡ | Trace | 선택된 Feature의 Segment 위를 따라 새로운 Segment를 생성할 수 있다. |
| ⋀ | Right angle | 직교(90)방향으로 새로운 segment를 만들 수 있게 도와주는 도구이다. |
| ↗ | Midpoint | 중심점을 찾아 새로운 버텍스를 추가하는 데 사용되는 도구이다. |
| ⊘ | Distance-Distance | 각각 다른 Point로부터 일정거리와 방향에 교차되는 지점에 버텍스 또는 Point를 추가하는 도구이다. |
| ⌀ | Direction-Distance | |
| ⊿ | Intersection | 두 Segment의 암시적인 교차점에 Point 또는 버텍스를 생성하는 도구이다. |
| ⌐ | Arc Segment | 커브 Segment를 생성하는 데 이용된다. Sketch Tool과의 조합을 통해 선과 호 등을 그릴 수 있다. |
| ⌐ | Tangent Curve Segment | 접선을 찾아 새로운 버텍스를 추가하는 데 사용한다. |
| ⌐ | Bezier Curve Segment | 직선과 Bezier Curve를 번갈아 가면서 버텍스를 추가할 때 사용하는 도구이다. |

| | Point | Edit Sketch에 점(point)을 추가하는 도구이다. |
|---|---|---|
| | Edit Vertices | 꼭짓점을 편집하는 데 사용하는 도구이다. |
| | Reshape Feature Tool | 객체의 형태를 변형하는 데 사용하는 도구이다. |
| | Cut Polygons Tool | 면 객체를 자를 데 사용한다. |
| | Split Tool | 선택한 선 객체를 두 개로 분리하는데 사용한다. |
| | Rotate Tool | 객체를 회전하는 데 사용한다. |

### Edit 상황 메뉴

Edit 상황 메뉴는 편집도구(Edit tool)가 활성화되어 있는 상태에서 편집 작업 도중에 마우스의 오른쪽 버튼을 클릭하면 표시되는 메뉴이다. 상황 메뉴를 이용하면, 현재 버텍스에서 다음 버텍스를 지정하는 데 필요한 방향, 길이, 좌표 등을 입력할 수 있으며 연관된 객체를 기준으로 수평, 수직, 편향 등의 설정도 가능하다.

### 버텍스 편집하기

버텍스 편집은 버텍스를 추가, 삭제, 이동하는 작업을 말하며, 편집도구(Edit Tool)의 Edit Vertices(  )를 이용하여 버텍스를 추가하거나 삭제, 이동하고자 하는 지점에서 마우스 오른쪽 버튼을 클릭한 후 나타나는 추가 메뉴를 이용하여 편집이 가능하다.

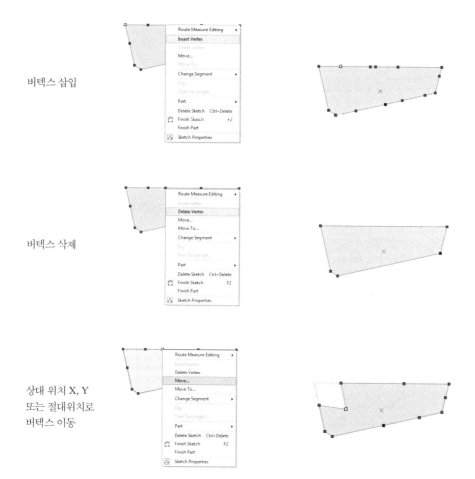

버텍스 삽입

버텍스 삭제

상대 위치 X, Y
또는 절대위치로
버텍스 이동

## 2.1. 편집기능 활성화

여기에서는 ArcGIS를 이용하여 공간데이터의 형상에 대한 변형, 삭제, 추가 등의
작업을 수행할 것이다.

① 스케치 기능의 활용을 위해서는 편집(Editor) 기능의 활성화가 필요하다. ArcMap을 실
행하고 메인 메뉴(Main Menu)에서 오른쪽 마우스를 클릭한 후 Editor가 체크되어 있는
지 확인한다.

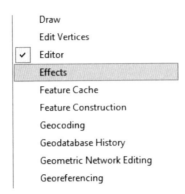

Draw

Edit Vertices

✓ Editor

Effects

Feature Cache

Feature Construction

Geocoding

Geodatabase History

Geometric Network Editing

Georeferencing

② 실습폴더 ch8의 *edit1.shp* 파일과 하위폴더인 Edit의 *edit2.shp* 파일을 불러온다.

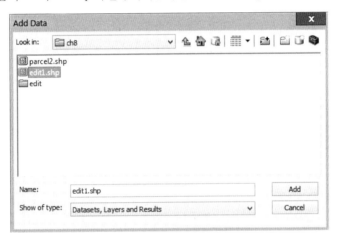

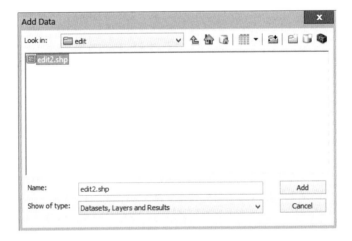

③ 속성편집과 마찬가지로 도형자료에 대한 편집(Editor) 기능을 사용하는 것은 편집시
작(Start Editing) 명령을 실행한 다음 가능하다. Editor Tool에서 Editor>Start Editing 명
령을 클릭한다.

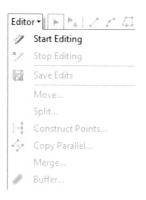

④ 편집시작 명령을 내리면 어느 폴더의 파일들을 편집할 것인지를 물어본다. ArcGIS에
서 편집은 폴더단위로 실행되기 때문에 편집대상 폴더를 지정하게 된다. 만약 불러온
파일이 하나일 경우 본 대화창은 나타나지 않는다. *edit1*이 있는 실습폴더를 선택하고
OK를 클릭한다.

## 2.2. 도형 분할

① ArcGIS에서는 편집 시 Snap 기능을 제공하고 있다. Editor>Snapping>Snapping Toolbar를 클릭한다.

② Snapping toolbar를 클릭하면 아래와 같은 창이 뜨는데 여기에서 Point, End, Vertex, Edge
를 모두 선택하면 된다. 이제 편집 시 edit1 객체의 버텍스, 선, 끝점에서 snap이 적용될
것이다.

③ 편집할 부분은 오른쪽 상단부의 지점으로 큰 필지를 여러 개의 작은 필지로 나눌 것이
다. 우선 Edit Tool( ▶)을 이용하여 편집할 두 개의 큰 필지를 선택한다.

④ Editor Toolbar의 Cut Polygons Tool( 中 )을 선택한다.

⑤ Cut Polygons Tool을 이용하여 선택한 도형 위로 동서방향의 경계를 그리면 도형이 잘
라질 것이다. 동서방향의 경계를 그릴 때 Snap 기능을 이용하여 다음과 같이 시작점과
끝점을 지정하도록 하자.

⑥ 남북방향의 경계선을 우측의 선과 평행하게 그리기 위해 우측 선에 마우스 커서를 위
치시키고 오른쪽 버튼을 클릭하고 Parallel을 선택한다.

⑦ 우측의 선과 평행하게 남북방향으로 경계를 그려 도형을 나누어보자. 이때 선택된 도형만 나누어지기 때문에 절단 후 선택 해제될 경우 다시 Edit Tool을 이용하여 도형을 선택한다.

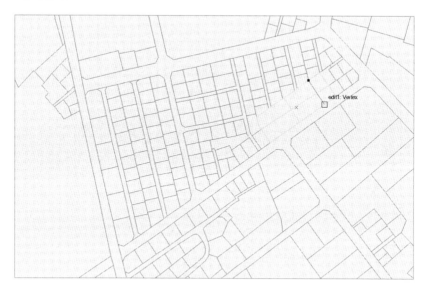

## 2.3. 도형 결합

① 분리되어 있는 도로 부분을 합치는 작업을 수행해보자. 우선 Edit Tool을 이용하여 결합할 도형을 선택한다.

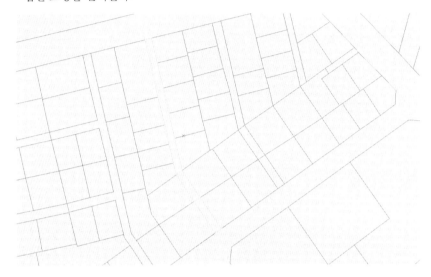

② Editor를 클릭한 후 Merge를 선택한다. Merge는 도형을 합하는 기능을 수행한다. 이어서 나타나는 창에서 OK를 클릭하면 도형이 합쳐질 것이다. 나머지 도로도 같은 방식으로 Merge를 수행한다.

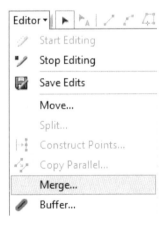

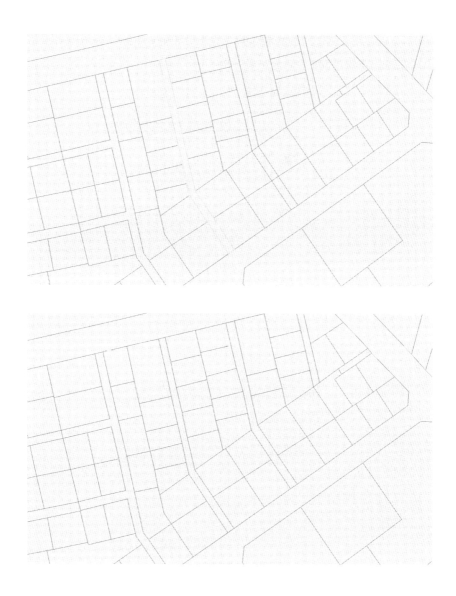

③ 편집을 마친 후 편집종료(Stop Editing) 명령을 실행해야 최종적으로 수정된 사항들이
저장된다. Editor의 Stop Editing을 클릭한다.

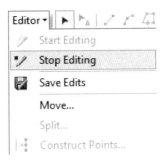

●●● 제9장

# 자료의 탐색

## 1. 도구모음(Tools)을 이용한 도면 탐색

ArcGIS의 하위 프로그램들은 기본적으로 도면을 탐색하는 기능을 갖추고 있다. 확대/축소, 영역의 이동, 선택, 찾기, 측정 등의 작업을 수행할 수 있는 기능들을 모아 놓은 도구도움이 바로 Tools이다.

| 표현 | 명명 | 내용 |
|:---:|:---:|:---:|
| 🔍➕ | Zoom In | 원하는 부분을 확대 |
| 🔍➖ | Zoom Out | 원하는 부분을 축소 |
| ✖✖ | Fixed Zoom In | 도면을 점차 확대 |
| ↖↘ | Fixed Zoom Out | 도면을 점차 축소 |

| | Pan | 도면을 원하는 자리에 이동 |
|---|---|---|
| | Full Extent | 도면을 확대하거나 축소 또는 부분별로 확대, 축소했을 시 원래 화면상의 맵으로 복귀 |
| | Go Back To Previous Extent | 확대나 축소한 상태에서 이전 단계로 돌아감 |
| | Go To Next Extent | 확대나 축소한 상태에서 다음 단계로 넘어감 |
| | Select Features | Feature(객체) 선택 |
| | Clear Selected Features | Feature(객체) 선택 해제 |
| | Select Elements | 그래픽이나 그림 등을 선택함 |
| | Identify | 선택한 Feature에 대한 속성을 디스플레이함 |
| | Find | 검색하려는 문자열을 입력하여 Feature를 찾도록 함 |
| | Go To XY | X와 Y의 좌표로 위치를 찾음 |
| | Measure | 도면상에서 거리를 측정함 |
| | Html Popup | 링크된 홈페이지를 연결함 |
| | Find route | 최적경로를 찾음 |

## 1.1. 확대/축소

① ArcMap을 실행하고 실습폴더에서 *parcel3.shp*을 불러온다.

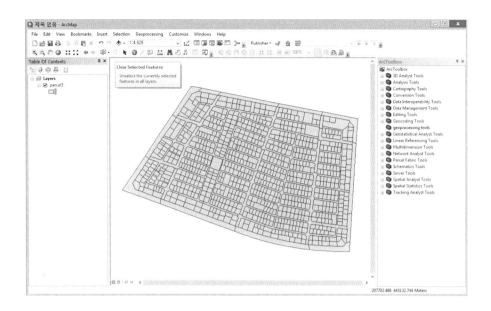

② 확대( ⊕ )도구를 이용하여 도면상의 영역을 지정하면 지정된 영역이 화면에 확대된다.

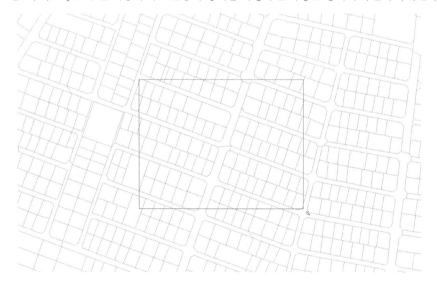

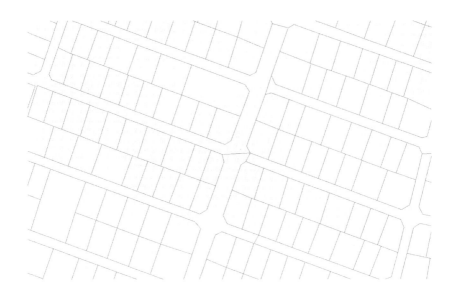

③ 이와는 반대로 축소(🔍)도구를 이용하여 도면상의 영역을 지정하면 화면상에 출력된 도면이 지정된 영역 내로 축소되어 나타난다.

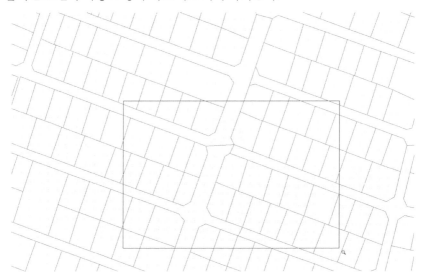

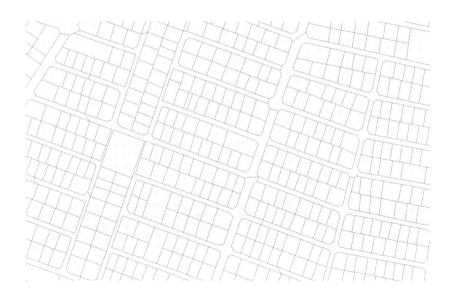

④ 점진적 확대(✣)도구와 점진적 축소(✣)도구를 이용하면 일정 비율로 도면이 확대/
  축소된다.

⑤ 화면이동(✋)도구를 이용하면 도면을 원하는 구역으로 옮길 수 있다.

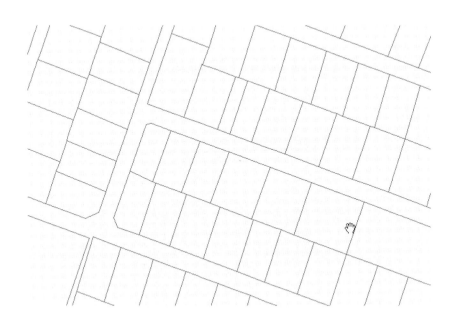

⑥ 전체화면( 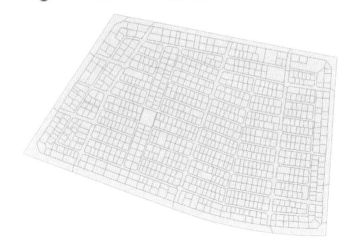)도구를 이용하면 확대되었거나 축소된 화면이 전체화면으로 나타난다.

⑦ 이전영역( ⬅)도구를 사용하면 화면이 축소/확대/이동된 이전의 화면상태로 돌아간다. 되돌리기( ➡)도구를 이용하면 이전 영역으로 확대/축소되었던 도면상태가 다시 원래의 화면상태로 돌아온다.

## 1.2. 객체 및 도면요소 선택

① 객체선택( 🖱)도구를 이용하면 GIS 객체를 선택할 수 있다. 객체선택 도구를 클릭한 후 원하는 객체를 선택해보자. 선택된 객체의 테두리 색이 하늘색으로 변한 것을 볼 수 있다.

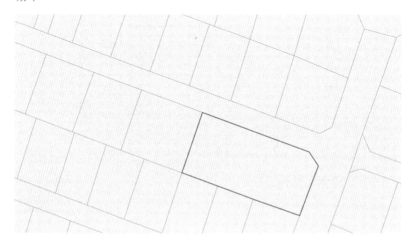

② Shift키를 클릭한 상태에서 객체선택 도구를 이용하면 추가선택 또는 선택해제가 가능하며 선택하고 싶은 영역을 드래그하면 그 안에 포함되는 객체들이 선택된다.

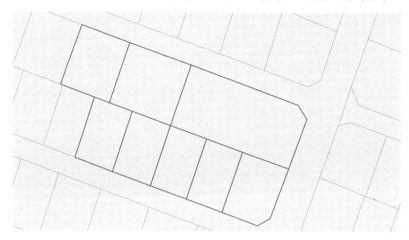

③ 선택된 객체를 모두 해제하기 위해서는 선택해제(☒)도구를 클릭한다.

**참고** 객체를 선택하는 옵션에는 새로 선택, 현재 선택에 추가, 현재 선택에서 제거, 현재 선택에서 선택과 같은 대화형 선택방법이 사용되며, 이는 메인 메뉴의 Selection의 Interactive Selection Method에서 선택할 수 있다.

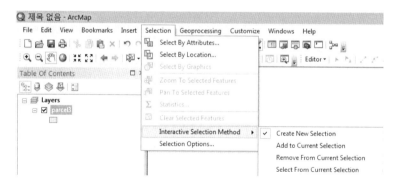

- 새로 선택(Create new selection): 새로운 객체를 선택하는 기능이다.
- 현재 선택에 추가(Add to current selection): 기존에 선택되어 있던 객체에 추가하여 새로운 객체를 선택하는 옵션으로, 여러 개의 객체를 동시에 선택할 때에 주로 사용하는 기능이다.
- 현재 선택에서 제거(Remove from current selection): 현재 선택되어 있는 객체 중에서 일부 객체의 선택을 해제할 수 있는 기능이다.

• 현재 선택에서 선택(Select from current selection): 현태 선택되어 있는 객체들 중에서 특정 객체를 선택할 때에 사용하는 옵션으로서, 기존에 선택되어 있지 않은 객체는 선택할 수 없게 된다. 따라서 이 옵션의 사용은 기존에 객체가 선택되어 있는 상태에서만 가능하다.

④ 도면요소 선택 도구( )를 사용하면 그래픽이나 그림 등 도면 요소의 선택, 이동, 삭제 등이 가능하다. ArcMap 하단부의 Draw 도구에서 New Rectangle 버튼을 선택하고 화면에 임의의 도형을 그려보자.

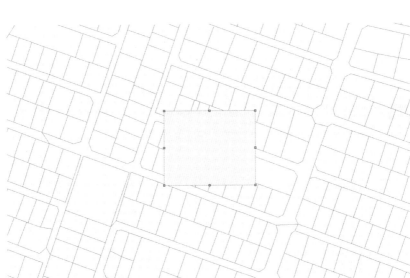

⑤ 그려진 도형은 GIS 자료가 아닌 도면요소로 이전의 객체 선택 도구로 선택할 수 없고 도면요소 선택 도구를 이용해야 한다. 도면요소 선택 도구를 선택하고 그려진 도형을 선택하고 키보드의 'Delete' 키를 눌러 삭제한다.

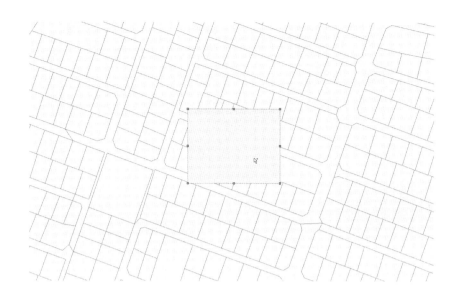

## 1.3. 정보 및 위치 확인

① Identify( 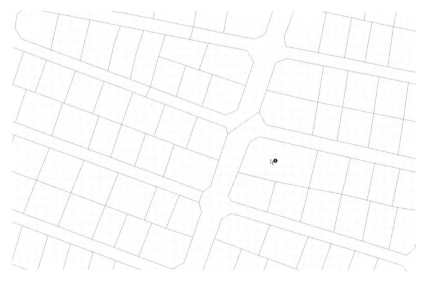 )는 클릭한 Feature에 대한 속성을 별도의 창을 통해 보여주는 기능을 수행한다. Identify( ) 버튼을 클릭하고 임의의 객체를 선택해보자. Identify 창이 나타나고 선택된 객체의 속성정보가 출력될 것이다. 만약 여러 개의 도면이 겹쳐 있다면 Identify 창의 맨 위 Identify from을 통해 확인하고자 하는 도면층을 고를 수 있다.

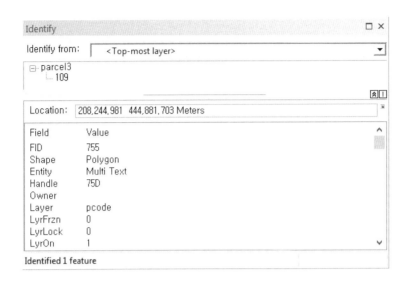

② Find( 🔍 )는 속성정보 내의 문자열, 자료위치, 주소, 경로 등을 검색하여 객체를 찾는
기능을 제공한다. 도구모음의 Find( 🔍 )를 클릭하면 다음과 같은 창이 나타날 것이다.

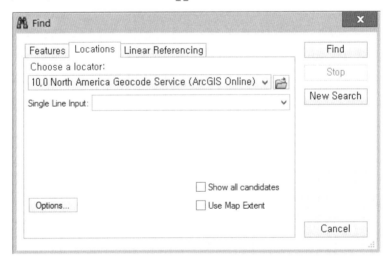

③ Feature 탭에 검색하고자 하는 문자열(키워드)을 입력하여 Feature를 찾을 수 있다. *par-
cel3.shp*에서 지목이 '공원'인 객체를 찾아보도록 하자. Feature 탭에서 다음과 같이 Find
에 '공원'을 입력하고 검색할 파일(*parcel3.shp*), 필드명(지목) 등을 입력하고 Find를 클
릭한다.

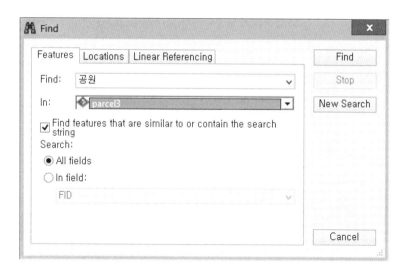

④ 두 개의 공원용지가 선택될 것이다. 선택된 공원용지의 위치를 파악하기 위해서 하단
에 검색된 두 개체 중 하나에 마우스 오른쪽 버튼을 클릭해보자. 하위 메뉴가 나타날 것
이다.

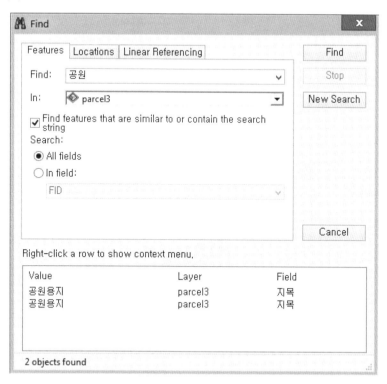

⑤ 하위 메뉴의 각 기능은 검색된 객체에 수행할 명령어를 나타낸 것이다. 각 기능들을 클릭하여 수행해보자.

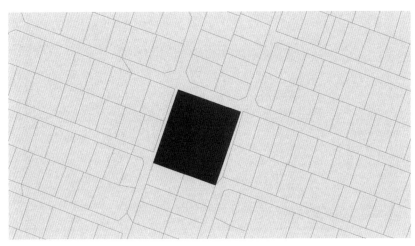

⑥ Go To XY( 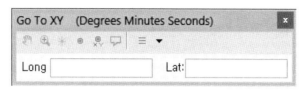 )는 X, Y 좌표를 입력하여 입력된 위치로 이동하는 기능을 가지고 있다.
Go To XY를 클릭하면 다음과 같은 창이 화면에 나타나게 되는데 이 창에 X좌표와 Y
좌표를 기입하여 원하는 곳의 위치를 찾을 수 있다.

⑦ 우선 맨 오른쪽에 위치한 아이콘을 클릭하여 단위를 Meters로 변경하자[단위설정을 위
해서는 Go To XY 실행 전에 메인 메뉴의 View>Data Frame Properties에서 단위
(Units)를 모두 'Meters'로 변경해야 한다].

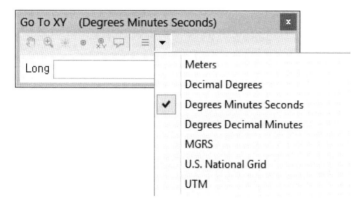

⑧ X값에 208040을 Y값에는 444780을 입력하고 엔터를 입력한다. 지정한 X값과 Y값에
해당하는 위치가 표시될 것이다.

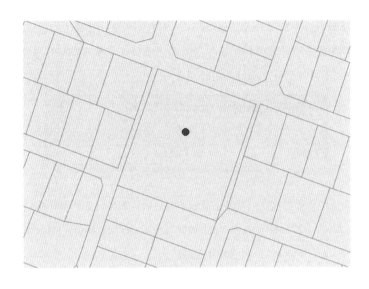

⑨ Go To XY의 메뉴를 이용하면 지정된 위치로 이동, 확대, 깜빡임, 점 추가, 레이블 추가, 풍선메모 추가 등의 작업을 할 수 있다. 오른쪽에서 세 번째 아이콘인 Add Callout을 클릭하면 좌표값이 적힌 풍선메모가 생성된다.

## 1.4. 측정

① 맵상에서 거리를 측정하려면 Measure( )를 사용한다. Measure는 마우스로 선을 작도하여 길이, 면적 등을 측정할 수 있도록 해준다. 도구모음에서 Measure( )를 선

택하면 Measure 창이 활성화될 것이다.

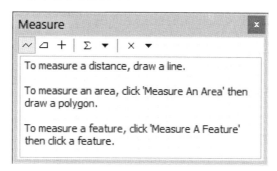

② 전체 대상지의 둘레를 측정해보자. Measure의 아이콘 중 맨 앞의 선형 아이콘을 클릭하고 버텍스를 생성하면서 둘레를 측정해보자. Measure 창의 Segment는 가장 최근에 생성된 버텍스와 버텍스 간의 길이를 말하며, Length는 각 Segment의 길이를 모두 합한 값을 나타낸다.

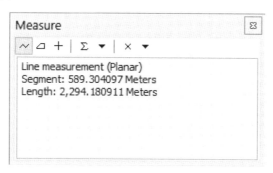

③ 마지막 측정지점에서는 마우스 왼쪽 버튼을 더블클릭한다.

④ 동일한 방법으로 Measure 창의 두 번째 아이콘인 면 형태의 아이콘을 클릭하여 전체 면적을 계산해보자.

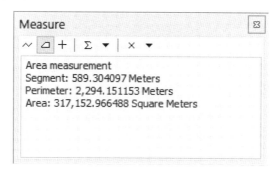

⑤ 이 외에도 세 번째 아이콘에 해당하는 Measure A Feature 기능을 이용하면 선택하는 객체의 측정과 관련된 길이, 면적 등의 속성을 바로 확인할 수 있다.

## 2. 질의(Query)를 통한 도형 및 속성정보 선택

앞서 도형을 화면상에서 선택하는 것에 대해 실습해보았다. 이러한 선택방법은 선택할 대상 객체의 위치를 알고 있다면 선택 도구를 이용하여 직접 선택할 수 있지만, 선택할 객체의 수가 많고 위치를 한 번에 확인하기 어려울 경우 질의(query)를 통해 선택 가능하다. 질의를 이용한 선택방식에는 속성을 기준으로 한 방식과 객체의 공간적 위치를 기준으로 한 방식으로 구분할 수 있다.

### 2.1. 속성을 이용한 질의

① ArcMap을 실행하고 *parcel3.shp* 파일을 불러온다. 이전 실습을 통해 이미 파일을 열어둔 상태라면 새로 불러올 필요는 없다.

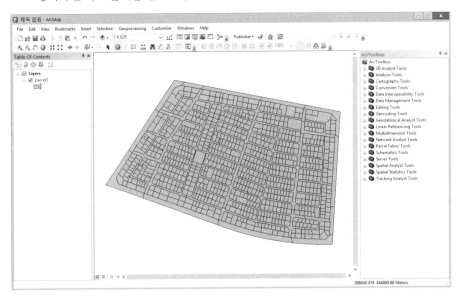

② 메인 메뉴의 Selection>Select By Attributes를 클릭한다. Select By Attributes는 필드의 속성을 기준으로 객체를 선택하는 기능을 수행한다.

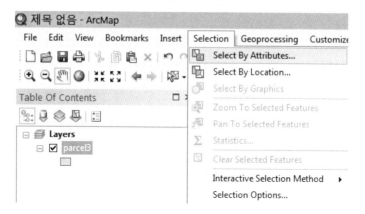

③ 활성화된 Select By Attributes 창의 하단부에 질의문을 입력하여 객체를 선택하게 된다. 입력되는 구문은 SQL(Structured Query Language)에 준하여 작성된다. 여기에서는 '건폐율이 60% 초과인 지역'을 선택하기 위한 구문을 작성하고 실행해보자. 우선 필드목록에서 "건폐율"을 더블클릭한다. 그리고 연산자에서 초과를 뜻하는 '>'을 클릭하고 '60'을 입력하여 다음과 같은 구문을 완성한다.

"건폐율">60

SQL(Structured Query Language)은 데이터베이스에 접근하여 자료를 검색하고 조작하는 데 사용되는 표준언어로 대부분의 데이터베이스에서 사용되고 있다. ArcGIS 또한 데이터베이스 체계를 가지고 있기 때문에 SQL을 기준으로 객체에 대한 탐색이 이루어진다.

④ 구문을 입력한 후 검증을 위해 'Verify' 버튼을 클릭한다. 구문에 문제가 없다면 'OK' 를 클릭하여 객체들을 선택하자.

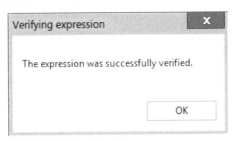

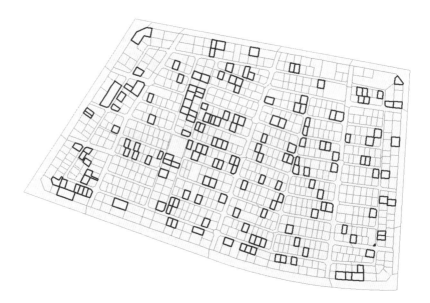

⑤ 이번에는 좀 더 복잡한 조건으로 '건폐율이 60%를 초과하면서 면적이 250㎡ 이상'인 지역을 찾아보자. 앞서의 방법과 마찬가지로 필드명, 연산자, 수치를 입력하여 다음과 같은 수식을 완성한다. 두 가지 조건을 모두 만족시키는 개체와 속성을 찾기 위해 'AND' 연산자를 이용했다.

"건페율">60 AND "Shape_Area">=250

⑥ 구문을 입력하고 OK를 클릭하면 조건이 추가됨에 따라 선택된 객체들이 줄어든 것을 확인할 수 있다.

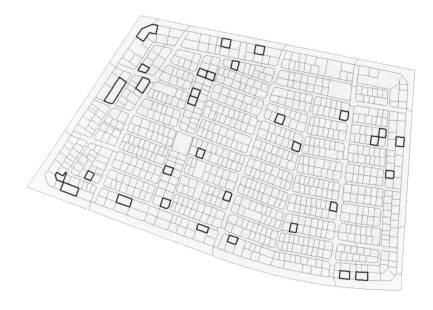

⑦ 객체의 선택은 도형정보뿐 아니라 속성정보에도 동일하게 적용된다. *parcel3* 파일에 마우스 오른쪽 버튼을 클릭한 후 Open Attribute Table을 클릭하면 속성테이블상에 선택된 객체들이 하이라이트되어 있을 것이다. 선택된 레코드만을 확인하고 싶을 경우 속성테이블 하단부 Show의 Selected를 선택하면 된다. 다시 모든 레코드를 확인할 경우 All을 선택한다.

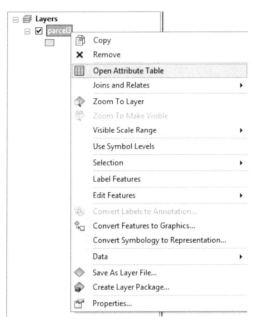

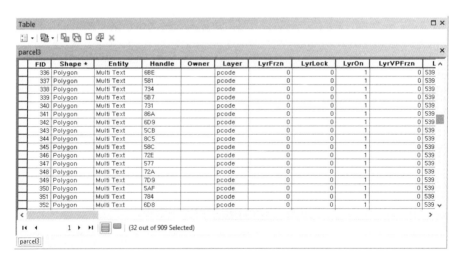

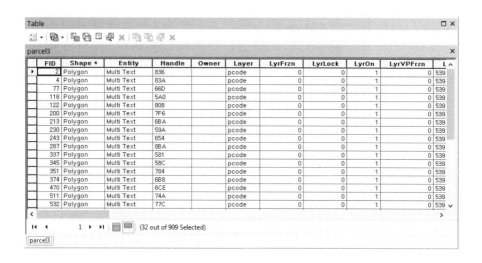

| | FID | Shape * | Entity | Handle | Owner | Layer | LyrFrzn | LyrLock | LyrOn | LyrVPFrzn | L |
|---|---|---|---|---|---|---|---|---|---|---|---|
| ▶ | 2 | Polygon | Multi Text | 836 | | pcode | 0 | 0 | 1 | 0 | 539 |
| | 4 | Polygon | Multi Text | 83A | | pcode | 0 | 0 | 1 | 0 | 539 |
| | 77 | Polygon | Multi Text | 66D | | pcode | 0 | 0 | 1 | 0 | 539 |
| | 118 | Polygon | Multi Text | 5A0 | | pcode | 0 | 0 | 1 | 0 | 539 |
| | 122 | Polygon | Multi Text | 808 | | pcode | 0 | 0 | 1 | 0 | 539 |
| | 200 | Polygon | Multi Text | 7F6 | | pcode | 0 | 0 | 1 | 0 | 539 |
| | 213 | Polygon | Multi Text | 6BA | | pcode | 0 | 0 | 1 | 0 | 539 |
| | 230 | Polygon | Multi Text | 59A | | pcode | 0 | 0 | 1 | 0 | 539 |
| | 243 | Polygon | Multi Text | 654 | | pcode | 0 | 0 | 1 | 0 | 539 |
| | 287 | Polygon | Multi Text | 8BA | | pcode | 0 | 0 | 1 | 0 | 539 |
| | 337 | Polygon | Multi Text | 581 | | pcode | 0 | 0 | 1 | 0 | 539 |
| | 345 | Polygon | Multi Text | 58C | | pcode | 0 | 0 | 1 | 0 | 539 |
| | 351 | Polygon | Multi Text | 784 | | pcode | 0 | 0 | 1 | 0 | 539 |
| | 374 | Polygon | Multi Text | 6B8 | | pcode | 0 | 0 | 1 | 0 | 539 |
| | 470 | Polygon | Multi Text | 6CE | | pcode | 0 | 0 | 1 | 0 | 539 |
| | 511 | Polygon | Multi Text | 74A | | pcode | 0 | 0 | 1 | 0 | 539 |
| | 532 | Polygon | Multi Text | 77C | | pcode | 0 | 0 | 1 | 0 | 539 |

14 ◀   1 ▶ ▶I    (32 out of 909 Selected)

parcel3

**참고** 선택 도구를 이용한 객체 선택과 마찬가지로 질의를 통한 선택에도 아래와 같은 옵션을 적용할 수 있다.

- 새로 선택(Create new selection): 기존에 선택된 객체를 취소하고 새로운 객체를 선택하는 기능이다.

- 현재 선택에 추가(Add to current selection): 기존에 선택되어 있던 객체에 추가하여 새로운 객체를 선택하는 옵션이다.

- 현재 선택에서 제거(Remove from current selection): 현재 선택되어 있는 객체 중에서 일부 객체의 선택을 해제할 수 있는 기능이다.

- 현재 선택에서 선택(Select from current selection): 현태 선택되어 있는 객체들 중에서 객체를 선택할 때에 사용하는 옵션으로 기존에 객체가 선택되어 있는 상태에서만 가능하다.

## 2.2. 공간적 위치를 이용한 질의

다른 객체와의 지리적·공간적 관계에 기초하여 특정 객체를 선택하거나 검색하는 것을 공간질의(spatial query)라고 한다. 공간질의를 이용하기 위해서는 최소 2개 이상의 GIS 자료가 필요하다.

① 이전에 선택된 객체들을 해제하기 위해 선택해제 도구( )를 클릭하고 실습폴더에서 *boundary.shp* 파일을 추가로 불러온다.

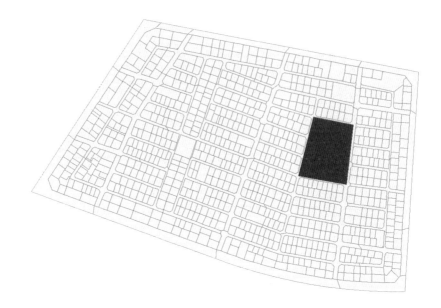

② 메인 메뉴에서 Selection>Select By Location을 선택한다.

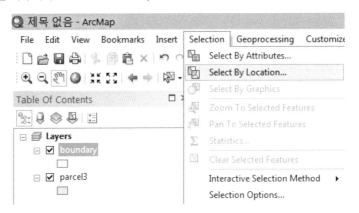

③ Select By Location 창에서도 마찬가지로 옵션을 선택할 수 있다. 'select features from'
   을 선택하고 하단의 대상 레이어로는 *parcel3*을 선택한다. 선택방식은 'are completely
   within the source layer feature'를, 공간연산 대상 레이어로는 *boundary*를 선택한다.

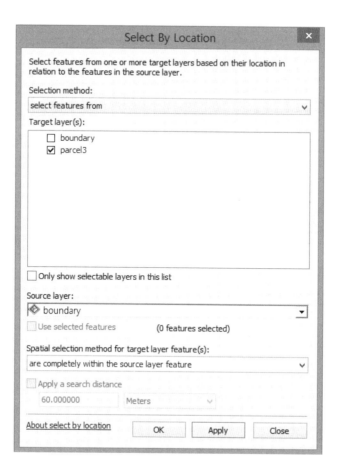

④ 선택 후 OK를 클릭하면 *boundary* 영역 내에 포함된 *parcel3*의 객체들이 선택된 것을 확
인할 수 있다.

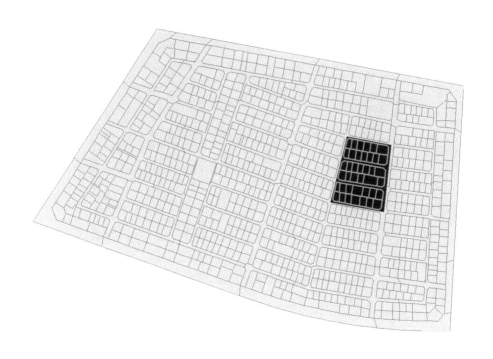

| 옵션 | 설명 |
|---|---|
| intersect | 연산대상 객체와 겹치는 객체를 선택 |
| are within a distance of | 연산대상 객체로부터 특정거리 이내의 객체를 선택 |
| contain | 연산대상 객체를 포함하는 객체를 선택 |
| completely contain | 연산대상 객체를 완벽히 포함하는 객체를 선택 |
| are within | 연산대상 객체(면) 내에 해당하는 객체를 선택 |
| are completely within | 연산대상 객체(면) 내에 완벽히 포함되는 객체를 선택 |
| are identical to | 연산대상 객체와 동일한 객체를 선택 |
| touch the boundary of | 연산대상 객체의 경계에 걸치는 객체를 선택(선 또는 면) |
| share a line segment with | 연산대상 객체의 선을 공유하는 객체를 선택(선 또는 면) |
| are crossed by the outline of | 연산대상 객체의 경계선과 교차되는 객체를 선택(선 또는 면) |
| have their centroid in | 연산대상 객체에 선택대상 객체의 중심점이 포함되는 것만 선택 |

# 제10장

# 자료의 표현

과거 지도의 표현은 종이매체 위에 수작업으로 이루어져 오다가 CAD 프로그램이 활용되면서 지도 수정의 용이, 반복적 생산, 작업시간의 단축 등이 가능해졌다. 여기에 GIS 기술이 적용되면서 지도의 표현과 제작 방식이 다양해지고 수준도 높아지게 되었다. 또한 3차원 지도의 제작이 더욱 편리해졌으며, Google map에서는 인터넷으로 객체들이 실시간으로 수정되어 올라오기도 한다. 이 장에서는 ArcGIS의 Scale, Symbology, Display, Label을 이용한 기초 표현방법에 대해서 실습해보기로 한다.

## 1. Scale

축척(scale)은 지도 제작의 가장 기본이 되는 원리다. ArcGIS에서 축척은 종이에 출력되는 것뿐만 아니라 모니터 화면으로 출력되는 것에도 적용된다.

① ArcMap을 실행하고 실습폴더에서 *seoul.shp*, *gu.shp*, *dong.shp* 파일을 불러온다. 실습파일은 이미 좌표체계가 부여되었기 때문에 ArcMap 메뉴의 축척 부분이 활성화되어 있을 것이다.

② ArcMap에서는 도면마다 설정한 축척 범위를 지정함으로써 확대, 축소 시 해당 범위를 벗어날 경우 화면에 나타나지 않게 할 수 있다. 우선 Table of Contents에 불러온 파일의 순서를 *Seoul, Gu, Dong*의 순서로 정렬한다.

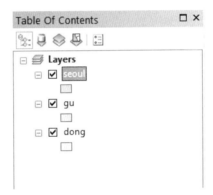

③ Table of Contents의 해당 레이어를 선택하고 마우스의 오른쪽 버튼을 클릭한 후 Properties를 선택한다. Layer Properties 창에서 General 탭을 클릭한 후, 다음과 같이 각 레이어마다 레이어가 보이지 않는 축척 구간(Scale Range)을 설정한다.

| 파일 | In Beyond |
|---|---|
| Seoul.shp | 1:150,000 |
| Gu.shp | 1:50,000 |
| Dong.shp | 1:15,000 |

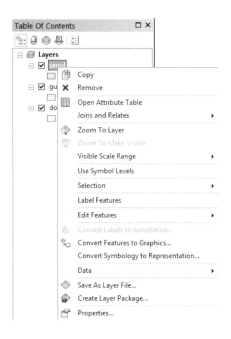

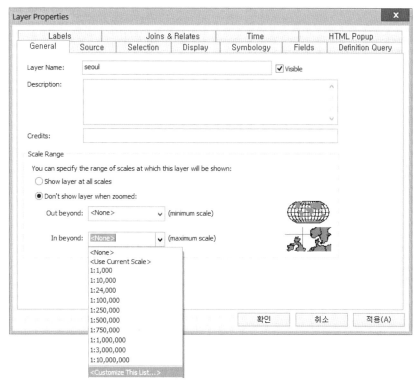

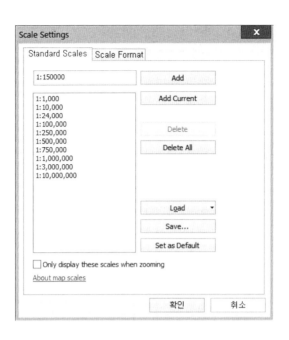

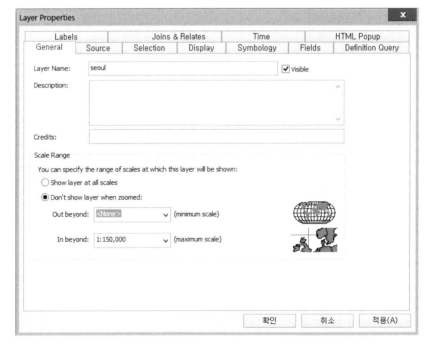

④ Scale Range를 설정한 후, 확대 혹은 축소 등의 기능을 이용하여 도면 영역을 변화시켜
보자. 각각의 설정된 스케일 범위를 초과할 경우 도면이 보이지 않게 됨을 알 수 있다.

## 2. Symbology

ArcGIS에서 각 객체를 표현하는 방식은 심벌(symbology)을 이용한다. 점, 선, 면 각 각에 대한 표현은 색상뿐 아니라 사전에 정의된 심벌로 대체될 수도 있다.

① ArcMap을 실행하고 실습폴더에서 *parcel4.shp*를 불러온다.

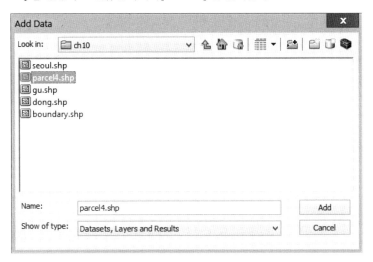

② 단순 색상만을 변경할 경우 Table of Contents의 파일 하단의 심벌에 마우스 오른쪽 버튼을 클릭하면 색상을 변경할 수 있다. 원하는 색상으로 변경해보자.

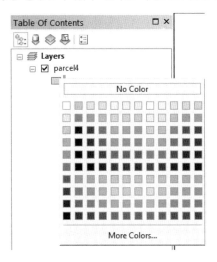

③ Table of Contents의 *parcel4.shp* 파일을 더블클릭한 후 Symbology 탭을 연다. 왼편의 'Show:' 부분을 보면 Features, Categories, Quantities, Charts, Multiple Attributes로 구분되어 있다.

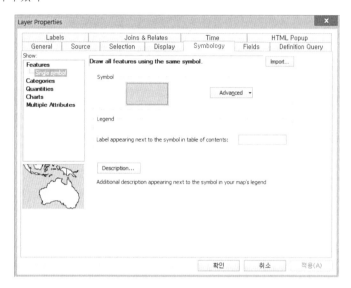

④ Features는 단일 심벌(Single symbol)로 표현되는 옵션이다. 기본적으로 파일을 불러오면 단일 심벌로 표현된다. Symbol 창에 있는 색상을 클릭하여 원하는 색상으로 변경한다. 색상 외에도 바깥선의 폭과 색상을 지정할 수 있다.

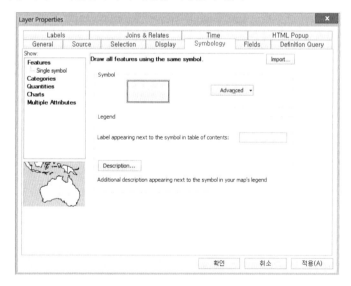

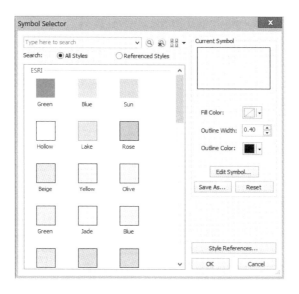

⑤ Categories는 필드의 속성을 기준으로 범주에 해당하는 심벌을 지정하여 표현하는 옵션이다. Categories는 구분이 명확한 명목척도일 때 쓰이는 옵션으로 하위에는 Unique values(단일값), Unique values, many fields(단일값, 다속성), Match to symbols in a style (속성을 사전 정의된 스타일로 표현)이 있다. 이 중 Unique value를 선택하고 필드명 (Value Field)은 '지목'을 선택한다. 하단의 Add All Values를 클릭하면 해당되는 범주와 심벌이 임의로 설정되어 표시된다. 각 심벌들은 Features와 마찬가지로 변경가능하다.

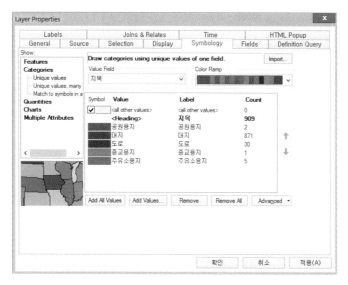

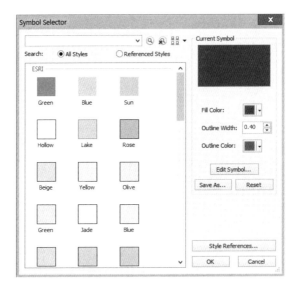

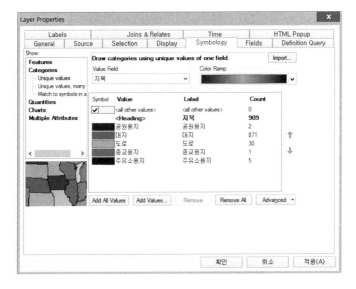

⑥ 적용을 클릭하고 표현되는 도면을 살펴보자. 구분대로 도면이 표현될 것이다.

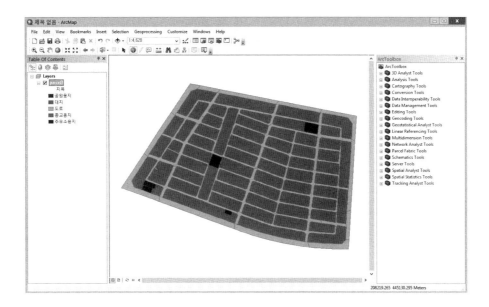

⑦ Quantities는 구간을 정하고 각 구간을 심벌로 정의하는 옵션으로 양과 크기에 관한 정
보를 표현할 때 적합하다. 하위에는 Graduated Colors(그러데이션 색상), Graduated
Symbols(그러데이션 심벌), Proportional Symbols(비율로 표현된 심벌), Dot Density(점
묘도)가 있다. Graduated colors를 선택하고 필드값(Value)으로 건축면적을 선택한다.
기본값으로 5개의 구간으로 표현되는 것을 알 수 있다.

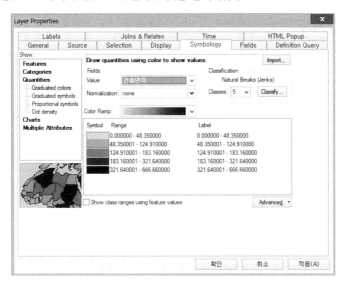

⑧ 구간을 변경하기 위해서 Classification 부분을 변경해보자. Classification의 Classify를 클릭한다.

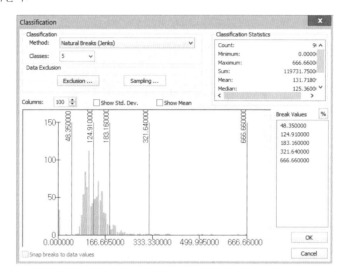

⑨ Classification 창에서 구간을 3등급으로 하기 위해 Classes를 3으로 변경한다. 그리고 오른편의 Break Values를 100, 300을 입력하고 최대치는 그대로 둔 채 OK를 클릭한다.

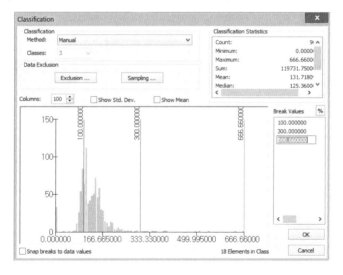

⑩ 등급이 3개로 조정되어 표현된 것을 확인할 수 있다. Color Ramp를 이용하여 원하는 색상을 선택하고 적용을 클릭한다.

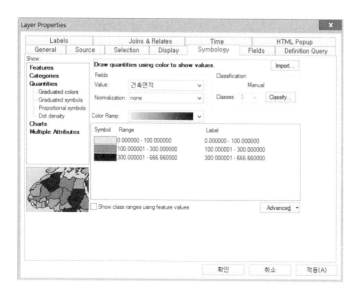

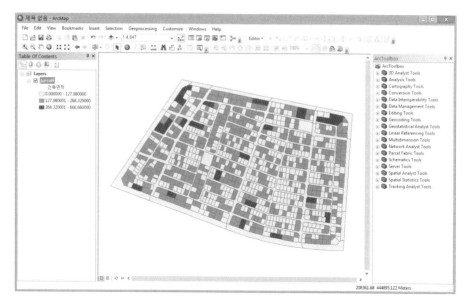

참고 이 외 Symbology에는 파이, 막대그래프 등으로 표현할 수 있는 Charts와 여러 속성들의 구간으로 표현할 수 있는 Multiple Attributes가 있다.

## 3. Display

Display 탭에서는 객체의 투명도, 하이퍼링크의 설정, 표현에서 제외되는 객체 등에 대한 설정을 할 수 있다. 본 실습에서는 투명도 설정에 대해서 알아보고자 한다.

① *parcel4.shp* 외에 추가로 *boundary.shp* 파일을 불러온다. *boundary.shp* 파일 아래에 위치한 *parcel4.shp* 파일이 보이지 않게 된다.

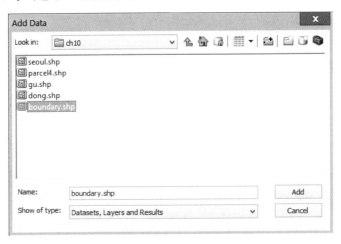

② *boundary.shp* 파일을 더블클릭하여 Symbology의 Display 탭을 연다.

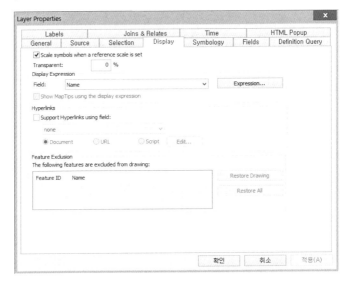

③ Display 탭에서 Transparent 값을 조정하여 투명도를 설정할 수 있다. 값이 높아질수록
투명도가 높아진다.

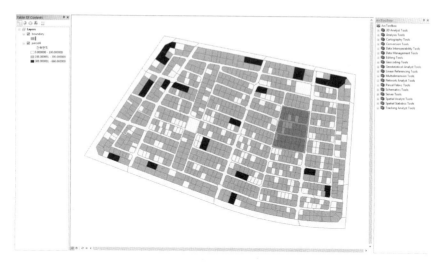

## 4. Label

Label은 객체의 속성을 도면상에 표현하는 기능이다. Label은 점, 선, 면 형태 모두
적용 가능하며, 여러 필드에 입력된 속성을 모두 이용하여 표현할 수도 있다.

① ArcMap을 실행하고 실습폴더에서 *parcel4.shp*를 불러온 후 Properties의 Labels 탭을 클릭한다.

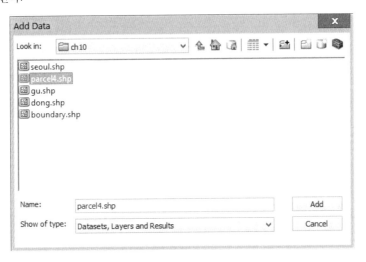

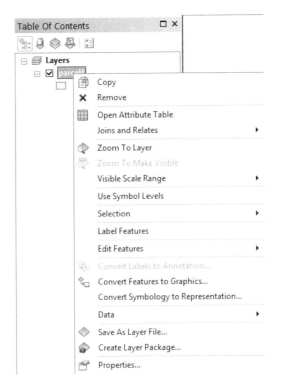

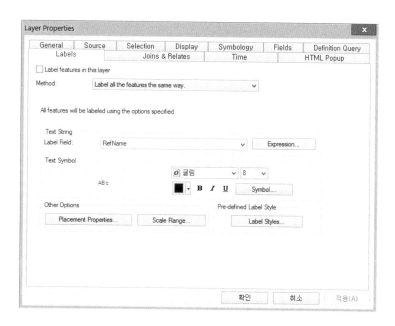

② 우선 Method를 'Label all the features the same way'로 지정한 후 Text String 부분을 설
정한다. Text String은 도면상에 표현할 속성이 들어 있는 필드를 선택하는 것으로 '지
번'을 선택한다.

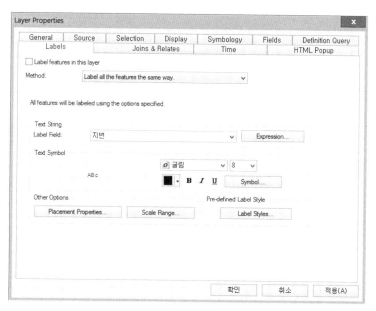

③ 지번 외에 추가로 지목도 함께 표현하기 위해 필드 선택메뉴 옆의 'Expression'을 클릭한다. Label Expression에서 '지목'을 선택하고 Append를 클릭 후 확인을 선택한다.

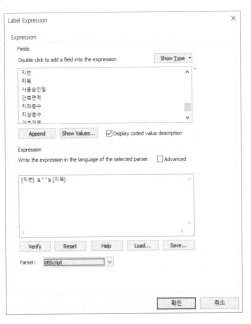

④ Text Symbol에서는 글씨체와 크기, 색상 등을 설정할 수 있으며 오른쪽의 Symbol을 클릭할 경우 더욱 상세한 옵션을 설정할 수 있다. 원하는 글자체와 크기를 설정한다.

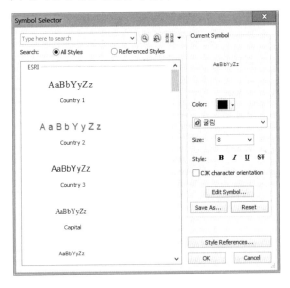

⑤ Labels 탭의 맨 위 'Label features in this layer'를 체크하고 적용을 클릭하면 도면상에 Label이 표시될 것이다.

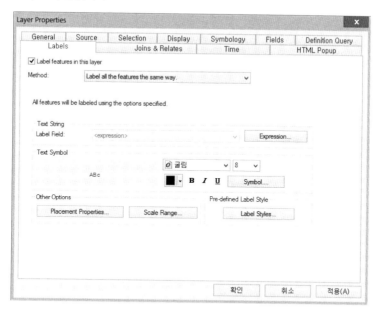

⑥ 지번과 지목이 화면에 복잡하게 나타날 것이다. Other Options에서 Placement Properties를 클릭한다. Placement 탭의 Polygon Setting의 'Only place label inside polygon'을 체크하고 확인을 클릭한다.

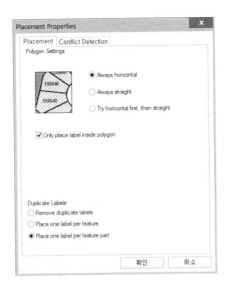

⑦ Layer Properties로 돌아와 확인을 클릭하면 폴리곤 안에 포함되는 Label만이 표시될 것이다. 화면을 확대하면 더 많은 Label이 표시될 것이다.

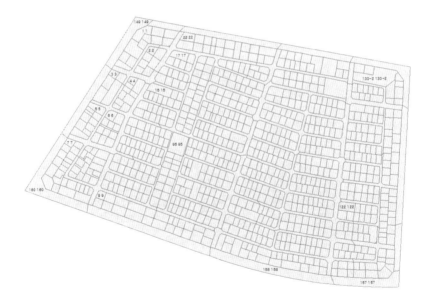

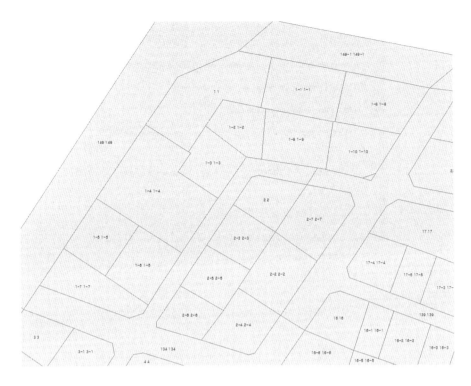

⑧ Scale Range에서는 축척에 따라서 Label이 표시되는 축척의 범위를 설정할 수 있으며, Label Style을 통해서 이미 지정된 형식에 맞추어 Label을 표시할 수도 있다.

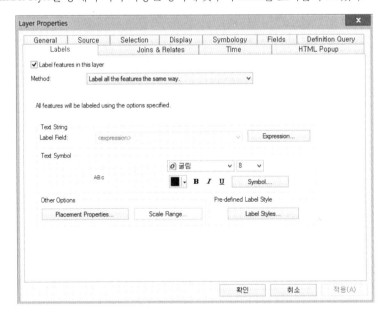

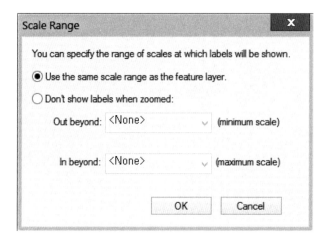

# 제11장

# 도면작성(Map Design)

GIS를 이용하여 다양한 공간분석을 수행해 원하던 결과를 얻는 것도 중요하지만, 결과물을 효과적으로 전달하고 알리기 위한 도면 구성 또한 중요하다. 일반적으로 도면은 공간정보가 담겨 있는 지리정보 외에 축척, 방위, 범례, 제목 등의 다양한 요소를 담고 있다. ArcGIS에서는 Data Frame, Title, Text, Neatline, Legend, Scale(Bar 형태 또는 문자)과 같은 도면요소를 이용하여 도면을 구성할 수 있다. 또한 그림파일이나 다른 프로그램에서 사용되는 객체(object)들을 불러와 추가할 수도 있다.

이 장에서는 앞서 구축한 자료를 이용하여 한 장의 도면에 다중의 주제도를 삽입하는 방법과 도면 요소를 추가하여 도면을 디자인하는 방법을 알아보기로 한다. 용도 현황도, 건폐율 현황도, 건축재료 현황도, 지상층수 현황도를 하나의 도면 안에 표현해보도록 한다.

## 1. 레이아웃 모드 전환과 페이지 설정

도면의 편집은 레이아웃 모드에서 실행이 가능하기 때문에 데이터 모드에서 레이아웃 모드로 전환이 필요하다. 이때 레이아웃 모드에서 사용하는 자료는 데이터 모드에서와 동일한 자료를 이용하게 된다.

① ArcMap에서 Add Data(➕ ▾)를 클릭한 후 실습폴더의 Chapter11의 *parcel5.shp*를 불러온다.

② 메인 메뉴(Main Menu)에서 View>Layout View를 클릭한다. 모드 변환의 다른 방법으로, 디스플레이창 좌측 하단부의 모드 변환 아이콘(▢ ▢)을 클릭하면 보다 쉽게 모드를 변환할 수 있다.

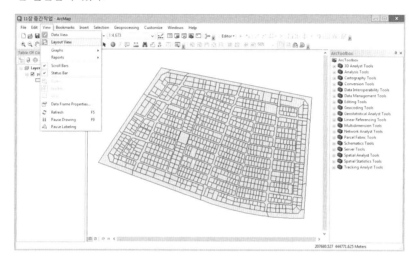

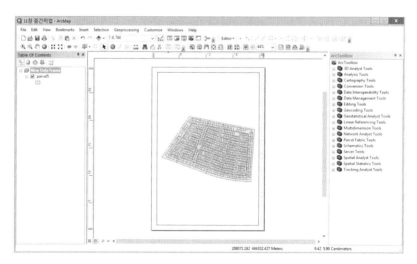

## 2. 도면 크기와 방향 설정

여기에서는 가로방향으로 긴 자료를 이용하여 4개의 주제도를 한 도면에 표현하게 될 것이다. 이를 위해 도면 페이지를 가로방향으로 길게 설정하도록 한다.

① 메인 메뉴(Main menu)에서 File>Page and Print Setup을 클릭한다.
② Page and Print Setup 창이 나타나게 되며, 여기서 종이(paper) 설정의 방향(Orientation)을 Landscape로 지정한 후 OK를 클릭한다.

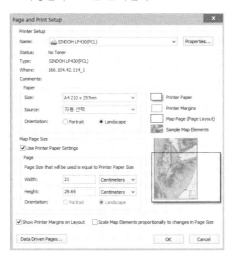

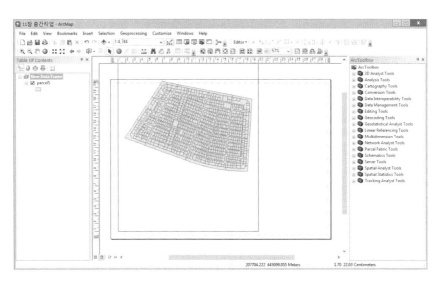

## 3. Data Frame(도면 틀) 추가 및 설정

가장 기본적으로 생성되는 것이 Data Frame이다. Data Frame은 ArcMap을 구동하면 기본적으로 하나가 생성된다. Table of Contents의 'Layers'가 바로 Data Frame의 명칭이며, 데이터 프레임의 이름은 변경 가능하다. Data Frame은 쉽게 말해 도면층(Layer)의 묶음이라고 할 수 있으며 데이터를 특성별로 분류하여 이용할 때 유용하게 활용할 수 있다. 또한 사용자가 원하는 경우 하나의 도면에 여러 개의 Data Frame을 표현할 수 있다.

① 데이터 프레임에 마우스를 대고 오른쪽 클릭을 한 후 Properties를 클릭한다.
② Size and Position에서 위치(Position)를 X: 1.5cm, Y: 11cm로 설정하고 크기(Size)를 너비(Width): 12cm, 높이(Height): 8cm로 설정한 후 확인을 클릭한다. (데이터 프레임의 위치와 크기는 화면상의 데이터 프레임 박스를 마우스로 조절하여 직접 설정할 수 있다.)

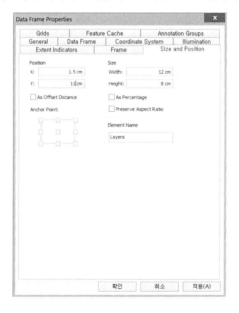

③ 데이터 프레임에 마우스 오른쪽 버튼을 클릭한 후 Copy를 선택한다.
④ 도면의 공백 부분에 마우스를 대고 오른쪽 클릭한 후 Paste를 클릭한다. 이 작업을 세 번 반복하여 도면상에 3개의 데이터 프레임을 추가한다. 내용표시 창에도 데이터 프레임이 3개 더 추가된 것을 확인할 수 있다.

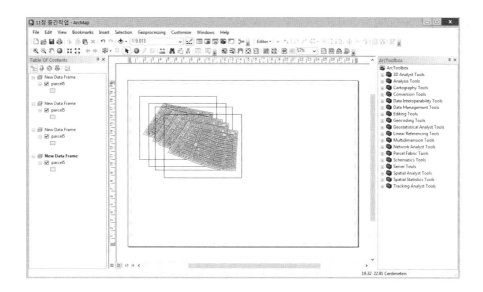

⑤ 추가된 데이터 프레임 중 하나에 마우스 오른쪽 버튼을 클릭한 후 Properties를 선택하여 Size and Position에서 위치(position)를 X: 14.5cm, Y: 11cm로 설정한다.

⑥ 추가된 나머지 데이터 프레임도 위치(Size)를 각각 X: 1.5cm, Y: 1cm, 그리고 X: 14.5cm, Y: 1cm로 설정한다.

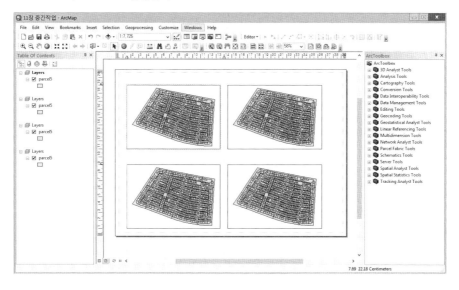

# 4. 제목 추가

도면의 제목은 사용자에게 도면의 주제를 설명해줄 수 있는 가장 확실한 방법이다. 따라서 해당 도면이 무엇을 나타내고 있는가를 명확하게 나타낼 수 있는 제목으로 결정해야 한다. ArcMap에서는 제목을 쉽게 추가하고 편집할 수 있다.

① 메인 메뉴(Main menu)에서 Insert>Title를 클릭하고 도면의 제목을 '용도 현황도'라고 입력한다.

② 위 작업을 반복하여 각 Data Frame에 '건폐율 현황도', '건축재료 현황도', '지상층수 현황도'의 제목을 추가한다.

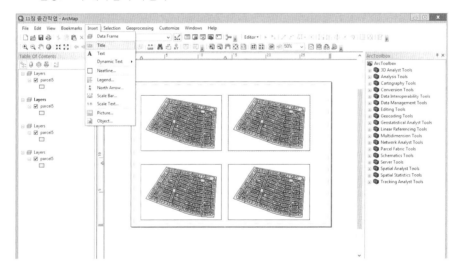

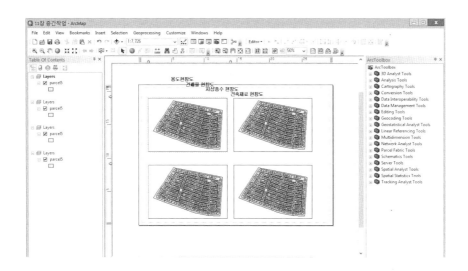

③ 제목을 정확한 위치에 배치하기 위해 보조선을 활용할 수 있다. 디스플레이 창의 X축 자(Ruler)를 클릭하여 보조선을 만들고 화살표를 클릭한 채로 이동하여 1.5cm 지점에 보조선을 위치시킨다. 같은 작업을 반복하여 X축의 14cm 지점과 Y축의 9.2cm, 19.2cm에 추가적으로 보조선을 만든다.

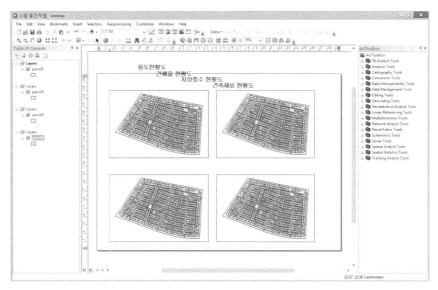

④ 제목박스를 마우스로 끌어 도면의 좌측 상단으로 이동시키면 보조선에 저절로 붙는 것을 알 수 있다. 네 개의 제목을 각각의 도면 위에 위치시킨다.

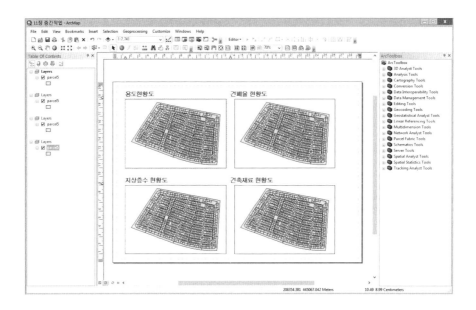

⑤ 글자 색, 크기, 글꼴, 위치 등을 변경하기 위해 컨트롤(Ctrl) 키를 누른 상태로 네 개의 제목박스를 선택하고 마우스의 오른쪽 버튼을 클릭한 후, Properties를 선택한다.

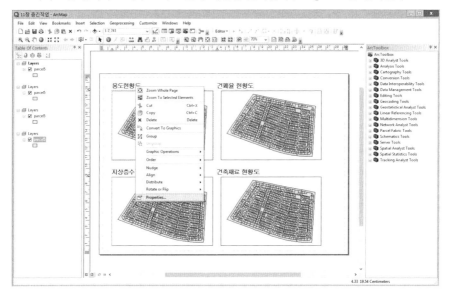

⑥ Common Properties for Selected Elements 창(하나의 제목을 선택할 경우에는 Properties로 나타남)에서는 제목의 정렬, 각도, 자간, Leading 등의 기본적인 설정이 가능하다. 다양한 변화를 주기 위해 Change Symbol을 클릭한다. Color는 검정색, 글자체는 굴

림체, Size는 20, Style은 B를 선택한 후 OK를 클릭하고 Common Properties for Selected Elements 창에서 확인을 클릭한다.

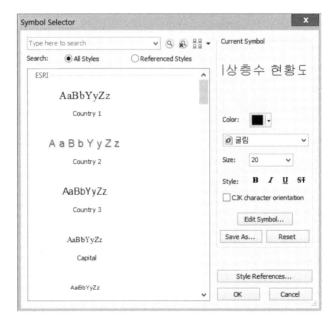

**참고** Symbol Selector 창의 Edit Symbol을 클릭하면 글자를 편집하여 사용할 수 있고 Style Refer-ences를 선택하여 양식을 추가할 수 있다.

## 5. 도면 표현

제10장 「자료의 표현」에서 실습했던 것을 기초로 하여 각 주제도에 적합한 표현 방법을 사용하여 도면을 표현할 수 있다. 도면의 표현에 앞서 구분의 편의를 위해 각 레이어 그룹을 데이터 프레임의 제목과 동일하게 수정한다. 용도 현황도 데이터 프레임을 클릭하면 내용표시 창에 해당 레이어 그룹이 진하게 표시된다. 레이어 그룹의 이름을 천천히 두 번 클릭하면 제목의 수정이 가능하다.

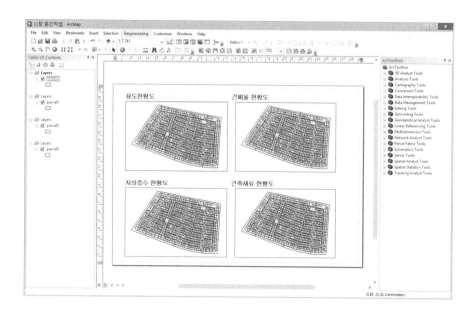

① 먼저 용도 현황도를 표현해보자. 내용 표시창에서 용도 현황도 레이어에 속해 있는 *Parcel5*를 선택하고 마우스의 오른쪽 버튼을 클릭한 후 properties를 선택한다. Symbology 탭을 선택하고 Show에서 Categories의 Unique values를 선택, Value Filed에서 건물 용도를 선택한다. Add All Values를 클릭하면 자료가 담고 있는 건물의 용도가 나타난다.

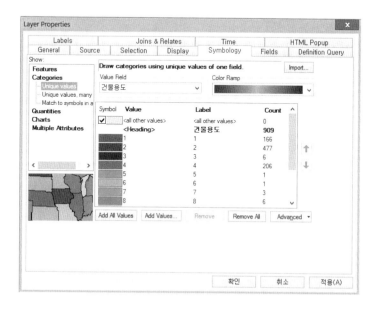

② 필드값으로 나타난 항목 중에서 Label에 기록되어 있는 건물용도 코드를 각각 클릭하여 다음의 표를 참고하여 용도 분류로 바꾸어 기록한다. Color Ramp에서 표현할 색을 선정하거나 각 심벌을 더블클릭하여 색상을 변경한다.

| CODE | 용도 | CODE | 용도 |
|---|---|---|---|
| 1 | 단독주택 | 8 | 업무시설 |
| 2 | 다세대/다가구 | 9 | 의료시설 |
| 3 | 연립주택 | 10 | 자동차관련시설 |
| 4 | 근린생활시설 | 11 | 도로 |
| 5 | 복지시설 | 12 | 공원 |
| 6 | 문화및집회시설 | 13 | 종교시설 |
| 7 | 숙박시설 | | |

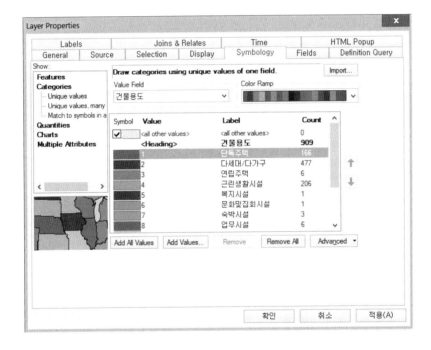

③ 심벌 중 <all other values>의 선택을 해제하고 확인을 클릭한다.

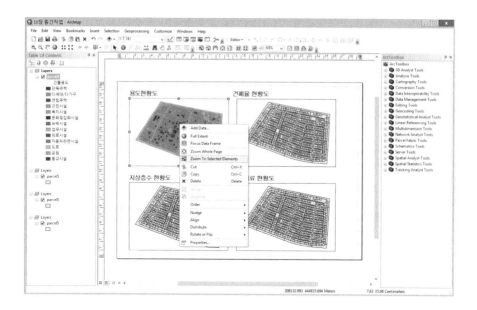

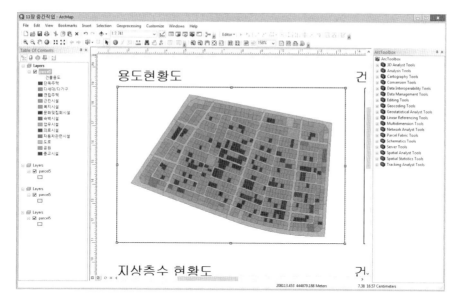

**참고** 개별 데이터 프레임을 편집할 때 해당 프레임의 자료만 확대해서 볼 수 있다. 편집할 데이터 프레임을 선택한 후 마우스 오른쪽을 클릭하고 Zoom to Selected Elements를 클릭하면 선택된 도면요소가 확대된다.

④ 이번에는 건폐율 현황도를 표현해보자. 내용 표시창에서 건폐율 현황도 레이어에 속해 있는 *Parcel5*를 선택하고 마우스의 오른쪽 버튼을 클릭한 후, Properties를 클릭한다. Symbology 탭을 선택하고 Show에서 Quantities의 Graduated Colors를 선택, Filed에서 Value를 건폐율로 선택한다.

⑤ Classification에서 Classes는 5로 설정하고 Color Ramp에서 원하는 색을 선정한다.

⑥ 건폐율이 0인 지역을 표현에서 제외시키기 위해 Range의 최소값을 5로 변경한 후 확인을 클릭한다.

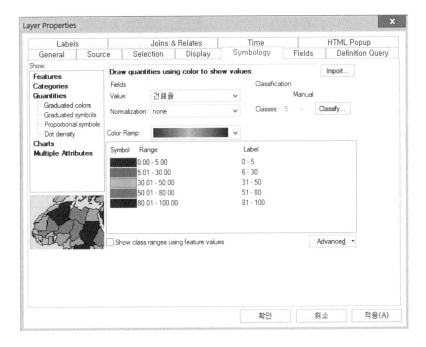

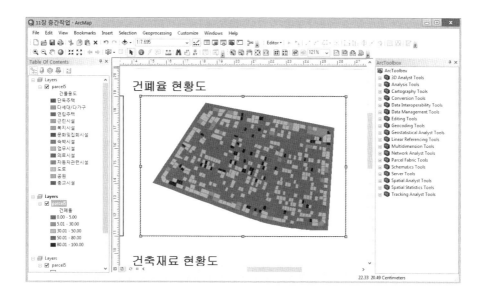

⑦ 지상층수 현황도를 표현하기 위해 내용 표시창에서 지상층수 현황도 레이어에 속해 있
는 *Parcel5*를 선택하고 마우스의 오른쪽 버튼을 클릭한 후, Properties를 선택한다.
Symbology 탭을 선택하고 Show에서 Quantities의 Graduated Colors를 선택, Filed에서
Value를 지상층수로 선택한다.

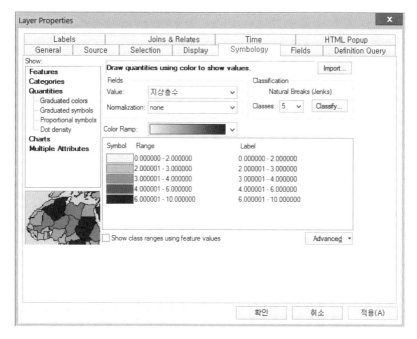

⑧ 지상층수의 경우 소수점이 있을 수 없기 때문에 Label에 표현되는 소수점을 없애는 작업이 필요하다. Classification에서 Classes는 5로 설정하고 레이블 필드에서 오른쪽을 클릭하여 Format Labels를 선택한다. Format Labels에서 Category는 Numeric을 선택하고 Rounding Number of decimal places에 체크한 후 소수점 자리를 0으로 변경한 후 OK를 클릭한다.

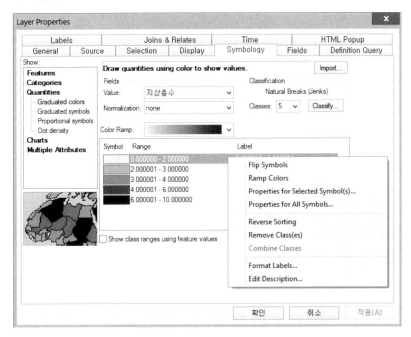

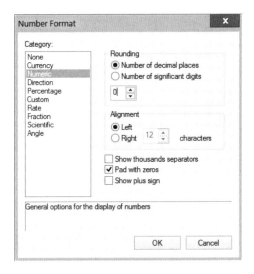

⑨ 지상층수도 건폐율과 마찬가지로 건폐율이 0인 지역을 개별적으로 표현해야 하므로 Range의 최소값을 0으로 수정하고 확인을 클릭한다.

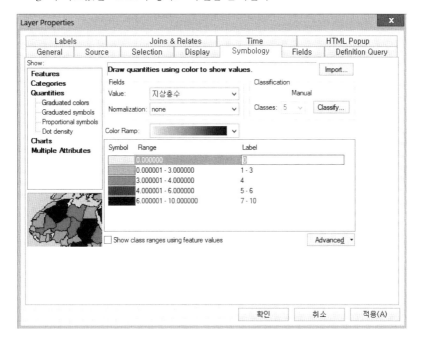

⑩ 건축재료 현황도를 표현하기 위해 내용 표시창에서 건축재료 현황도 레이어에 속해 있는 *Parcel5*를 선택하고 마우스의 오른쪽 버튼을 클릭한 후, Properties를 선택한다. Symbology 탭을 선택하고 Show에서 Categories의 Unique values를 선택, Value Filed에서 건축재료를 선택한다. Add All Values를 클릭하면 자료가 담고 있는 건물의 용도가 나타난다.

⑪ 필드값으로 나타난 항목 중에서 Label에 기록되어 있는 건축재료 코드를 각각 클릭하여 다음의 표를 참고하여 용도 분류로 바꾸어 기록한다. Color Ramp에서 표현할 색을 선정하거나 각 심벌을 더블클릭하여 색상을 변경한다.

| CODE | 건축재료 |
|------|----------|
| 1 | 벽돌 |
| 2 | 시멘트벽돌 |
| 3 | 경량철골 |
| 4 | 철골 |
| 5 | 철근콘크리트 |
| 6 | 아스팔트 |
| 7 | 공원 |

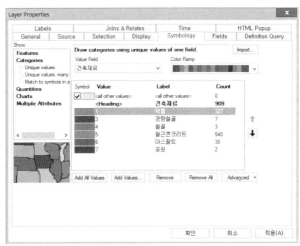

⑫ 심벌 중 <all other values>의 선택을 해제하고 확인을 클릭한다.

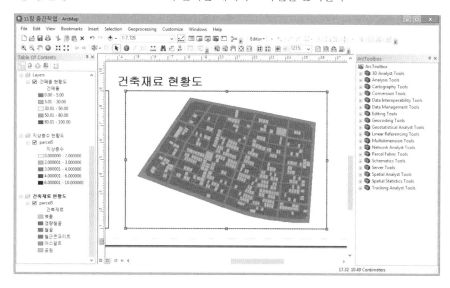

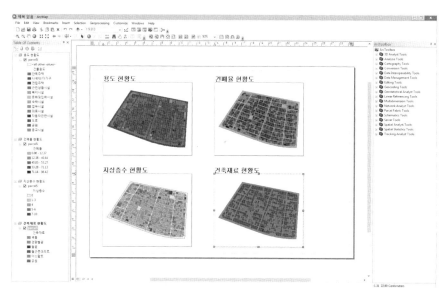

# 6. Neatline(테두리) 추가

테두리는 도면 전체 혹은 각 데이터 프레임의 외곽 경계를 설정해준다. 이 기능을 사용하여 도면 내 영역을 분할하거나 병합할 수 있다. ArcGIS에서는 테두리 선과 해당 영역의 배경 특성을 쉽게 변경할 수 있다.

① 메인 메뉴(Main menu)에서 Insert>Neatline을 클릭한다. 다음과 같은 Neatline 창이 나타난다.

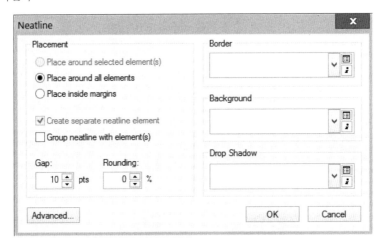

② 도면의 경계를 기준으로 테두리를 만들기 위해 Placement에서 Place inside margins를 선택한다. 좀 더 발전된 형태를 만들기 위해 왼쪽 하단의 Advanced를 클릭한다.

**참고** 선택한 요소를 테두리로 묶고 싶을 때는 place around selected element(s)를, 모든 요소를 테두리로 묶고 싶을 때는 Place around all elements를 선택하도록 한다. 그 외 Gap은 안쪽 테두리로부터의 X축, Y축의 거리를 지정해주며, Rounding은 테두리 모서리의 곡선 정도를 지정해준다.

③ Neatline Properties 창이 나타나게 되며, 여기서 테두리(Border), 배경(Background), 그림자(Drop Shadow) 프레임을 보다 구체적으로 설정할 수 있다.

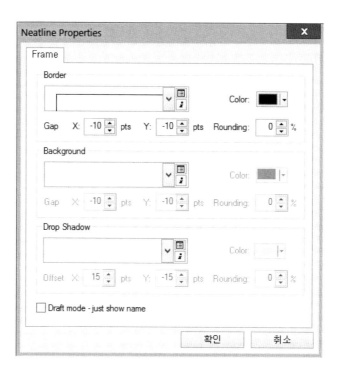

④ 각 항목의 설정은 우측 세 개의 아이콘( 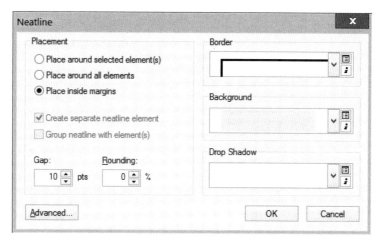 ) 중 하나를 클릭하여 가능하다. Border는
2, Background color는 올리브(Olive), Drop Shadow는 없게 한다. 그리고 Gap을 10,
Rounding은 0으로 지정하고 확인을 클릭한다.

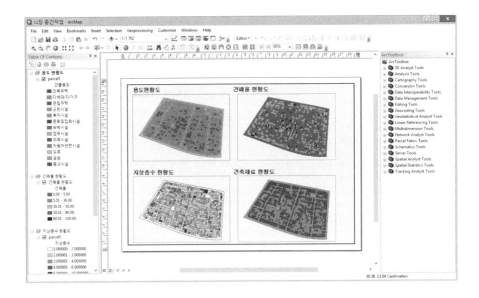

⑤ 편집할 데이터 프레임에 마우스를 대고 오른쪽 클릭 후 Properties를 선택한다.

⑥ Data Frame Properties 창이 나타나게 되며, Frame 탭에서 데이터 프레임의 테두리를 편집할 수 있다.

⑦ Border, Background, Drop Shadow를 모두 <none>으로 설정한 후 적용을 클릭한다. 나머지 세 개의 데이터 프레임에도 동일한 작업을 실시한다.

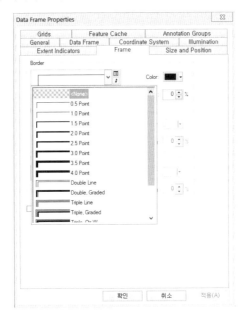

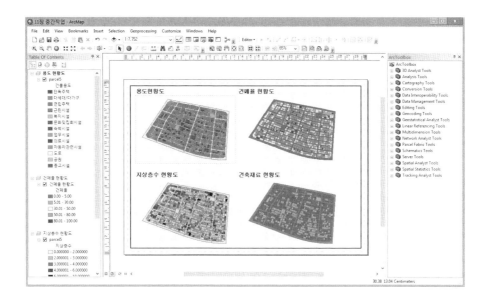

## 7. Legend(범례) 추가

범례는 도면을 읽는 사람에게 도면에 표현된 심벌의 의미를 설명한다. 도면상의 범례에는 레이어에 사용된 이름, 분류, 패치의 종류 등이 자동적으로 표시된다. ArcGIS는 다양한 범례의 종류를 보유하고 있기 때문에 사용자가 원하는 범례를 찾아 사용할 수 있다. 또한 사용자가 원하는 범례의 구성과 패치의 모양을 쉽게 구성할 수도 있다.

① 용도 현황도 데이터 프레임을 선택한 후 메인 메뉴(Main Menu)에서 Insert>Legend를 클릭한다.

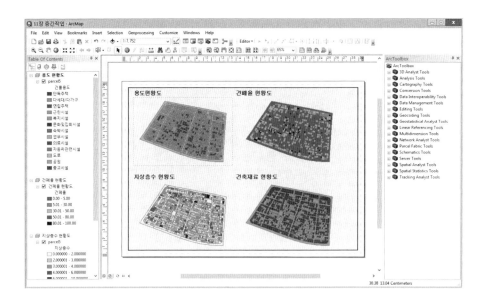

② Legend Wizard 창이 나타나면, 범례에서 나타내고자 하는 레이어를 선택한다. Map Layer에서 도면에 나타내고자 하는 레이어를 선택하고 추가버튼( > )을 클릭하여 Legend Items에 추가하고 범례 행의 수(Set the number of columns in your legend)를 1로 선택한 후에 다음을 클릭한다.

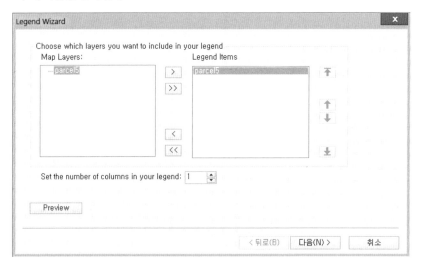

③ Legend Title 박스 안에 범례의 제목을 용도범례라고 입력한다. Color는 검정색, Size는 10, Font는 굴림을 선택하고 나머지 옵션은 기본 설정으로 둔 채 다음을 클릭한다.

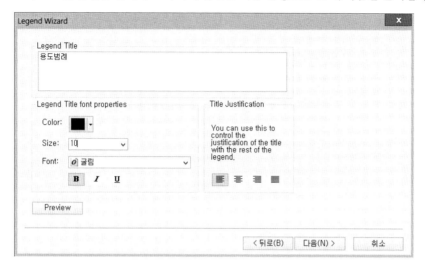

④ 다음 단계에서는 범례 프레임의 테두리와 색상을 지정할 수 있다. Border, Background, Drop Shadow를 모두 <none>으로 설정한 후 다음을 클릭한다.

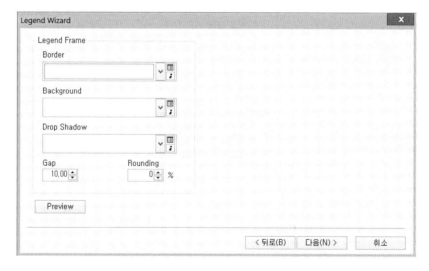

⑤ 범례 심벌의 크기와 모양을 변경한다. Patch에서 Width는 10, Height는 8로 설정하고 Line과 Area는 기본 설정을 유지한 채로 다음을 클릭한다.

⑥ 범례 내의 요소들 간의 간격인 Spacing between은 다음과 같이 조절하고 마침을 클릭하면 범례가 생성된다.

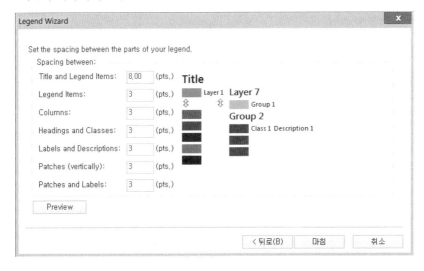

⑦ 범례의 종류와 크기 등을 수정하기 위해 범례를 선택하고 마우스 오른쪽 버튼을 클릭후 items를 선택하면 Legend properties 창이 나타난다.

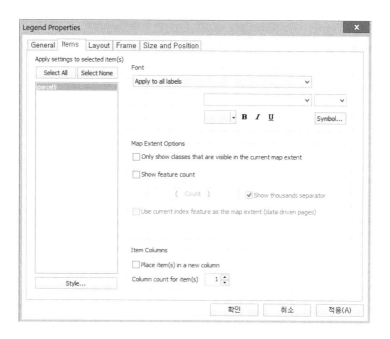

⑧ 범례의 종류를 변경하기 위해 Item 탭을 클릭하고 Style을 클릭하면, Legend Item Selector 창이 나타난다. 창의 우측 부분은 범례의 종류를 미리 보면서 선택할 수 있도록 되어 있다. 이 중 Horizontal Single Symbol Label Only라는 범례 스타일을 선택하고 OK를 클릭한다.

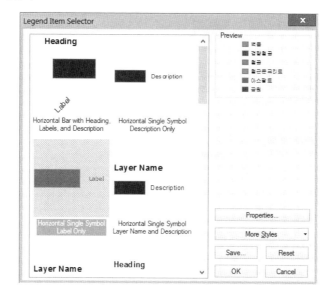

**참고** Legend Item Selector 창의 Properties를 클릭하면 선택한 레이어 스타일의 항목 정렬과 범례에 나타내고 싶은 요소들을 사용자가 원하는 대로 수정할 수 있다. More Styles는 또 다른 레이어 스타일을 추가시켜준다.

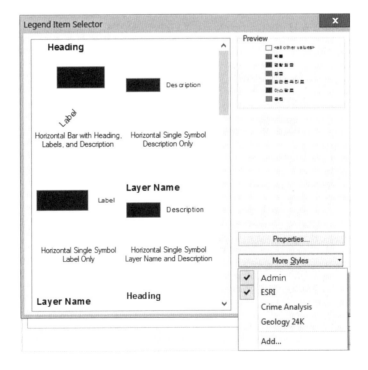

⑨ Label의 글자 크기를 변경하기 위해 Item 탭의 Change text에서 All items를 선택하고
화살표를 클릭하여 Apply to the whole item을 선택한 후 symbol을 클릭한다. Symbol
Selector 창이 뜨면 Size를 5로 변경하고 Style에서 B를 해제한 후 OK를 클릭한다.

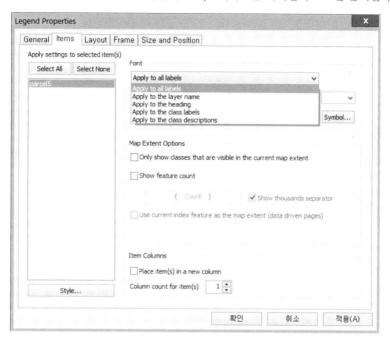

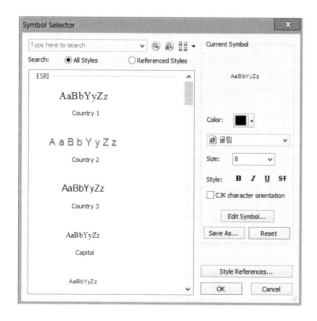

⑩ Legend Properties 창에서 확인을 클릭한 후 생성된 범례를 적정위치로 이동시킨다.

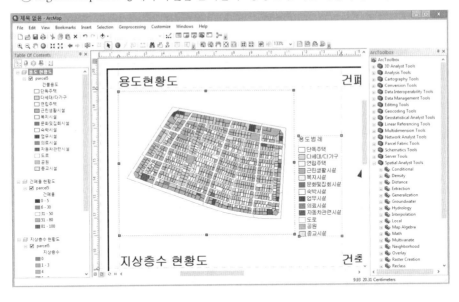

⑪ 나머지 세 개의 데이터 프레임 역시 같은 방법으로 범례를 만들고, 범례의 제목은 각각 '건폐율 범례', '지상층수 범례', '건축재료 범례'로 입력하도록 한다.

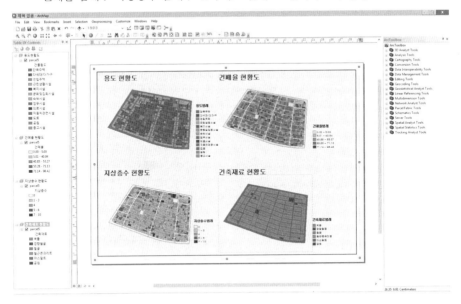

## 8. North Arrow(방위표) 추가

① 메인 메뉴(Main menu)에서 Insert>North Arrow를 선택한다. North Arrow Selector 창에서 방위표를 선택한다.

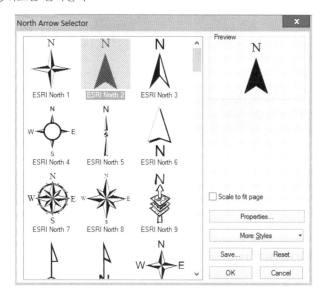

② 방위의 색, 크기 등을 변경하기 위해 Properties를 클릭한다. Size는 70으로 설정하고 Font는 기본 설정대로 하고 확인을 클릭한다. North Arrow Selector에서 OK를 클릭한다.

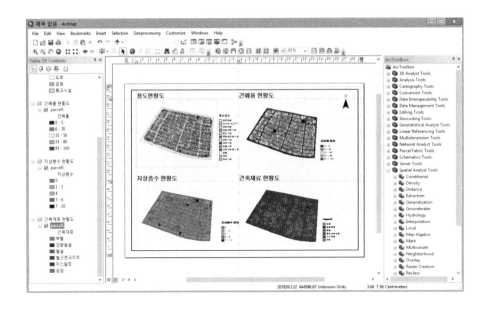

## 9. Scale(축척) 추가

스케일은 도면에 표현된 크기가 실제 크기에 비해 얼마나 축소되어 있는가를 설명해주는 도면 요소이다. 스케일은 막대형과 문자로 기입되는 형태로 구분된다. 스케일 바는 도면에 표현된 크기를 특정 길이로 분할된 막대를 통해 시각적으로 표현할 수 있다는 이점이 있다. 스케일 텍스트는 도면에 표현된 크기와 실제의 크기의 비율을 숫자형태로 기입하여 도면 스케일을 제시한다. 일반적으로 도면에서 볼 수 있는 1:5,000, 1:25,000 등의 표기가 그 예이다. 스케일 텍스트를 사용할 때 유의할 점은 만일 도면을 원래 크기대로 정확하게 출력 혹은 복사하지 않을 경우 도면에 제시된 스케일은 잘못된 것이라는 점이다. 반면 스케일 바는 이런 제한 없이 사용할 수 있다.

① 스케일 바를 추가하기 전에 도면 단위를 설정해주어야 한다. 용도 현황도 데이터 프레임을 선택한 후 메인 메뉴의 View>Data Frame Properties를 선택하면 Data Frame Properties 창이 나타난다. General 탭의 Unit에서 Map과 Display 모두 Meters로 선택한다.

② 나머지 세 개의 데이터 프레임도 같은 방법을 사용하여 Unit 설정을 변경한다.

③ 메인 메뉴(Main Menu)에서 Insert>Scale Bar를 클릭한다. 다음과 같은 Scale Bar Selector 창이 나타난다.

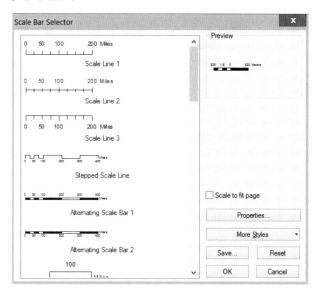

④ 원하는 스케일 바를 선택하고 속성을 변경하기 위해 Properties를 클릭한다.

⑤ Scale Bar 창에서 Scale의 구간 길이(Division value)와 수(Number of divisions, Number of subdivisions), Unit 등을 다음과 같이 설정하고 확인을 클릭한다.

⑥ Scale Bar Selector에서 OK를 클릭한 후 생성된 스케일 바를 적절한 곳에 위치시킨다.

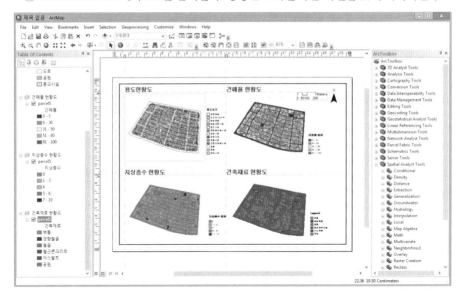

## 10. 도면 내보내기

이와 같은 과정으로 생성된 도면은 ArcGIS에서 직접 출력하거나 그림 파일로 저장하여 출력할 수 있다. EMF, EPS, BMP, AI, PDF, SVG, JPEG, PNG, GIF, TIFF 등 다양한 이미지 형식으로 내보내기가 가능하다.

① 메인 메뉴(Main Menu)에서 File>Export Map을 선택한다.

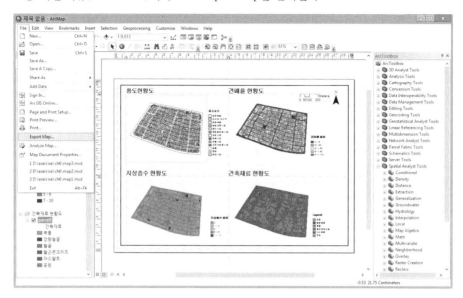

② 파일형식은 JPEG로 선택하고, 파일명은 *mapdesign.jpg*로 하여 결과폴더에 저장한다.

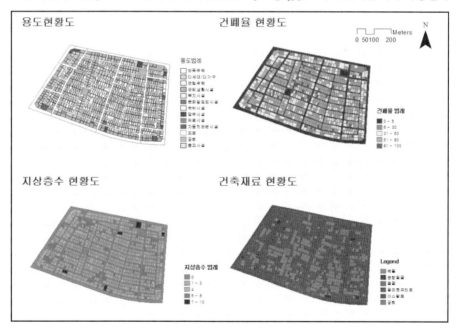

# 제12장

# 실습 프로젝트 자료의 구축 및 표현

이 장에서는 종이로 된 도면과 속성자료를 이용하여 GIS 자료를 구축하고 표현하는 전 과정을 수행하게 된다. 지금까지 실습한 내용을 종합하여 최상의 결과물을 얻도록 하자. 실습을 위해 주어진 자료는 다음과 같다.

Map.dwg: 도형정보가 담긴 CAD 파일

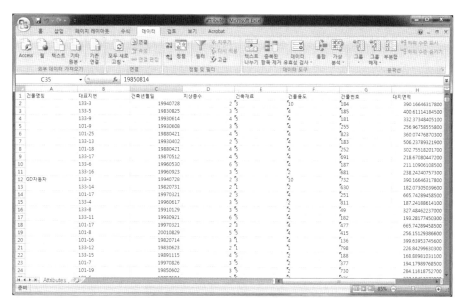

Attribute.xls: 속성정보가 담긴 엑셀 파일

# 1. 자료의 구축과 편집

① 주어진 자료를 이용하여 도형정보와 속성정보가 결합된 GIS 자료를 구축하라. 자료는 Geodatabase로 구축하고 최종 파일은 shapefile 형식으로 저장한다.

② 실습폴더의 *Projection.prj* 파일을 이용하여 좌표체계를 정의하라.

③ 구축된 자료를 이용하여 각 건물별 용적률을 계산하라. 속성테이블에 '용적률' 필드를 추가하고 속성자료를 이용하여 용적률을 계산한다. 이때 건물의 연면적은 건물의 바닥면적에 층수를 곱한 것으로 한다.

# 2. 자료의 표현과 도면작성

① 구축된 자료를 이용하여 용적률을 포함하여 최소 4개 이상의 주제도를 작성해보자.

② 작성된 주제도를 출력을 위한 도면으로 구성하라. 도면은 용적률을 포함하여 최소 4개 이상의 Data Frame으로 구성하고 출력용지의 크기는 A4 또는 Letter가 되도록 한다.

| CODE | 건축재료 |
|------|----------|
| 1 | 벽돌 |
| 2 | 시멘트벽돌 |
| 3 | 경량철골 |
| 4 | 철골 |
| 5 | 철근콘크리트 |
| 6 | 아스팔트 |
| 7 | 공원 |

| CODE | 용도 | CODE | 용도 |
|------|------|------|------|
| 1 | 단독주택 | 8 | 업무시설 |
| 2 | 다세대/다가구 | 9 | 의료시설 |
| 3 | 연립주택 | 10 | 자동차관련시설 |
| 4 | 근린생활시설 | 11 | 도로 |
| 5 | 복지시설 | 12 | 공원 |
| 6 | 문화및집회시설 | 13 | 종교시설 |
| 7 | 숙박시설 | | |

③ 도면구성에 필요한 기본적인 요소인 범례, 방위표, 축척, 도면명 등을 반드시 표기한다.

**참고** 본 실습 프로젝트를 통해 구축된 GIS 파일은 제6장에서 실습한 '*building.shp*'이다.

제3부

공간분석의 활용  |

# 제13장

# 지형 기반 분석

지형자료의 구축은 GIS 분석의 가장 기본이 되는 사항 중 하나다. 또한 이는 각종 분석기법들이 래스터 자료를 기반으로 하고 있는 것에 기인한다. 래스터 구조는 분석알고리즘에 대한 이해와 응용이 쉽기 때문에 다양한 분석에 사용되고 있다. 특히 GIS 분석을 위한 가장 기본적인 자료라 할 수 있는 지형은 DEM(Digital Elevation Model)과 같은 래스터 형태로 구축되어 이용된다.

## 1. 지형자료 구축

익히 알고 있는 지형자료의 형태는 등고선으로 이루어진 수치지형도이다. 그러나 이러한 수치지형도는 GIS 분석기법을 적용하기에 적합한 자료구조가 아니다. 따라서 이를 GIS 분석에 적합한 자료구조로 변환하는 것이 필요하다. 여기에서는 CAD 자료를 이용하여 지형자료를 구축할 것이다. 일반적으로 우리가 보아온 수치지형도의 등고선 자료는 평면상으로 지표의 높낮이를 확인하는 데 이용 가능하나 모든 지역에 높이값이 부여되지 않은 특성으로 인해 GIS 분석에 직접 사용하기에는 자료구조상의 한계가 있다. 따라서 모든 지역의 높이값이 부여된 TIN이나 GRID 형식으로 변환한 후 관련 분석을 수행해야 한다.

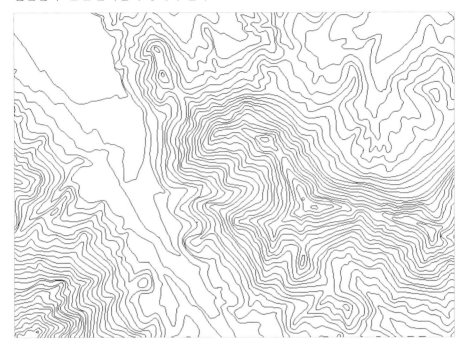

## 1.1. TIN 자료 구축

TIN(Triangled Irregular Network)은 비정형의 삼각망으로 이루어진 자료구조를 말한다. 수치지형도 자료를 자세히 살펴보면 곡선으로 구성된 부분도 일련의 Vertex들이 촘촘히 그려져 있는 것을 확인할 수 있다. 이들 Vertex들이 서로 연결되어 비정형의 삼각망을 형성함으로써 TIN을 생성하게 된다.

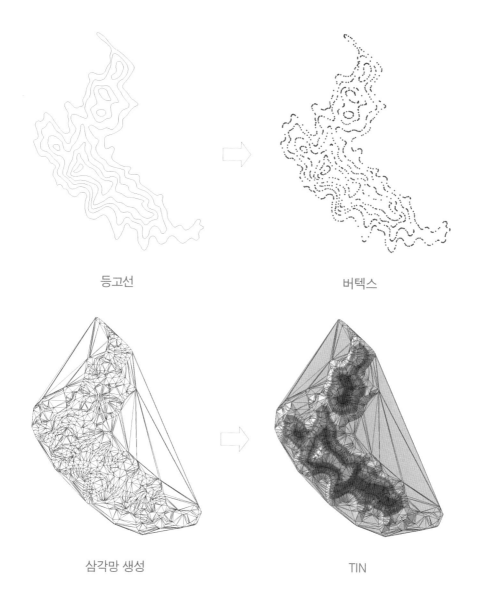

등고선                                           버텍스

삼각망 생성                                        TIN

① ArcMap을 실행하고 실습폴더의 *contour.dwg* 파일에서 *polyline* 형식의 파일을 불러온다.

② TIN의 생성과 래스터 자료를 이용한 각종 분석을 수행하기 위해서는 3D Analyst와
Spatial Analyst가 Extension에 포함되어야 한다. 따라서 메인 메뉴 Tools의 Extensions를
클릭하고 두 개의 Extension을 선택한다.

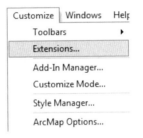

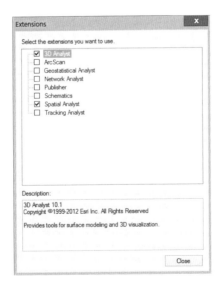

③ 오른쪽에 있는 ArcToolbox의 3D analyst tools>DataMangement>Tin>Creat TIN을 클릭한다.

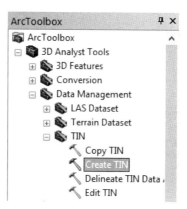

④ TIN을 생성하기 위한 각종 옵션을 입력하게 된다. TIN 생성에 필요한 Layer로 contour 를 선택하고 높이값(Height Field)은 기본값인 Shpe. Z Value로 한다. 삼각망 형성방식 (SF type)은 hard line으로 선택하고 저장 파일은 tin으로 입력하고 OK를 클릭한다.

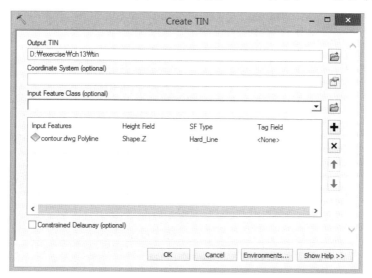

⑤ TIN이 생성되면 일부지역을 확대해보자. 버텍스들을 연결하여 비정형의 삼각형들이
  면으로 생성된 것을 확인할 수 있을 것이다.

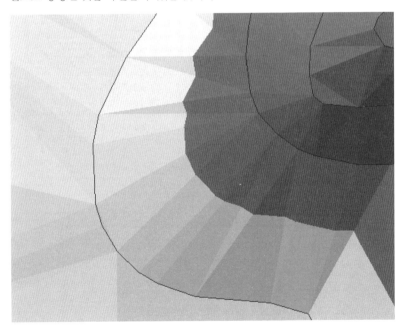

## 1.2. DEM 자료 구축

DEM(Digital Elevation Model)은 일정한 간격으로 측정한 높이값을 격자 형식의 래스터 파일로 구축한 것을 말한다. 일정 간격의 point 자료가 있으면 DEM 자료를 구축할 수 있으며, 이미 구축된 TIN이나 등고선 자료를 통해서도 DEM을 생성할 수 있다.

① 구축된 TIN 자료를 불러온다.

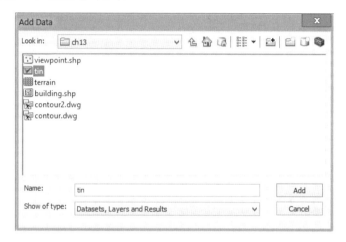

② 3D Analyst의 Conversion>From TIN>TIN to Raster를 클릭한다.

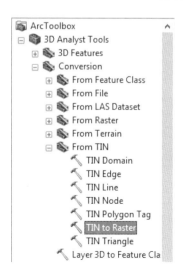

③ TIN 파일을 입력자료로 설정하고 Output Data Type(optional)은 Float, Z factor는 1, Cell Size는 30으로 설정한다. 여기서 Cell Size는 구축되는 DEM의 최소 정보단위로 정사각형 형태 격자 하나의 가로세로 길이를 의미한다. 따라서 Cell Size 값이 작을수록 해상도가 높아지게 되며 자료의 용량은 늘어난다. 파일명은 *DEM*으로 설정하고 OK를 클릭한다.

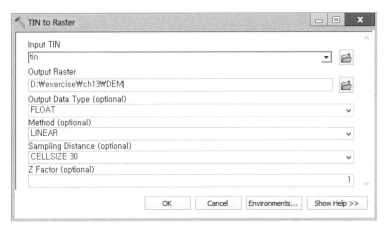

④ 생성된 *DEM*을 확대해보면 격자 형태로 구성되어 있으며, 각 격자별 높이값이 입력되어 있는 셀들로 이루어진 것을 확인할 수 있다.

## 1.3. Sink 보정

정밀하게 구축된 등고선을 이용하여 DEM을 구축하지 않는 한, 자료의 오류로 인해 TIN 또는 DEM 생성 시 주변지역에 비해 급격한 높낮이 변화를 나타내는 지역이 발생하게 된다. 아래 그림과 같이 DEM을 측면에서 봤을 때 함몰된 지역을 Sink라고 한다. ArcGIS에서는 DEM상의 Sink를 찾아 보정할 수 있다.

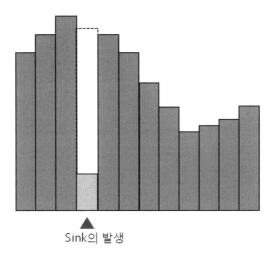

Sink의 발생

① ArcToolbox의 Spatial Analyst Tools>Hydrology>Fill을 실행한다.

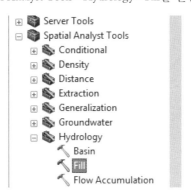

② 입력파일로 *DEM*을 선택하고 저장파일을 *DEM_sink*로 설정하고 OK를 클릭한다.

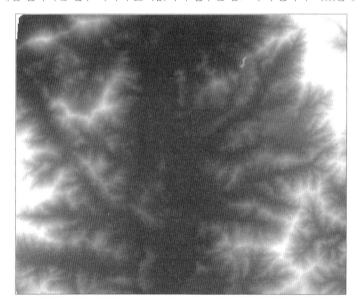

③ 미세한 변화지만 일부 지역의 높이값이 주변부를 참조하여 변화가 되었을 것이다.

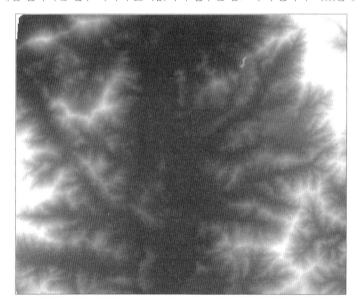

## 2. 등고선(Contour) 생성

TIN이나 DEM이 있으면 원하는 간격의 등고선을 생성할 수 있다.

① Spatial Analyst Tools>Surface>Contour를 클릭한다.

② Contour 입력창에서 *sink*가 보정된 *DEM_sink*를 입력자료로 설정하고 원하는 등고선
의 간격(Contour interval), 기준 등고선 높이값(Base contour)을 입력한다. 파일명은
*cont.shp*로 하고 OK를 클릭한다.

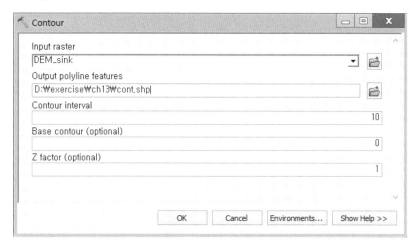

③ 생성된 파일을 살펴보면 그리드 구조로 된 DEM의 특성으로 인해 격자형태가 등고선에 나타난 것을 확인할 수 있다.

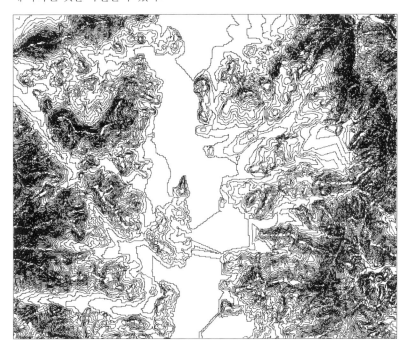

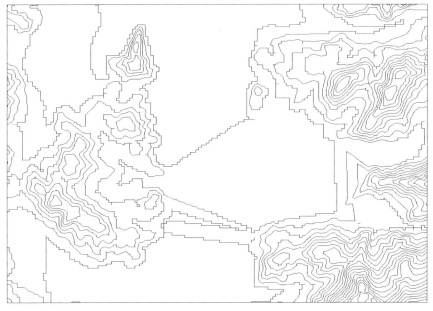

## 3. 경사도(Slope) 분석

경사도는 그리드 구조의 래스터 파일을 이용하여 분석이 가능하다. DEM과 같은 래스터 파일은 셀마다 높이값을 가지고 있다. 이들 각 인접한 셀 간의 거리와 높이차를 이용하여 경사도가 계산된다.

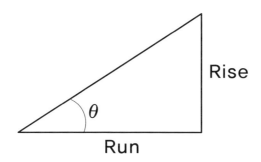

경사도는 경사각(degree)과 비율(percent)의 두 가지 형식으로 계산할 수 있다. 경사각은 지평면에서 기울어진 각도이며, 비율은 경사도를 계산하는 구간의 길이에 대한 높이의 비로 계산한다.

$$경사각\,(degree) : \theta = \tan^{-1}(\frac{Rise}{Run})$$

$$경사비율\,(percent) = (\frac{Rise}{Run}) \times 100 = \tan\theta \times 100$$

① Spatial Analyst Tools > Surface > Slope를 클릭한다.

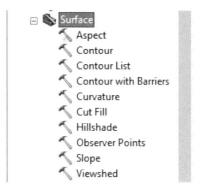

② Slope 입력창에서 DEM을 입력자료로 설정하고 원하는 경사도 계산 방식(Degree 또는 Percent)을 입력한다. 저장파일명을 따로 입력하지 않을 경우 임시파일로 저장된다.

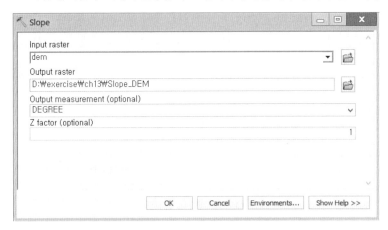

③ 생성된 파일을 살펴보면 셀마다 경사도가 계산되어 입력된 것을 확인할 수 있다.

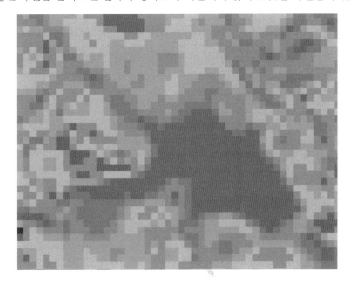

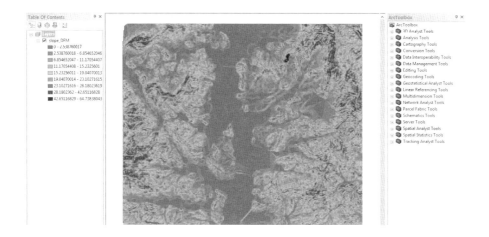

## 4. 향(Aspect) 분석

GIS에서 지형을 이용한 향 분석은 지표면과 직각을 이루는 선의 각도를 측정하는 것이다. 향 분석은 우리나라와 같이 지구 북반부에 위치하여 일조 등의 이유로 남동향을 선호하는 지역을 찾기 위해 주로 분석한다. 향 분석 또한 경사도 분석과 마찬가지로 그리드 구조의 자료형식을 이용한다. 각 향은 각도로 표현되며, 이때 이용되는 각도체계를 방위각(azimuth)이라 부른다.

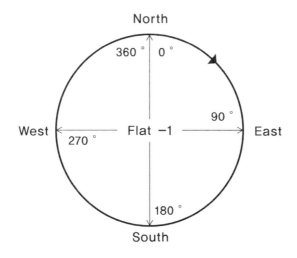

① Spatial Analyst Tools＞Surface＞Aspect를 클릭한다.

② Aspect 입력창에서 *DEM*을 입력자료로 설정하고 OK를 클릭한다(Cell Size는 Environ-
ments를 클릭하면 나타나는 Environment Settings에서 설정 가능하다).

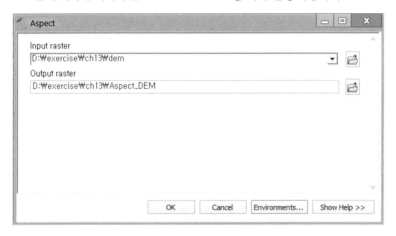

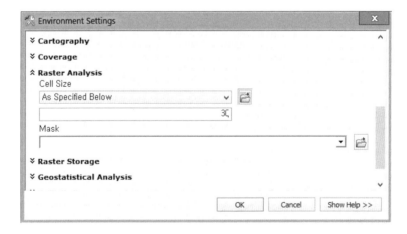

③ 생성된 파일을 살펴보면 셀마다 각도가 계산되어 입력된 것을 확인할 수 있으며 Table of Contents의 범례는 평지(-1)를 포함하여 10단계의 방향으로 구분된 것을 알 수 있다.

## 5. 음영기복도(Hillshade) 생성

음영기복도(Hillshade)는 태양의 고도와 방향을 기준으로 지표면에 생기는 음영을 표현하여 지형의 높고 낮음을 구분하기 쉽게 나타낸 지도를 말한다. 태양의 고도값과 방향만 알고 있으면 간단한 방식으로 Hillshade 분석을 할 수 있다.

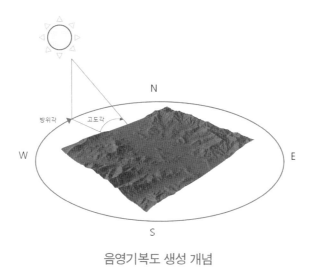

음영기복도 생성 개념

① *dem* 또는 *tin* 파일을 불러온다.

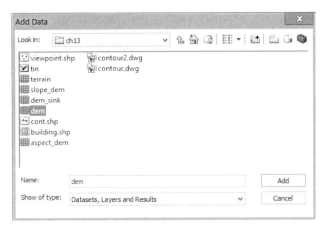

② Spatial Analyst Tools>Surface>Hillshade를 선택한다.

③ 입력 표면에 *dem*이나 *tin* 파일을 선택하고 태양의 방위각(azimuth)과 고도(altitude)를 설정한다.

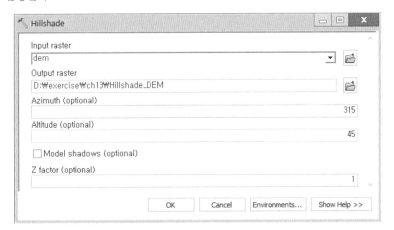

④ Output Cell Size와 결과파일명을 설정하고 OK를 클릭하면 화면에 음영기복도가 생성될 것이다. Cell Size는 Environments에서 입력 및 수정이 가능하다.

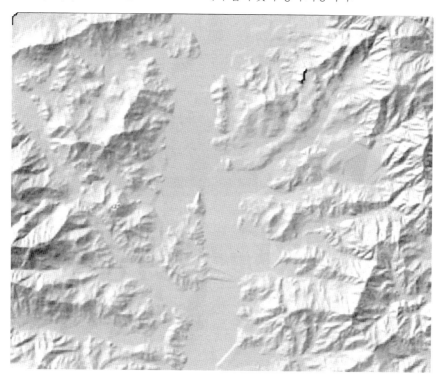

## 6. 가시권(Viewshed) 분석

가시권 분석은 한 지점에서 보이는 지역과 보이지 않는 지역을 구분하는 것으로 개발에 따른 시각적인 변화를 예측하기 위해 주로 사용된다. 가시권 분석은 래스터 자료를 기반으로 하는 알고리즘을 가지고 있다. 관측지점에서 목표지점으로의 축선상의 각 셀값에 따라 보이는 지역과 보이지 않는 지역이 구분된다. 여기에서는 지형과 건물이 모두 고려된 가시권 분석을 수행할 것이다.

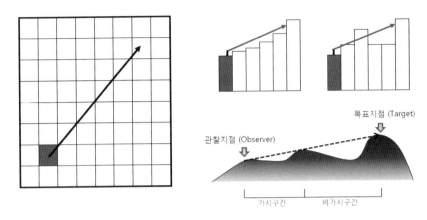

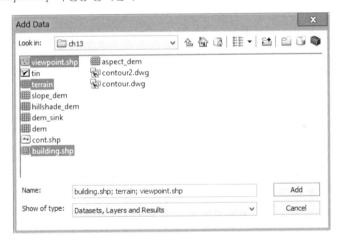

가시권 분석의 개념

## 6.1. 래스터 자료로의 변환

① ArcMap을 실행하고 실습폴더에서 DEM파일인 *terrain*, 건물파일인 *building.shp*, 조망지
점인 *viewpoint.shp* 파일을 불러온다.

② *building.shp*의 속성테이블을 열어 확인하면 '층수' 필드에 건물의 층수정보가 들어 있
는 것을 확인할 수 있다. 높이값을 계산하기 위해 '높이'라는 정수형태(integer)의 필드를
추가한다.

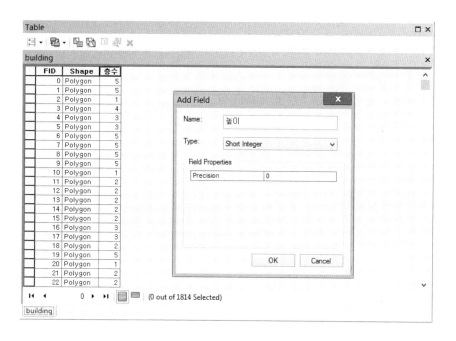

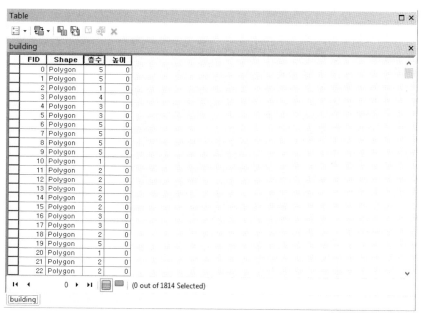

③ 한 층의 높이를 3m로 가정하고 Field Calculator를 이용해 층수에 3을 곱하여 각 개별 건
축물의 높이값을 산출한다.

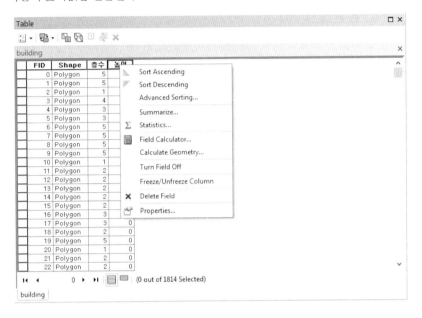

④ Building파일을 래스터 파일로 변환시키기 위해 Conversion Tools>To Raster>Feature to Raster를 실행한다.

⑤ Feature to Raster 창에서 입력파일로 *Building.shp*를 선택하고 셀값으로 변환될 Field로 '높이'를 선택한다. Output cell size는 1로 설정하고 출력될 래스터 파일명은 Building 으로 한다.

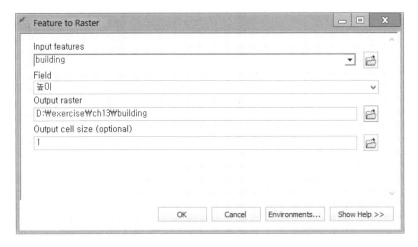

**참고** 래스터 자료 간의 정확한 중첩을 위해서는 셀 크기(cell size)가 동일해야 한다. 또한 여기서 주의할 점은 분석을 하고자 하는 파일의 셀 크기가 지나치게 클 경우 건물의 형태가 심각하게 왜곡 될 수 있다는 것이다. 반면 셀 크기를 너무 작게 할 경우 분석시간이 오래 걸릴 수도 있다. 따라서

분석자는 분석을 실시하기 전 대상지의 크기와 적정한 정밀도를 고려하여 셀 크기를 선택하도록 해야 한다.

⑥ 새로 생성된 *building*과 *terrain*을 중첩할 경우 서로 겹쳐지는 지역만 연산되어 결과파일이 생성된다. 이를 방지하기 위해 건물이 입지하지 않은 지역에 대해 높이값 0을 부여해야 한다. 이번에는 ArcToolbox의 도구 중 Spatial Analyst Tools>Map Algebra>Raster Calculator를 실행한다.

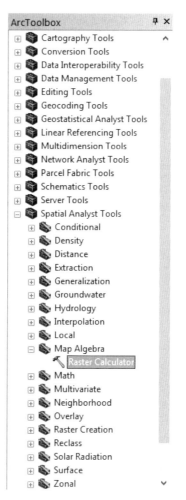

⑦ 계산식을 입력하는 란에 파일 불러오기와 Usage 버튼을 이용하여 다음과 같이 입력한 후 파일명을 *building2*로 하고 OK를 클릭한다. 본 과정은 Spatial Analyst의 Raster Calculator를 사용해도 무방하나 Raster Calculator의 경우 결과파일명 지정기능이 없다.

con(Isnull([building 파일]),0,[building 파일])

con: 조건문(conditional)으로 괄호 안의 구문은 첫 번째 구문이 조건을, 두 번째는 조건이 참일 때의 값, 세 번째는 조건에 부합되지 않을 때의 값을 의미한다.
Isnull: 아무런 자료도 담고 있지 않음을 의미한다.

⑧ 생성된 파일을 살펴보면 건물이 없는 지역에 '0'값이 부여된 것을 확인할 수 있다.

## 6.2. 건축물이 고려된 DEM 생성

① 이제 래스터 파일인 *building2*에 *terrain*의 높이값을 더할 것이다. ArcToolbox의 도구 중 Spatial Analyst Tools>Map Algebra>Raster Calculator를 실행한다.

② 계산식을 입력하는 란에 다음과 같이 작성하고, 새롭게 생성될 도면 이름을 *surface*로 입력한 후 OK를 클릭한다.

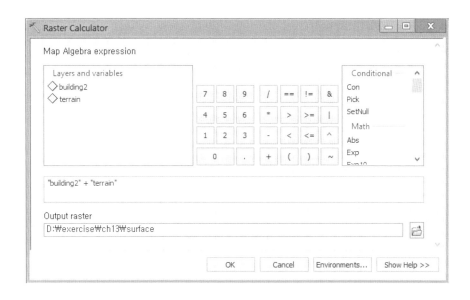

## 6.3. 가시권 분석

① 이제 생성된 지형표면을 이용하여 조망지점에서의 가시권 분석을 수행한다. Spatial Analyst의 Surface Analysis에서 Viewshed를 클릭한다. ArcToolbox의 Spatial Analyst Tools>Surface>Viewshed도 같은 기능을 수행할 수 있다.

② Viewshed 창에서 입력 표면(Input surface)으로 surface를 선택하고 조망지점(observer points)으로 *viewpoint.shp*를 선택한다. 출력될 파일의 셀 크기는 지형표면과 같은 1m로 하고, 파일명은 *viewshed*로 하여 저장한다.

③ 분석결과를 살펴보면, 조망지점(viewpoint)에서 보이는 지역(visible)과 보이지 않는 지역(invisible)이 래스터 자료 형태로 생성된 것을 알 수 있다.

**참고** 조망점을 지정하는 간단한 방법은 Drawing 도구를 이용하는 것이다. ArcMap의 Drawing 도구의 그래픽 객체로 point를 원하는 지점에 지정한 후, 이를 shape 파일로 변환(Drawing>Convert Graphics To Features)하면 간단하게 가시권 분석을 위한 조망점을 작성할 수 있다.

# 7. 절/성토(Cut/Fill) 분석

절/성토 분석을 통해 개발사업으로 인해 지형에 변화가 있을 시 개발 이전과 이후의 절토되거나 성토된 지역의 위치, 면적(area), 체적(volume)까지 계산 가능하다. 분석을 위해서는 지형이 변화되기 이전과 이후의 높이값이 들어간 DEM과 같은 래스터 구조의 자료가 필요하다.

① 실습폴더의 contour.dwg에서 생성한 DEM과 변경된 지형정보를 담고 있는 *contour2.dwg* 파일의 *polyline*을 불러온다.

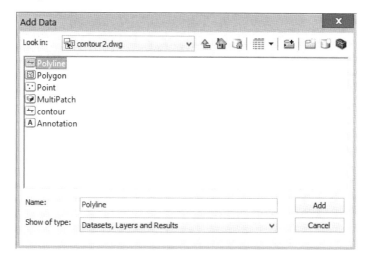

② *contour2.dwg polyline*을 이용하여 먼저 TIN을 생성하고 이를 다시 래스터로 변환하여 *DEM2*를 생성한다[이전 DEM 파일과 동일한 셀 크기(30)를 지정한다].

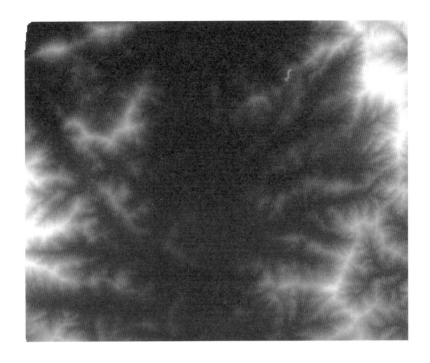

③ *DEM*은 이전 지형이며, 새로 생성한 *DEM2*는 변경된 지형을 담고 있다. Spatial Analyst

Tools>Surface>Cut/Fill을 클릭한다.

④ 이전 지형과 변경된 지형을 입력한다. 출력파일은 cutfill로 하고 OK를 클릭한다.

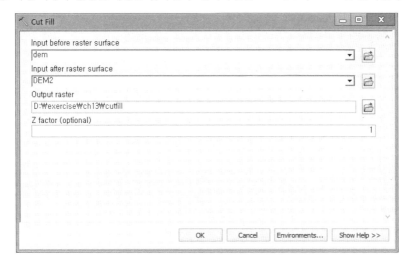

⑤ Table of Contents에 결과물이 생성된 것을 확인할 수 있다. 범례의 Net Gain은 성토지역, Net Loss는 절토지역, Unchanged는 변화가 없는 지역을 의미한다. 속성을 확인하기 위해 cutfill에 마우스 오른쪽 버튼을 클릭한 후 Open Attribute Table을 클릭한다. 테이블에는 지역별 절토 또는 성토된 체적(volume)과 면적(area) 정보가 담겨 있는 것을 확인할 수 있다.

| OBJECTID * | Value | Count | VOLUME | AREA |
|---|---|---|---|---|
| 1 | 1 | 156310 | 0 | 140679000 |
| 2 | 2 | 575 | 6084374,853516 | 517500 |
| 3 | 3 | 456 | -2584411,962891 | 410400 |
| 4 | 4 | 719 | -1933662,524414 | 647100 |
| 5 | 5 | 1 | 24,066925 | 900 |
| 6 | 6 | 79 | 32946,449661 | 71100 |
| 7 | 7 | 1001 | -4416959,179688 | 900900 |
| 8 | 8 | 1 | 6,900787 | 900 |
| 9 | 9 | 2 | 232,880974 | 1800 |
| 10 | 10 | 89 | 43462,044525 | 80100 |
| 11 | 11 | 767 | 276814,901733 | 690300 |
| 12 | 12 | 1 | 4,799652 | 900 |

# 8. 일조(Solar Radiation) 분석

Solar Radiation Analysis를 이용하면 지형 및 건물을 고려한 태양의 일사량을 계산할 수 있다. ArcGIS에서 이러한 일조 분석은 면(area) 또는 점(point)을 기준으로 분석을 수행할 수 있는데, 면을 기준으로 할 경우 주어진 지역의 일사량의 분포를 파악할 수 있으며 점을 기준으로 할 경우 해당 지점의 일사량을 계산할 수 있다. ArcGIS에서 일조분석 명령은 ArcToolbox의 Spatial Analyst Tools에서 찾을 수 있다.

① 가시권 분석 실습에서 생성한 래스터 파일인 *surface*를 불러온다.
② 일조 분석은 지구상의 위치를 기준으로 수행되기 때문에 분석대상 파일이 구면좌표체계를 가지고 있어야 한다. ArcToolbox의 Data Management Tools>Projections and Transformations>Raster>Define Projection을 실행한다.

③ 입력파일을 *surface*로 설정하고 투영정보가 설정된 실습폴더의 *tm.prj*를 좌표체계로 선택하고 OK를 클릭한다.

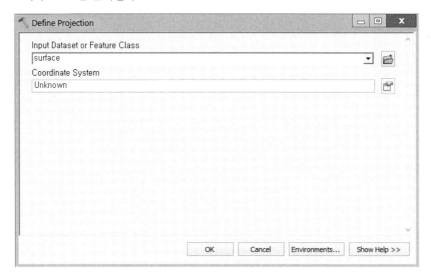

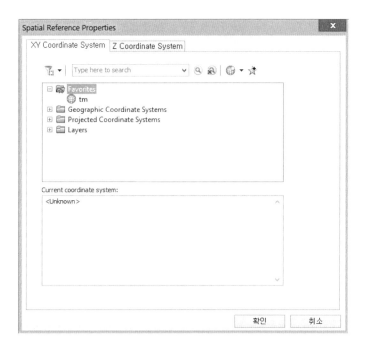

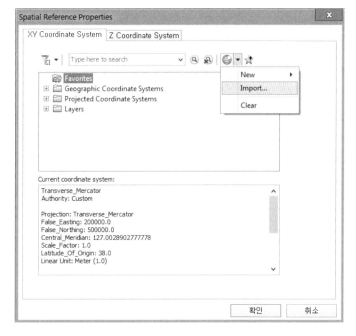

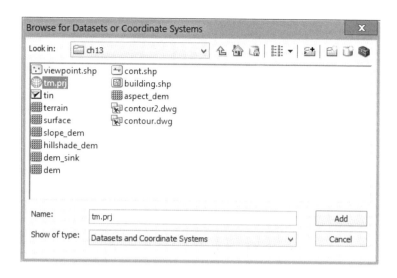

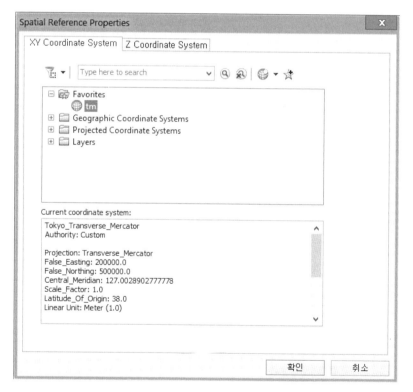

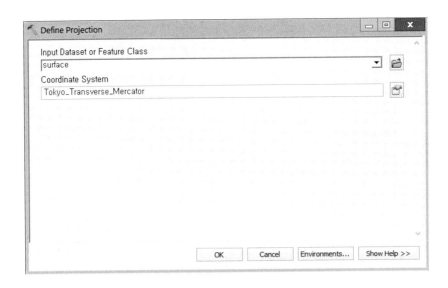

④ 일조 분석을 수행하기 위해 ArcToolbox의 Spatial Analyst Tools>Solar Radiation>
Area Solar Radiation을 실행한다.

⑤ 입력파일로 좌표체계가 적용된 *surface*를 선택하고 출력파일명을 *solar*로 설정한다.
Latitude는 기본값인 45로 Sky size/Resolution은 200으로 설정하고 분석시기는 'Within
a day'로 설정하고 일자는 12월 22일을 선택한다. 그 외는 기본값으로 두고 OK를 클릭
한다.

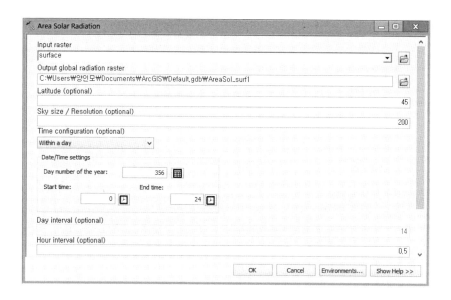

# 컴퓨터 시뮬레이션 기법을 활용한 일조환경 분석

도시민이 삶을 영위할 때 갖추어야 할 기본적 생활조건을 안전성, 건강성, 효율성, 쾌적성 등으로 나눈다면(WHO, 1961), 일조는 쾌적성과 건강성을 유지하기 위한 필수적 조건이 된다. 세계 주요 선진도시의 물리적 형태를 살펴볼 때, 공공공간(public open spaces)에 풍부한 일조를 제공할 수 있도록 도시가 조성되어 시민이 쾌적함 속에서 즐거움을 누릴 수 있도록 하고 있다. 우리나라에서도 일조의 중요성을 인식하고 1996년 3월 공동주택지 내 일조권 침해 여부의 판결에서 사법부가 처음으로 구체적인 기준을 제시하기에 이르렀다.

이러한 일조환경의 분석에는 컴퓨터 시뮬레이션 기법이 활용되어 일조현황을 분석하고 다양한 개발사업들에 의한 미래의 일조 훼손 가능성을 예측할 수 있다. 일반적으로 일조환경의 분석은 하지와 동지, 춘분과 추분과 같은 절기를 분석시점으로 설정한다. 다음 그림은 태양의 고도에 따른 그림자 분석 알고리즘을 AutoCAD의 LISP 프로그래밍 언어를 이용하여 작성한 결과를 보여준다.

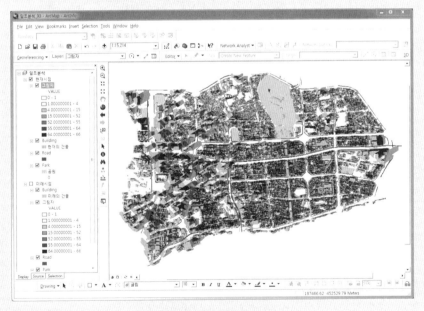

일조환경 시뮬레이션

던 개별건축물들을 중심으로 주변지역에 대한 일조 침해 여부를 분석하는 것이 일반적이었으나, 여기에서는 도시지역 전체를 대상으로 건물군들이 형성하는 그림자를 분석함으로써 공익의 차원에서 보행로를 포함한 도시공원과 같은 도시공공공간을 대상으로 한 일조환경의 수준을 파악해볼 수 있다.

WHO, 1961. Expert Committee on the Public Health Aspects of Housing. World Health Organization Technical Report Series. No. 225.

☞ 관련 내용은 2001년 ≪국토계획≫ 36권 2호에 게재된 「컴퓨터 시뮬레이션 기법을 활용한 도시 공공공간의 일조환경 분석」(오규식·채명신·정연우)을 참조하기 바람.

# 제14장

# 적지분석

적지분석은 주어진 조건에 부합되는 지역을 찾아내는 것이다. 초기 GIS는 주로 적지 선정과 관련된 문제 해결에 이용되었기 때문에 적지분석은 가장 고전적인 GIS 분석기법이라 할 수 있다.

적지분석의 일반적 과정은 분석목표 및 지표의 설정, 분석자료의 수집과 구축, 기회요소와 제한요소의 파악, 분석요소의 등급화, 가중치 부여, 도면중첩, 결과의 검토 및 환류, 최종적지의 선정으로 구분할 수 있다.

### 분석목표 및 지표의 설정

적지분석에서 가장 우선적으로 수행 또는 파악할 것이 분석목표와 지표의 설정이다. 분석목표가 수립되면 찾고자 하는 입지의 성격에 따라 조사 또는 구축해야 할 자료의 종류와 내용이 달라지며 적지의 규모와 같은 분석지표는 적지 선정 위치에까지 영향을 줄 수 있다.

### 기회요소와 제한요소의 파악

일반적으로 적지분석과정에서 각종 공간 및 지리정보를 기회요소(opportunities)

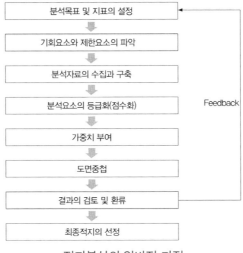

```
┌─────────────────────────────┐
│      분석목표 및 지표의 설정       │◄──────┐
└─────────────────────────────┘       │
              ⇩                       │
┌─────────────────────────────┐       │
│     기회요소와 제한요소의 파악       │       │
└─────────────────────────────┘       │
              ⇩                       │
┌─────────────────────────────┐       │
│       분석자료의 수집과 구축        │       │
└─────────────────────────────┘       │
              ⇩                       │
┌─────────────────────────────┐       │
│     분석요소의 등급화(점수화)       │   Feedback
└─────────────────────────────┘       │
              ⇩                       │
┌─────────────────────────────┐       │
│          가중치 부여           │       │
└─────────────────────────────┘       │
              ⇩                       │
┌─────────────────────────────┐       │
│           도면중첩            │       │
└─────────────────────────────┘       │
              ⇩                       │
┌─────────────────────────────┐       │
│        결과의 검토 및 환류        │───────┘
└─────────────────────────────┘
              ⇩
┌─────────────────────────────┐
│          최종적지의 선정          │
└─────────────────────────────┘
```

적지분석의 일반적 과정

와 제한요소(constraints)의 두 가지로 크게 구분한다. 기회요소는 이후 분석에서 등급화와 가중치 부여를 통해 적지 선정에서 중요한 변수로 이용되며, 제한요소는 분석 초기에 적지분석대상에서 제외되는 지역을 의미한다. 제한요소는 주로 법적 규제에 의해 반드시 보존되어야 하는 상수원보호구역, 군사시설보호구역 등이 해당된다.

### 분석자료의 수집과 구축

분석목표와 지표가 설정되면 그에 따른 자료를 수집하고 GIS 자료로 구축해야 한다. 분석에 이용되는 자료는 기구축된 GIS 자료일 수도 있으며, 분석자가 새롭게 구축해야 할 필요가 있는 자료도 있다. 자료의 구축에서 중요한 결정사항은 분석과정을 벡터 자료와 래스터 자료 중 어느 것을 기준으로 수행할 것인가이다. 벡터와 래스터 자료는 분석방식과 결과물의 정밀도, 정확도 등에서 차이가 있기 때문에 사전에 면밀한 검토를 거쳐야 한다.

### 분석요소의 등급화

분석요소의 등급화는 적합도의 상대적 차이를 이용하여 등급을 부여할 수 있다. 적합도가 높을수록 높은 점수에 해당하는 등급을 부여하게 된다. 등급의 단계를 구분하고 점수를 부여하는 과정에는 상당 부분 분석자의 주관이 개입되는 문제가 있다. 그리고 각 기회요소 자료는 상이한 단위뿐만 아니라 명목척, 순서척, 등간척 등

상이한 척도에 의해 측정되기 때문에 그들 값을 직접적으로 상호 비교하는 것은 부적절하다. 이 같은 문제를 해결하기 위해서는 각 요소도면상 점수의 '표준화'가 필요하다. 다양한 표준화 방법이 사용될 수 있으며, Z-score와 같은 표준화 값을 이용할 수 있다.

또한 등급을 구분할 때 등급의 경계부에 해당하는 값이 단정적인 기준에 의해 결정되는 문제가 발생하게 된다. 이를 해결하기 위한 방법으로 퍼지집합이론(fuzzy set theory)의 퍼지함수가 이용되기도 한다.

### 가중치 부여

기회요소 및 제한요소들의 조합에 의해 나타나는 토지적합성은 다음과 같이 가중치가 적용된 선형적 조합에 의해 구해질 수 있다. 적지분석에 도입되는 각종 변수들의 가치나 중요성은 상이하기 때문에 가중치를 부여하여 각 변수가 서로 다른 중요성을 지닌다는 점을 반영하는 것이다. 그런데 그러한 가치를 부여하는 일에는 불가피하게 '주관성'이 개입되기 때문에 쌍체비교기법(pair-wise comparison)과 Delphi 기법 등을 이용하여 분석자의 주관성 개입을 최소화하기도 한다.

### 도면중첩

분석요소별 등급화된 점수와 가중치를 고려하여 토지적합성(land suitability) 도면을 작성할 수 있다. 래스터 형식으로 된 도면의 경우 각 도면에 점수와 가중치를 곱하고 이를 합산하는 중첩방식을 적용한다. 반면, 벡터 방식의 경우 도형에 연결된 테이블의 속성을 기준으로 다음과 같은 식을 통해 토지적합성을 산출할 수 있다. 이때 제한요소의 경우 0과 1을 활용한 불대수를 적용한다.

$$S = \sum W_i X_i \times \prod C_j$$

$S = $ 토지적합성($land\ suitability$)

$W_i = $ 기회요소 $i$에 대한 가중치

$X_i = $ 기회요소 $i$의 점수

$C_j = $ 제한요소 $j$의 점수(0 또는 1)

$\prod = product$

**결과의 검토 및 환류**

도출된 적지를 검도한 결과 분석 선 설정된 지표를 만족하지 못할 경우 최적의 결과를 도출하기 위한 환류과정(feedback)을 수행해야 한다. 환류과정은 분석지표 자체를 수정하는 것에서부터 시작하여 기회요소와 제한요소의 파악, 새로운 분석자료의 수집과 구축, 등급조정, 가중치 수정 등 적지분석의 전 과정에 걸쳐 수행할 수 있다. 이러한 환류과정은 당초 설정된 지표의 불부합뿐 아니라, 분석 후 도출된 적지를 검토하던 중 발견된 문제가 있을 시에도 해당된다.

이와 같은 GIS를 이용한 적지분석기법은 다음과 같은 문제점도 내포하고 있으며 그 해결을 위한 노력이 필요하다. 우선 GIS가 토지이용의 결정에서 방대한 공간자료를 신속히 처리해주며 인간의 노력만으로는 수행하기 어려운 복잡한 분석을 가능케 하는 등의 혜택을 제공하고 있지만 '가치'의 결정에서 인간의 판단을 전적으로 대신할 수는 없다. 한편, 분석결과에 대한 신뢰성은 그 과정에 개입한 의사결정자의 지식이나 전문성, 주관성 등에 크게 좌우된다. 그리고 이를 보완하기 위한 방법으로 사용되는 쌍체비교와 같은 방법에는 개인이나 집단에게 반복적으로 수행될 경우 일관된 가중치를 도출하지 않을 수도 있는 문제가 잠재한다는 점을 유의해야 한다.

# 1. 적지분석을 위한 자료와 분석과정

이 장에서는 다양한 객체분석 기능을 이용하여 ○○시 지역에서 신규 공동주택 건설에 적합한 지역을 찾아내는 적지분석을 수행하고자 한다. 공동주택 건설을 위해서는 다양한 환경조건이 적용된다. 적지분석을 위한 환경조건의 설정, 기중치 적용 등을 통해 최종 공동주택건설입지를 선정하게 된다. 공동주택 건설을 위한 최소단위 면적은 1㎢이다. 이 장의 적지분석은 평가지표별 등급 산정, 가중치 부여, 도면의 중첩, 최종적지 선정에 이르는 전통적인 적지분석 단계를 거쳐 수행된다.

다음은 적지분석을 위해 사용될 자료목록이다.

| 자료명 | 파일명 | 활용방안 |
|---|---|---|
| 지형 | DEM | 표고 (m) |
| | | 경사도 (도) |
| 도로 | 도로망.shp | 도로접근성 (m) |
| 기성시가지 | 기성시가지.shp | 기성시가지와의 접근성 (m) |
| | | 기성시가지 제외 (제한요인) |
| 임상도 | 생태자연도1등급.shp | 생태자연도 1등급 지역 (제한요인) |
| 하천 | 하천.shp | 하천지역 제외 (제한요인) |
| 개발제한구역 | 개발제한구역.shp | 개발제한구역 제외 (제한요인) |
| 상수원보호구역 | 상수원보호구역.shp | 상수원보호구역 (제한요인) |
| 군사시설보호구역 | 군사시설보호구역.shp | 군사시설보호구역 (제한요인) |

**참고** 생태자연도는 산, 하천, 습지, 호소, 농지, 도시, 해양 등에 대하여 자연환경을 생태적 가치, 자연성, 경관적 가치에 따라 등급화한 지도를 의미한다(자연환경보전법 제34조). 1등급에서 3등급으로 구분되며 1등급으로 갈수록 생태적 가치가 높음을 의미한다.

GIS를 이용한 분석을 수행할 때 가장 중요한 사항은 분석단계와 과정을 사전에 체계적으로 계획하는 것이다. 이는 자료의 입력과 출력, 분석 시 사용되는 명령어 등을 순서도의 형태로 작성하는 것으로, 분석결과를 바탕으로 피드백과정을 거칠 때 분석과정의 문제점을 파악하고 개선하는 데 반드시 필요한 과정이다. 다음의 다이어그램은 본 실습의 전체적인 흐름도를 나타낸 것으로 자료의 입력, 분석명령어 등이 효과적으로 표현되어 있다(이러한 다이어그램의 작성은 제15장「Model Builder」부분에서 다시 실습하게 된다).

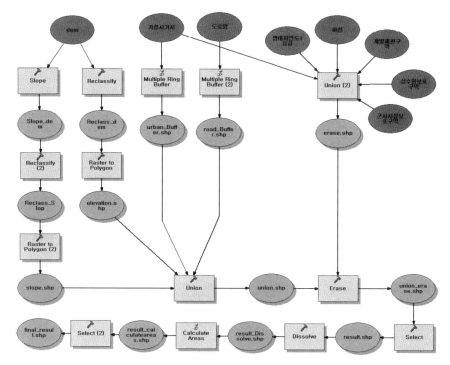

Model Builder를 이용한 분석과정도

## 2. 평가지표별 등급 산정

분석에 적용되는 평가지표별로 다음 표와 같이 3등급으로 구분하고 점수화했다. 각 평가지표별로, 등급으로 구분된 도면을 작성한다. 표고와 경사도의 경우 'Reclassify' 명령을 이용하며, 시가화지역과의 인접성과 도로접근성은 'Multiple Ring Buffer' 명령을 이용한다. 이 중 표고와 경사도 정보는 래스터 자료로 구축되어 있다. 래스터 형식의 자료는 벡터 형식의 자료와 함께 중첩(overlay) 분석이 되지 않기 때문에 모두 래스터 또는 벡터 형식으로 자료를 통일시켜야 한다.

### 평가지표별 등급

| 등급 | 점수 | 표고 | 경사도 | 기성시가지와의 인접성 | 도로접근성 |
|------|------|------|--------|----------------------|-----------|
| 상 | 3 | 100m 이하 | 10도 이하 | 100m 이하 | 100m 이하 |
| 중 | 2 | 100~150m | 10~15도 | 100~500m | 100~500m |
| 하 | 1 | 150m 초과 | 15도 초과 | 500m 초과 | 500m 초과 |

① 우선 표고값의 등급을 구분하기 위해 ArcToolbox의 3D Analyst Tools＞Raster Reclass＞
Reclassify를 실행하고 입력 자료로 *dem*을 선택한다.

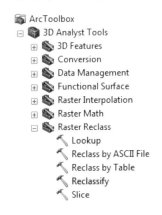

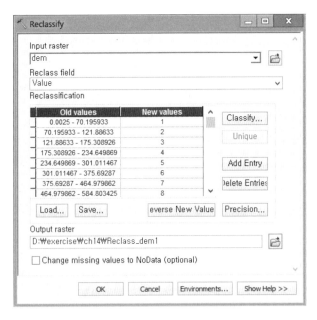

② 원래값(Old values)의 구간을 정의하고 새로운 등급값(New values)을 입력하여 재분류를 수행하기 위해서 Classify를 클릭한다. Method는 Natural Breaks(Jenks)로 선택한 후, Classes는 3단계로 하고 Break Values의 숫자를 각각 100, 150, 860으로 조정한 후 OK를 클릭한다.

**참고** Natural Breaks(Jenks)로 구간을 조정하게 되면 Method가 Manual로 바뀌게 된다.

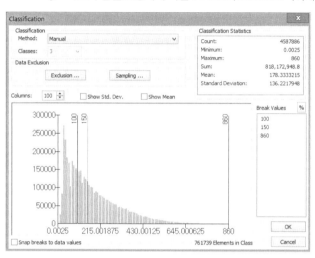

③ 현재의 New values 값은 앞서 설정해놓은 평가지표별 표고점수와 다르기 때문에 직접
클릭하여 기입하거나 아래의 Reverse New Values를 선택하여 점수를 재조정하도록 한
다. 파일명은 *Reclass_dem*으로 설정하고 OK를 클릭한다.

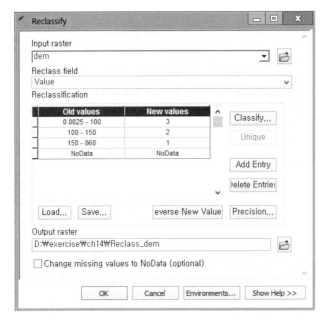

④ 표고점수가 3개 구간으로 재분류된 도면을 확인할 수 있다.

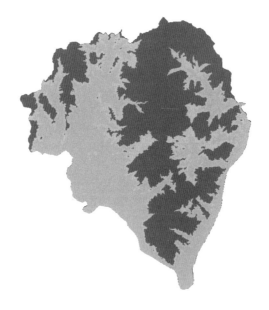

⑤ 재분류한 파일은 래스터 형식이기 때문에 벡터 형식인 Shape 파일로의 변환이 필요하
다. ArcToolbox의 Conversion Tools>From Raster>Raster to polygon을 선택하여 래스
터 형식의 자료를 Shape 파일로 변환한다. 저장할 파일명은 *elevation.shp*로 입력하고
OK를 클릭한다.

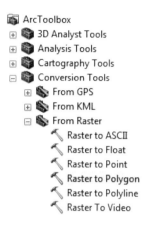

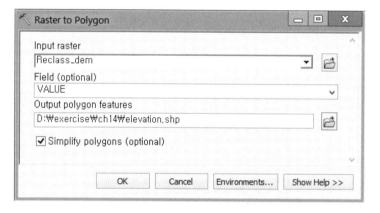

⑥ *elevation.shp* 파일을 생성한 후 테이블을 열어보면 'GRIDCODE'라는 필드가 생성되어
있을 것이다. 래스터 자료에서 벡터 형식으로 변환될 때 각 셀의 값이 입력된 것이다.

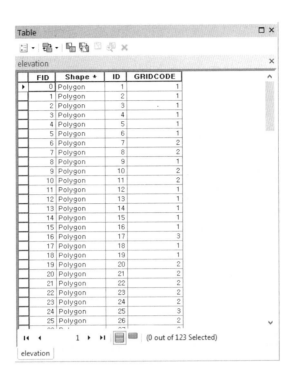

⑦ 구분이 용이하도록 새로이 '표고등급'이라는 필드를 생성하여 값을 복사하자. 속성테이블의 Table Options>Add Field를 클릭하고 필드명을 '표고등급'으로, 필드의 형식을 'Short Integer'로 설정한 후 OK를 클릭한다.

⑧ 'GRIDCODE' 값을 가져오기 위해 속성테이블의 '표고등급' 필드에 마우스 오른쪽 버튼을 클릭한 후 Field Calculator를 클릭한다.

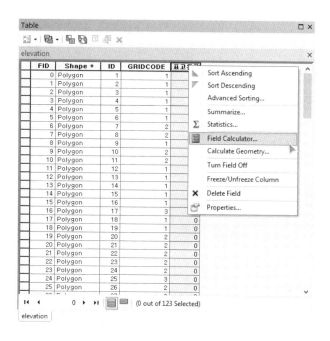

⑨ Field Calculator에서 입력값으로 GRIDCODE를 선택하고 OK를 클릭하면 GRID-CODE의 값이 '표고등급'에 입력된다.

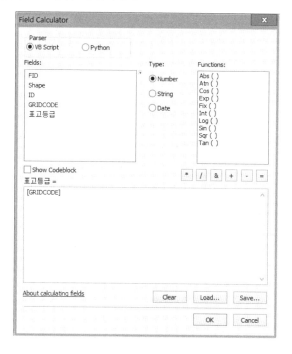

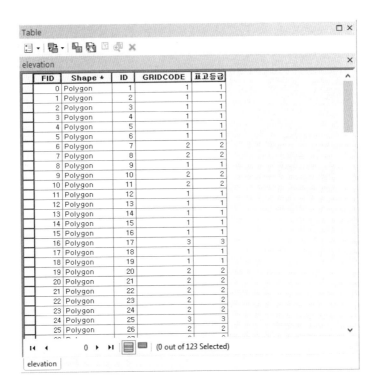

⑩ 경사도의 경우 DEM(Digital Elevation Model)을 이용한다. ArcToolbox의 3D Analyst Tools>Raster Surface>Slope를 이용하여 경사도를 구한다. 출력파일명은 *Slope_dem*으로 설정하고 경사도의 단위는 도(DEGREE)로 선택한 후 OK를 클릭한다.

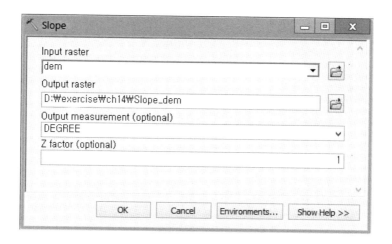

⑪ 경사도 산출 후 표고와 마찬가지로 구간별 등급값을 적용하기 위해 ArcToolbox의 3D
Analyst Tools>Raster Reclass>Reclassify를 실행한다.

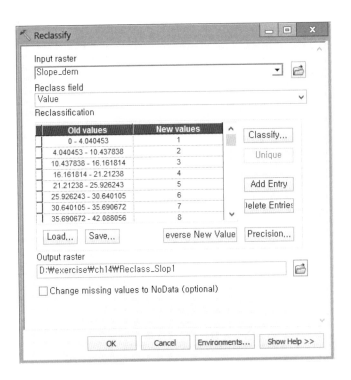

⑫ Classify를 클릭하여 구간을 재조정하도록 한다.

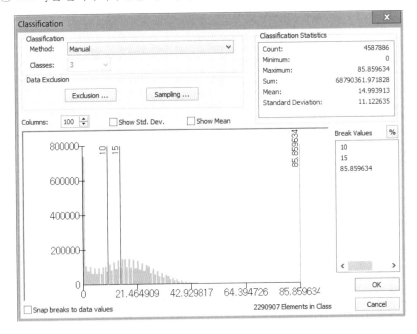

⑬ 경사도 점수를 재조정한 후, 저장할 파일명은 *Reclass_Slop*으로 입력하고 OK를 클릭한다.

⑭ 경사점수가 3개 구간으로 재분류된 도면을 확인할 수 있다.

⑮ 중첩분석을 위해 래스터 파일을 벡터 형식의 Shape 파일로 변환한다. 이를 위해 Arc-Toolbox의 Conversion Tools>From Raster>Raster to Polygon을 실행한다. 출력파일명은 *slope.shp*로 설정하고 OK를 클릭한다. Simplify polygons 옵션은 격자 형태인 래스터 파일이 벡터로 변환될 때 경계선을 유연하게 표현하는 기능을 수행한다.

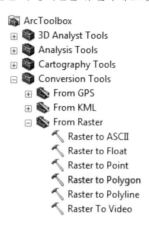

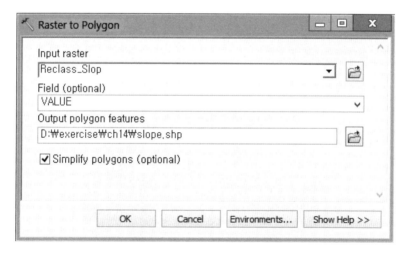

⑯ 경사도도 표고와 마찬가지로 'GRIDCODE'라는 필드의 값이 이후 분석 시 구분이 용이하도록 새로운 '경사도등급'이라는 필드를 생성하고, Field Calculator를 실행해 'GRIDCODE' 필드의 값을 복사해놓자.

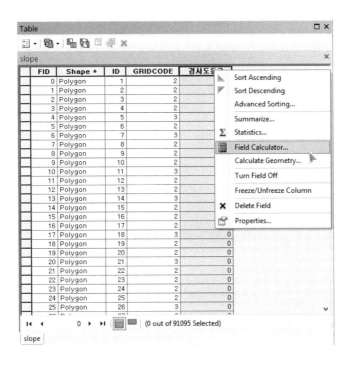

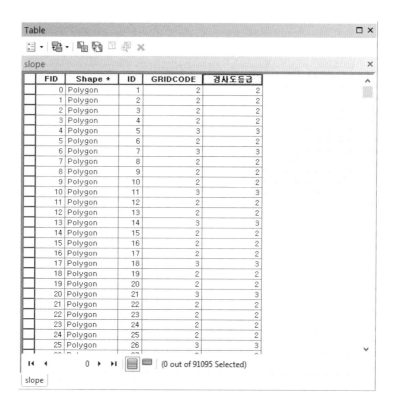

⑰ 우선 기성시가지로부터의 인접성을 거리별로 등급화하기 위해 ArcToolbox의 Analysis
Tools＞Proximity＞Multiple Ring Buffer를 실행한다. 결과파일로 *urban_buffer.shp*로 설정
하고 각 구간값인 '100'과 '500'을 입력한다. 옵션 중의 Field Name은 '기성시가지'로
입력하고 Dissolve Option은 All로 선택한다.

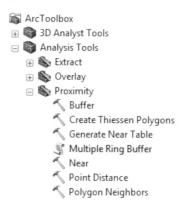

⑱ 모든 입력값들을 설정 후 OK 버튼을 누르면 버퍼 구간이 그려진 도면이 생성된다.

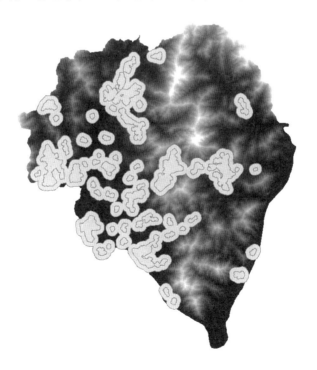

⑲ 도로망의 경우도 시가화지역과 마찬가지로 Multiple Ring Buffer를 실행하여 구간값을 입력한다. 이때 저장파일은 *road_buffer.shp*로 하며 Field Name은 '도로망'으로 입력하고 Dissolve Option은 All로 선택한다.

⑳ 모든 입력값들을 설정 후 OK 버튼을 누르면 버퍼 구간이 그려진 도면이 생성된다.

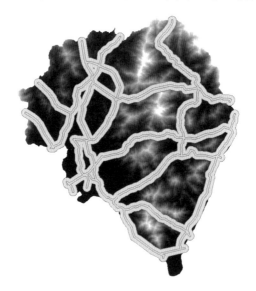

## 3. 도면의 중첩

이제 지금까지 만든 도면들을 중첩하여 속성을 하나의 파일로 통합하는 작업을 수행할 것이다. 중첩 후 모든 속성이 존재하는 명령어는 Union이다.

① ArcToolbox의 Analysis Tools>Overlay>Union을 실행한다. 이미 작성된 표고, 경사도, 시가화지역과 도로망과의 근접성 분석 파일들을 선택하고, 결과파일로 *union.shp*를 입력한 후 OK를 클릭한다.

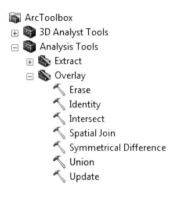

② 기성시가지, 생태자연도1등급, 하천, 개발제한구역, 상수원보호구역, 군사시설보호
구역을 Union하여 제한요소를 하나의 파일로 묶는다. 결과파일로 *erase.shp*를 입력하고
OK를 클릭한다.

③ ArcToolbox의 Analysis Tools>Overlay>Erase를 실행하여 평가지표들로 Union된 파
일에서 제한요소를 제외시킨다. 결과파일로 *union_erase.shp*를 입력하고 OK를 클릭
한다.

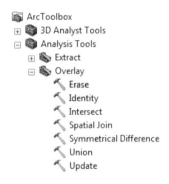

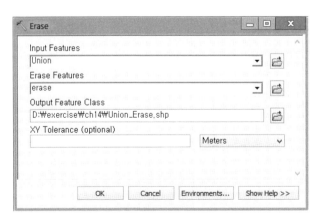

④ 제한요소가 배제된 *union_erase.shp* 파일의 속성테이블을 열어보면, 중첩 시 이용된 각
파일들의 속성들이 모두 들어 있는 것을 알 수 있다. '표고등급'과 '경사도등급' 외에
평가지표에 대한 등급을 구분하기 위해 필드를 추가한다. 테이블 상단의 Table Options
를 클릭한 후 Add Field를 선택하고 등급을 부여할 필드를 생성한다. '시가지인접', '도
로접근성'의 두 개의 필드를 생성한다.

| | GRIDCODE | 표고등급 | FID_urban_ | 기성시가 | FID_road_b | 도로명 | FID_slope | ID_1 | GI |
|---|---|---|---|---|---|---|---|---|---|
| | 1 | 1 | -1 | 0 | -1 | 0 | -1 | 0 | |
| | 1 | 1 | -1 | 0 | -1 | 0 | -1 | 0 | |
| | 1 | 1 | -1 | 0 | -1 | 0 | -1 | 0 | |
| | 2 | 2 | -1 | 0 | -1 | 0 | -1 | 0 | |
| | 2 | 2 | -1 | 0 | -1 | 0 | -1 | 0 | |
| | 1 | 1 | -1 | 0 | -1 | 0 | -1 | 0 | |
| | 1 | 1 | -1 | 0 | -1 | 0 | -1 | 0 | |
| | 2 | 2 | -1 | 0 | -1 | 0 | -1 | 0 | |
| | 2 | 2 | -1 | 0 | -1 | 0 | -1 | 0 | |
| | 1 | 1 | -1 | 0 | -1 | 0 | -1 | 0 | |
| | 3 | 3 | -1 | 0 | -1 | 0 | -1 | 0 | |
| | 0 | 0 | 0 | 100 | -1 | 0 | -1 | 0 | |
| | 0 | 0 | 1 | 500 | -1 | 0 | -1 | 0 | |
| | 0 | 0 | -1 | 0 | 0 | 100 | -1 | 0 | |
| | 0 | 0 | -1 | 0 | 1 | 500 | -1 | 0 | |
| | 0 | 0 | -1 | 0 | -1 | 0 | 0 | 1 | |
| | 0 | 0 | -1 | 0 | -1 | 0 | 1 | 2 | |
| | 0 | 0 | -1 | 0 | -1 | 0 | 2 | 3 | |
| | 0 | 0 | -1 | 0 | -1 | 0 | 3 | 4 | |
| | 0 | 0 | -1 | 0 | -1 | 0 | 4 | 5 | |
| | 0 | 0 | -1 | 0 | -1 | 0 | 6 | 7 | |
| | 0 | 0 | -1 | 0 | -1 | 0 | 7 | 8 | |
| | 0 | 0 | -1 | 0 | -1 | 0 | 9 | 10 | |
| | 0 | 0 | -1 | 0 | -1 | 0 | 13 | 14 | |
| | 0 | 0 | -1 | 0 | -1 | 0 | 14 | 15 | |
| | 0 | 0 | -1 | 0 | -1 | 0 | 16 | 17 | |
| | 0 | 0 | -1 | 0 | -1 | 0 | 22 | 23 | |
| | 0 | 0 | -1 | 0 | -1 | 0 | 25 | 26 | |
| Polygon | -1 | 0 | 0 | -1 | 0 | -1 | 0 | 26 | 27 |
| Polygon | -1 | 0 | 0 | -1 | 0 | -1 | 0 | 27 | 28 |
| Polygon | -1 | 0 | 0 | -1 | 0 | -1 | 0 | 28 | 29 |
| Polygon | -1 | 0 | 0 | -1 | 0 | -1 | 0 | 29 | 30 |
| Polygon | -1 | 0 | 0 | -1 | 0 | -1 | 0 | 30 | 31 |
| Polygon | -1 | 0 | 0 | -1 | 0 | -1 | 0 | 31 | 32 |
| Polygon | -1 | 0 | 0 | -1 | 0 | -1 | 0 | 35 | 36 |
| Polygon | -1 | 0 | 0 | -1 | 0 | -1 | 0 | 36 | 37 |
| Polygon | -1 | 0 | 0 | -1 | 0 | -1 | 0 | 38 | 39 |
| Polygon | -1 | 0 | 0 | -1 | 0 | -1 | 0 | 40 | 41 |
| Polygon | -1 | 0 | 0 | -1 | 0 | -1 | 0 | 42 | 43 |

Find and Replace

Select By Attributes...

Clear Selection

Switch Selection

Select All

Add Field...

Turn All Fields On

Show Field Aliases

Arrange Tables

Restore Default Column Widths

Restore Default Field Order

Joins and Relates

Related Tables

Create Graph...

Add Table to Layout

Reload Cache

Print...

Reports

Export...

Appearance...

1 ▶ ▶I (0 out of 62519 Selected)

Union_Erase

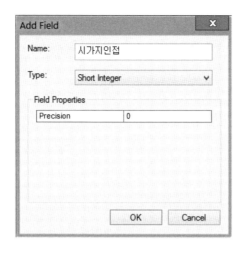

⑤ 새롭게 생성된 각 필드별로 다음 평가기준을 적용하여 등급값을 입력한다.

| 기성시가지 | '시가지인접' 등급 | 도로망 | '도로접근성' 등급 |
|---|---|---|---|
| 100 | 3 | 100 | 3 |
| 500 | 2 | 500 | 2 |
| 0 | 1 | 0 | 1 |

⑥ 등급값을 부여하기 위해 테이블 상단의 Table Options>Select By Attributes를 클릭한다.

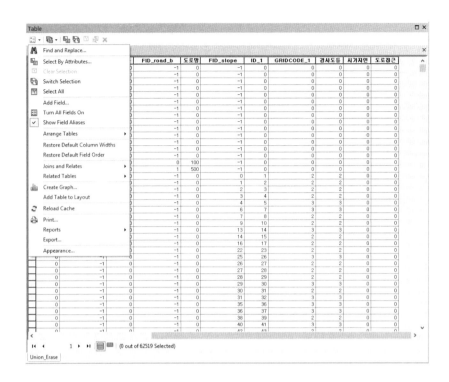

⑦ "기성시가지"=100이라고 입력하고 Apply를 선택한다. 기성시가지 필드값이 '100'인

지역들이 선택된 것을 확인할 수 있다.

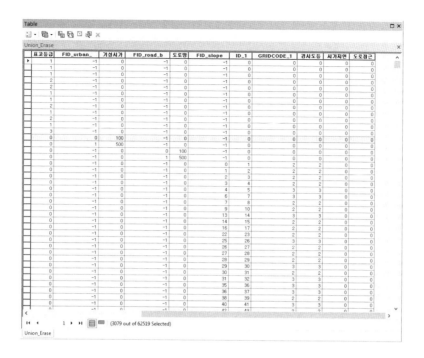

| 표고등급 | FID_urban_ | 가성시가 | FID_road_b | 도로명 | FID_slope | ID_1 | GRIDCODE_1 | 경사도등 | 시가지인 | 도로접근 |
|---|---|---|---|---|---|---|---|---|---|---|
| 1 | -1 | 0 | -1 | 0 | -1 | 0 | 0 | 0 | 0 | 0 |
| 1 | -1 | 0 | -1 | 0 | -1 | 0 | 0 | 0 | 0 | 0 |
| 1 | -1 | 0 | -1 | 0 | -1 | 0 | 0 | 0 | 0 | 0 |
| 2 | -1 | 0 | -1 | 0 | -1 | 0 | 0 | 0 | 0 | 0 |
| 2 | -1 | 0 | -1 | 0 | -1 | 0 | 0 | 0 | 0 | 0 |
| 1 | -1 | 0 | -1 | 0 | -1 | 0 | 0 | 0 | 0 | 0 |
| 1 | -1 | 0 | -1 | 0 | -1 | 0 | 0 | 0 | 0 | 0 |
| 2 | -1 | 0 | -1 | 0 | -1 | 0 | 0 | 0 | 0 | 0 |
| 1 | -1 | 0 | -1 | 0 | -1 | 0 | 0 | 0 | 0 | 0 |
| 2 | -1 | 0 | -1 | 0 | -1 | 0 | 0 | 0 | 0 | 0 |
| 1 | -1 | 0 | -1 | 0 | -1 | 0 | 0 | 0 | 0 | 0 |
| 3 | -1 | 0 | -1 | 0 | -1 | 0 | 0 | 0 | 0 | 0 |
| 0 | 0 | 100 | -1 | 0 | -1 | 0 | 0 | 0 | 0 | 0 |
| 0 | 1 | 500 | -1 | 0 | -1 | 0 | 0 | 0 | 0 | 0 |
| 0 | -1 | 0 | 0 | 100 | -1 | 0 | 0 | 0 | 0 | 0 |
| 0 | -1 | 0 | 1 | 500 | -1 | 0 | 0 | 0 | 0 | 0 |
| 0 | -1 | 0 | -1 | 0 | 0 | 1 | 2 | 2 | 0 | 0 |
| 0 | -1 | 0 | -1 | 0 | 1 | 2 | 2 | 2 | 0 | 0 |
| 0 | -1 | 0 | -1 | 0 | 2 | 3 | 2 | 2 | 0 | 0 |
| 0 | -1 | 0 | -1 | 0 | 3 | 4 | 2 | 2 | 0 | 0 |
| 0 | -1 | 0 | -1 | 0 | 4 | 5 | 3 | 3 | 0 | 0 |
| 0 | -1 | 0 | -1 | 0 | 6 | 7 | 3 | 3 | 0 | 0 |
| 0 | -1 | 0 | -1 | 0 | 7 | 8 | 2 | 2 | 0 | 0 |
| 0 | -1 | 0 | -1 | 0 | 9 | 10 | 2 | 2 | 0 | 0 |
| 0 | -1 | 0 | -1 | 0 | 13 | 14 | 3 | 3 | 0 | 0 |
| 0 | -1 | 0 | -1 | 0 | 14 | 15 | 2 | 2 | 0 | 0 |
| 0 | -1 | 0 | -1 | 0 | 16 | 17 | 2 | 2 | 0 | 0 |
| 0 | -1 | 0 | -1 | 0 | 22 | 23 | 2 | 2 | 0 | 0 |
| 0 | -1 | 0 | -1 | 0 | 25 | 26 | 3 | 3 | 0 | 0 |
| 0 | -1 | 0 | -1 | 0 | 26 | 27 | 2 | 2 | 0 | 0 |
| 0 | -1 | 0 | -1 | 0 | 27 | 28 | 2 | 2 | 0 | 0 |
| 0 | -1 | 0 | -1 | 0 | 28 | 29 | 2 | 2 | 0 | 0 |
| 0 | -1 | 0 | -1 | 0 | 29 | 30 | 3 | 3 | 0 | 0 |
| 0 | -1 | 0 | -1 | 0 | 30 | 31 | 2 | 2 | 0 | 0 |
| 0 | -1 | 0 | -1 | 0 | 31 | 32 | 3 | 3 | 0 | 0 |
| 0 | -1 | 0 | -1 | 0 | 35 | 36 | 3 | 3 | 0 | 0 |
| 0 | -1 | 0 | -1 | 0 | 36 | 37 | 3 | 3 | 0 | 0 |
| 0 | -1 | 0 | -1 | 0 | 38 | 39 | 2 | 2 | 0 | 0 |
| 0 | -1 | 0 | -1 | 0 | 40 | 41 | 3 | 3 | 0 | 0 |

I ◀ ◀    1 ▶ ▶I 　　(3079 out of 62519 Selected)

Union_Erase

⑧ 등급값을 부여하기 위해 '시가지인접' 필드에 오른쪽 버튼을 클릭한 후 하위메뉴의
Field Calculator 기능을 이용한다.

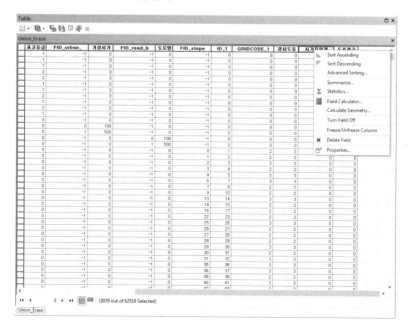

| 표고등급 | FID_urban_ | 가성시가 | FID_road_b | 도로명 | FID_slope | ID_1 | GRIDCODE_1 | 경사도등 | 시가지인접 | 도로접근 |
|---|---|---|---|---|---|---|---|---|---|---|
| 1 | -1 | 0 | -1 | 0 | -1 | 0 | 0 | 0 | | |
| 1 | -1 | 0 | -1 | 0 | -1 | 0 | 0 | 0 | Sort Ascending | |
| 1 | -1 | 0 | -1 | 0 | -1 | 0 | 0 | 0 | Sort Descending | |
| 2 | -1 | 0 | -1 | 0 | -1 | 0 | 0 | 0 | Advanced Sorting... | |
| 2 | -1 | 0 | -1 | 0 | -1 | 0 | 0 | 0 | Summarize... | |
| 1 | -1 | 0 | -1 | 0 | -1 | 0 | 0 | 0 | Σ Statistics... | |
| 2 | -1 | 0 | -1 | 0 | -1 | 0 | 0 | 0 | Field Calculator... | |
| 1 | -1 | 0 | -1 | 0 | -1 | 0 | 0 | 0 | Calculate Geometry... | |
| 2 | -1 | 0 | -1 | 0 | -1 | 0 | 0 | 0 | Turn Field Off | |
| 3 | -1 | 0 | -1 | 0 | -1 | 0 | 0 | 0 | Freeze/Unfreeze Column | |
| 0 | 0 | 100 | -1 | 0 | -1 | 0 | 0 | 0 | ✕ Delete Field | |
| 0 | 1 | 500 | -1 | 0 | -1 | 0 | 0 | 0 | Properties... | |
| 0 | -1 | 0 | 0 | 100 | -1 | 0 | 0 | 0 | 0 | 0 |
| 0 | -1 | 0 | 1 | 500 | -1 | 0 | 0 | 0 | 0 | 0 |
| 0 | -1 | 0 | -1 | 0 | 0 | 1 | 2 | 2 | 0 | 0 |
| 0 | -1 | 0 | -1 | 0 | 1 | 2 | 2 | 2 | 0 | 0 |
| 0 | -1 | 0 | -1 | 0 | 2 | 3 | 2 | 2 | 0 | 0 |
| 0 | -1 | 0 | -1 | 0 | 3 | 4 | 2 | 2 | 0 | 0 |
| 0 | -1 | 0 | -1 | 0 | 4 | 5 | 3 | 3 | 0 | 0 |
| 0 | -1 | 0 | -1 | 0 | 6 | 7 | 3 | 3 | 0 | 0 |
| 0 | -1 | 0 | -1 | 0 | 7 | 8 | 2 | 2 | 0 | 0 |
| 0 | -1 | 0 | -1 | 0 | 9 | 10 | 2 | 2 | 0 | 0 |
| 0 | -1 | 0 | -1 | 0 | 13 | 14 | 3 | 3 | 0 | 0 |
| 0 | -1 | 0 | -1 | 0 | 14 | 15 | 2 | 2 | 0 | 0 |
| 0 | -1 | 0 | -1 | 0 | 16 | 17 | 2 | 2 | 0 | 0 |
| 0 | -1 | 0 | -1 | 0 | 22 | 23 | 2 | 2 | 0 | 0 |
| 0 | -1 | 0 | -1 | 0 | 25 | 26 | 3 | 3 | 0 | 0 |
| 0 | -1 | 0 | -1 | 0 | 26 | 27 | 2 | 2 | 0 | 0 |
| 0 | -1 | 0 | -1 | 0 | 27 | 28 | 2 | 2 | 0 | 0 |
| 0 | -1 | 0 | -1 | 0 | 28 | 29 | 2 | 2 | 0 | 0 |
| 0 | -1 | 0 | -1 | 0 | 29 | 30 | 3 | 3 | 0 | 0 |
| 0 | -1 | 0 | -1 | 0 | 30 | 31 | 2 | 2 | 0 | 0 |
| 0 | -1 | 0 | -1 | 0 | 31 | 32 | 3 | 3 | 0 | 0 |
| 0 | -1 | 0 | -1 | 0 | 35 | 36 | 3 | 3 | 0 | 0 |
| 0 | -1 | 0 | -1 | 0 | 36 | 37 | 3 | 3 | 0 | 0 |
| 0 | -1 | 0 | -1 | 0 | 38 | 39 | 2 | 2 | 0 | 0 |
| 0 | -1 | 0 | -1 | 0 | 40 | 41 | 3 | 3 | 0 | 0 |

I ◀ ◀    0 ▶ ▶I 　　(3079 out of 62519 Selected)

Union_Erase

⑨ '시가지인접' 필드에 평가기준표대로 3점이 부여되도록 한다.

⑩ 속성테이블에서 '시가지인접' 필드에 3점이 부여된 것을 확인할 수 있다.

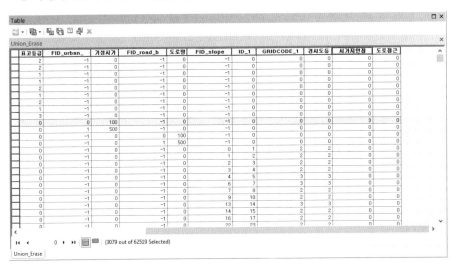

⑪ 위의 방법과 동일하게, 평가기준대로 '시가지인접', '도로접근성' 필드에 점수를 부여
하도록 한다.

Union_Erase ×

| 표고등급 | FID_urban | 가성시가지 | FID_road_b | 도로명 | FID_slope | ID_1 | GRIDCODE_1 | 경사도등급 | 시가지인접 | 도로접근성 |
|---|---|---|---|---|---|---|---|---|---|---|
| 1 | -1 | 0 | -1 | 0 | -1 | 0 | 0 | 0 | 1 | 1 |
| 1 | -1 | 0 | -1 | 0 | -1 | 0 | 0 | 0 | 1 | 1 |
| 1 | -1 | 0 | -1 | 0 | -1 | 0 | 0 | 0 | 1 | 1 |
| 2 | -1 | 0 | -1 | 0 | -1 | 0 | 0 | 0 | 1 | 1 |
| 2 | -1 | 0 | -1 | 0 | -1 | 0 | 0 | 0 | 1 | 1 |
| 1 | -1 | 0 | -1 | 0 | -1 | 0 | 0 | 0 | 1 | 1 |
| 1 | -1 | 0 | -1 | 0 | -1 | 0 | 0 | 0 | 1 | 1 |
| 2 | -1 | 0 | -1 | 0 | -1 | 0 | 0 | 0 | 1 | 1 |
| 1 | -1 | 0 | -1 | 0 | -1 | 0 | 0 | 0 | 1 | 1 |
| 2 | -1 | 0 | -1 | 0 | -1 | 0 | 0 | 0 | 1 | 1 |
| 1 | -1 | 0 | -1 | 0 | -1 | 0 | 0 | 0 | 1 | 1 |
| 3 | -1 | 0 | -1 | 0 | -1 | 0 | 0 | 0 | 1 | 1 |
| 0 | 0 | 100 | -1 | 0 | -1 | 0 | 0 | 0 | 3 | 3 |
| 0 | 1 | 500 | -1 | 0 | -1 | 0 | 0 | 0 | 2 | 2 |
| 0 | -1 | 0 | 0 | 100 | -1 | 0 | 0 | 0 | 1 | 1 |
| 0 | -1 | 0 | 1 | 500 | -1 | 0 | 0 | 0 | 1 | 1 |
| 0 | -1 | 0 | -1 | 0 | 0 | 1 | 2 | 2 | 1 | 1 |
| 0 | -1 | 0 | -1 | 0 | 1 | 2 | 2 | 2 | 1 | 1 |
| 0 | -1 | 0 | -1 | 0 | 2 | 3 | 2 | 2 | 1 | 1 |
| 0 | -1 | 0 | -1 | 0 | 3 | 4 | 2 | 2 | 1 | 1 |

I ◀ ◀   0   ▶ ▶I   (0 out of 62519 Selected)

Union_Erase

# 4. 최종적지분석

평가등급과 가중치가 적용된 도면의 최종값에서 구간을 정하여 적지들을 도출한다. 그리고 이들 적지 중 최소단위면적을 만족하는 지역을 찾아보자.

① 평가지표별 등급과 가중치를 적용하여 최종적지 분석값을 계산한다. 이를 위해 '토지
적합성'이라는 필드를 생성하고 ∑(평가지표별 등급값×평가지표별 가중치)를 계산한다. 각 평가지표별 중요도의 차이가 반영된 가중치는 다음과 같이 작성되었다.

| 항목 | 표고 | 경사도 | 시가지와의 인접성 | 도로접근성 | 계 |
|---|---|---|---|---|---|
| 가중치 | 0.3 | 0.4 | 0.1 | 0.2 | 1.0 |

**참고** 가중치를 구하는 데 사용되는 기법으로 '쌍체비교(pairwise comparision)'가 대표적이다. 쌍체비교는 두 항목 간 상대적인 중요도를 비교하여 그 값을 정량적으로 표현한 것이다. 항목별 가중치는 0~1 사이의 값으로 표현되며 모든 항목의 가중치 합은 1이다.

② '토지적합성'이라는 새로운 필드를 추가하도록 한다.

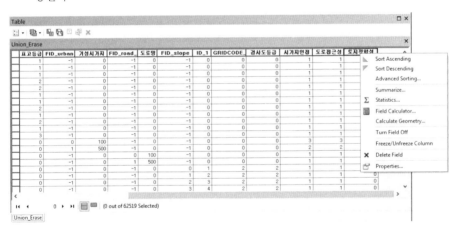

$$S = \sum W_i X_i \times \prod C_j$$

$S = $ 토지적합성$(land\ suitability)$

$W_i = $ 기회요소 $i$에 대한 가중치

$X_i = $ 기회요소 $i$의 점수

$C_j = $ 제한요소 $j$의 점수$(0$ 또는 $1)$

$\Pi = product$

③ '토지적합성' 필드에 오른쪽 버튼을 클릭한 후 하위메뉴의 Field Calculator 기능을 이
용한다.

④ 미리 설정해놓은 가중치 값을 반영하여 토지적합성 점수를 부여한다. 속성테이블에서
토지적합성 점수가 부여된 것을 확인할 수 있다.

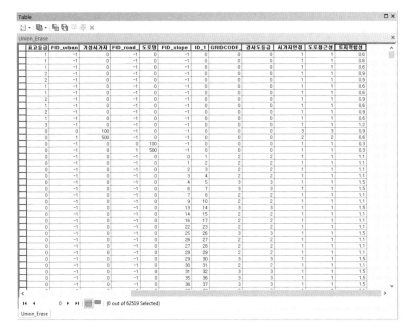

⑤ '토지적합성' 값에서 공동주택건설에 적합한 것으로 판단되는 구간에 해당하는 지역 만을 추출해보도록 한다(2.7 이상). 테이블 상단의 Table Options>Select By Attributes 를 클릭한다.

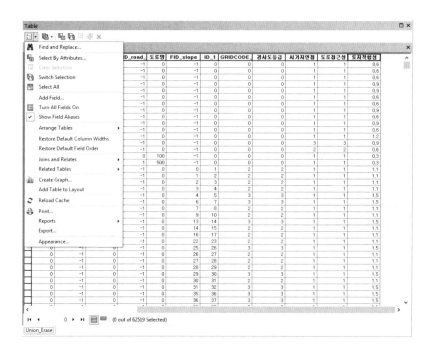

⑥ Select By Attributes에서 '토지적합성' 값이 2.7 이상인 곳만 추출하도록 한다.

⑦ '토지적합성' 값이 2.7 이상인 곳만 선택된 상태에서 Export data를 통해 shapefile로 추출하도록 한다.

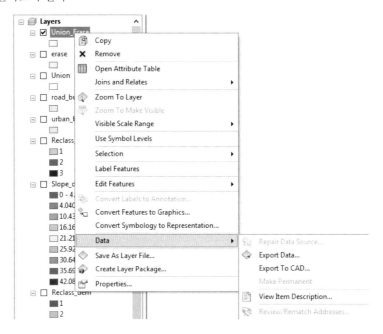

⑧ 저장할 파일명은 *result.shp*로 설정하고 OK를 클릭한다.

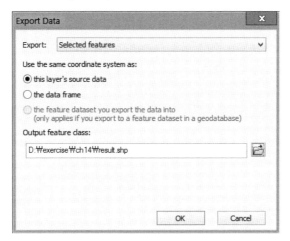

⑨ 추출한 지역을 대상으로 Dissolve를 실행하여 조각난 지역들을 합쳐야 한다. Dissolve 시 Create multipart features 옵션을 반드시 해제하고 저장할 파일명은 *result_Dissolve.shp*로 설정하고 OK를 클릭한다.

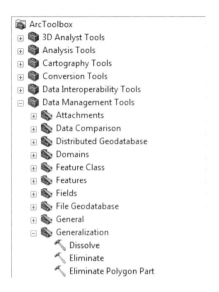

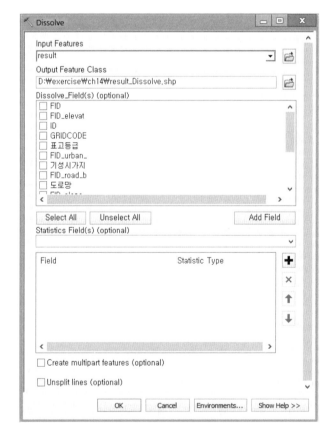

⑩ ArcToolbox의 Spatial Statistics Tools＞Utilities＞Calculate Areas를 이용하여 각 조각별
면적을 산출하고 최소단위면적 조건(1㎢)에 만족하는 최종적지를 도출한다. 저장할
파일명은 *result_calculateareas.shp*로 설정하고 OK를 클릭한다.

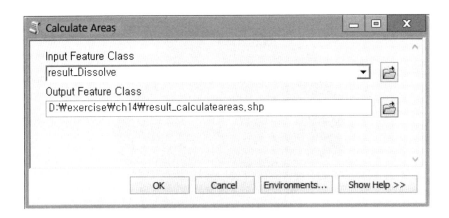

⑪ *result_calculateareas*의 속성테이블을 열어 앞서 세운 공동주택기준 1㎢ 이상인 지역을
찾도록 하자. Select by Attributes 기능을 사용하여 1㎢ 이상인 지역이 선택된 상태에서
Export data를 통해 최종적지를 찾도록 한다. 저장할 파일명은 *final_result.shp*로 설정하
고 OK를 클릭한다.

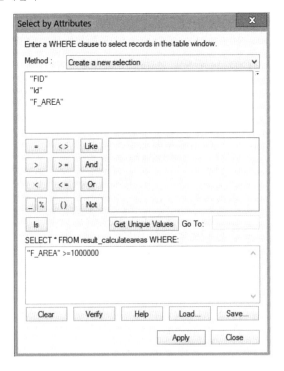

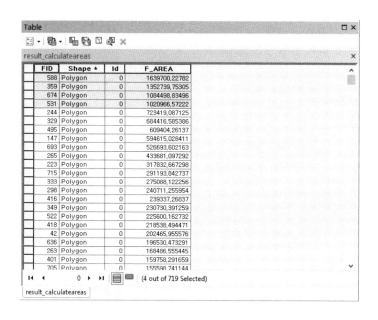

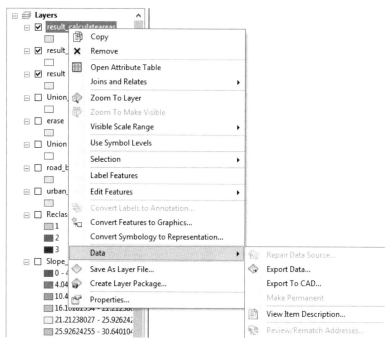

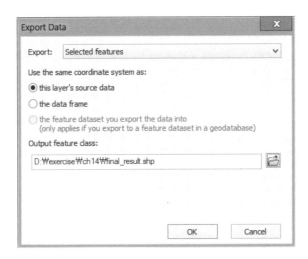

⑫ 최종적지 도면이 생성된 것을 확인할 수 있다.

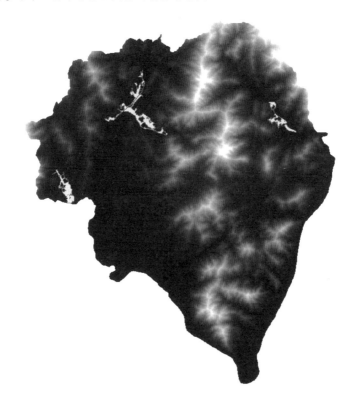

## 5. 도면작성 및 검토

도출된 적지를 원 지형 위에 표시한 뒤 선정된 입지가 타당한지 검토해보자. 만약 선정된 입지가 타당하지 않다고 판단될 경우 이전 과정으로 돌아가 평가기준의 변경, 분석요소의 추가, 등급의 재조정, 가중치 변경 등을 수행하는 환류과정이 필요할 수 있다.

공동주택단지 적지 수: 4개

| 공동주택단지 적지구분 | 면적(단위: ㎢) |
|:---:|:---:|
| 1 | 1.35 |
| 2 | 1.02 |
| 3 | 1.64 |
| 4 | 1.08 |

# GIS 분석에서 Fuzzy 집합 이론의 적용

GIS의 적지분석에서 사용되는 단정적(crisp) 논리는 현상의 과도한 단순화로 인한 유용한 정보의 손실, 정보 손실로 인한 오류의 발생, 그리고 이러한 오류들이 중첩되어 발생되는 평가결과의 정확성 저하 등의 문제를 내포하고 있다. 이 같은 문제에 대한 해결 방안으로 '퍼지집합이론(fuzzy set theory)'을 적용한 평가방법은 현상의 가치를 보다 구체적으로, 정확히 평가할 수 있도록 한다는 점에서 새로운 가능성을 제시한다.

단정적 분류에서 단위데이터는 주어진 경계치 내에 속하는지의 여부에 따라 분류값이 달라지며, 이는 적지분석과 같은 공간분석에 적용될 경우 논리상의 문제를 야기한다. 이러한 한계점을 극복하기 위해 Zadeh(1965)는 인간의 주관적인 사고나 판단에서의 모호성을 정량적으로 다루기 위해 퍼지집합이론을 제안했다. 다음 그림은 단정적 논리와 퍼지집합이론에 의한 도로접근성 구분의 예를 보여주고 있다.

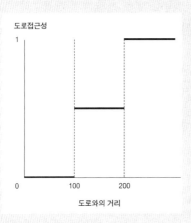

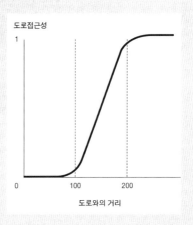

단정적 논리에 의한 도로접근성 결정　　　　퍼지집합이론에 의한 도로접근성 결정

단정적 논리에 의한 접근성 구분에서는 100m와 200m 사이의 거리에 대해 동일한 접근성 값을 부여한다. 이는 사고의 단절을 가져오며 다양한 접근성 정도에 대한 생각을 제대로 반영하지 못하고 있다. 한편, 퍼지집합이론에서는 가치의 증감을 연속적으로 보다 자연스럽게 표현함으로써 인간의 일반적 사고에 더욱 가깝게 접근하고 있음을 알 수 있다. 이처럼 퍼지이론은 인간이 사용하는 모호한 표현을 가급적 실제 사고와 흡사하게 처리하고자, 또한 정보의 손실을 최소화하여 보다 충실한 결론을 유도하고자 하려는 것

이다.

Zadeh, L. 1965. "Fuzzy Sets." *Information and Control* 8(3). pp. 338~353.

ꙮ 관련 내용은 1999년 ≪국토계획≫ 34권 4호에 게재된 「GIS-퍼지 접근방법의 유용성」
　(오규식·정연우)을 참조하기 바람.

## 관련 연구 소개 3

# 토지적합성 분석에서 상충문제 해소를 위한 GIS의 활용

　새로운 도시를 계획하는 과정에서 여러 가지 토지이용 목적에 적합한 지역들을 찾아
내는 작업은 그 도시의 골격과 형태에 기본적인 질서를 부여한다는 점에서 매우 중요한
의미를 갖는다. 이러한 토지이용의 적합성 분석(land suitability analysis: 이하 적지분석
이라 함)을 수행하기 위해 도면중첩방법(map overlay analysis)이 널리 이용되어왔다. 그
런데 도면중첩 분석에서 다양한 종류의 정량적(quantitative) 혹은 정성적(qualitative) 환
경자료를 중첩하여 분석자가 얻을 수 있는 결론은 단순히 이미 설정했던 조건들을 동시
에 만족시키는 지역을 찾아내는 정도에 그치게 되는 것이 일반적이다. 이러한 단순중첩
에 의한 분석이 지니는 한계는 일정 지역에 대해 두 가지 이상의, 복수적 토지이용
(multiple land uses)의 적합성을 검토하는 작업에서 빈번히 발생하는 토지이용 간의 상
충문제(conflict problem)를 효율적으로 다루지 못한다는 데에 있다.

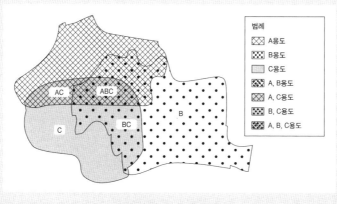

토지이용 간 상충문제

GIS는 이러한 토지이용 상충문제의 해결에 효과적으로 이용될 수 있다. 토지이용 상충의 원인은 '각 토지이용 목적에 대한 환경적 조건은 서로 전적으로 다르지 않다'는 데에 있다. 예를 들자면, 주거의 입지에 필요한 조건 중 일부는 상업 혹은 공업시설의 입지에 필요한 조건과 유사하거나 동일할 수 있는 것이다.

단순도면중첩에 의해 수행된 적지분석의 경우, 각종 토지이용들이 상충하고 있는 지역들이 나타날 수 있다. 이러한 상충문제를 해결하기 위해 '순위적 우세(hierarchical dominance)', '복합적 이용(multiple or compatible use)', '교환(trade off)' 등의 방법을 적용할 수 있다(Berry, 1991).

첫째로 '순위적 우세'에 의한 방법에서는 특정 토지이용이 다른 잠재적 토지이용에 비해 더 가치 있다고 하는 가정이 이미 수립되어 있는 경우, 여타 토지이용에 우선하여 그 이용목적을 상충지역에 부여하게 된다. 그러나 이 같은 가정의 수립이 현실적으로 어렵기 때문에 그에 대한 대안으로서 일정 지역 내에서 상충하는 토지이용 각각에 대한 개별적 적합성을 비교하여 보다 높은 적합성을 나타내는 이용목적을 선택하는 방법을 사용한다. 이 경우 토지이용의 우선순위가 계량적 방법에 의해 표현, 분석되기 때문에 간명한 결론에 도달할 수 있는 장점이 있다.

둘째는 '복합적 이용'을 모색하는 것으로서, 이는 단일지역에 동시에 도입되어 양립할 수 있는 토지이용의 종류가 무엇인지를 파악하여 상충지역에 복합적인 토지이용행위를 부여하는 방법이다. 만약 복합적 도입이 가능한 토지이용의 종류나 형태가 이미 전제되어 있다면 해당 지역에 그를 단순히 대입, 적용하면 된다. 그러나 만약 일정 지역에 복합적 토지이용의 도입이 부분적으로 혹은 전적으로 불가능할 경우에는 상충의 문제가 계속 남게 된다. 이 경우 계량적인 방법만으로는 상충문제의 해결이 불가능하며, 분석자가 각 지역에 상충하는 토지이용들의 상호관계와 기타 조건들을 면밀히 검토한 후 적절한 이용을 배분해야 한다.

셋째는 '교환'에 의한 해결로서 소규모 필지(parcel)마다 상충하는 토지이용을 규명하고 각각의 필지에 대해 가장 적절한 토지이용을 판단, 부여함으로써 결과적으로 지역 전체에 최선의 혼합을 이루려는 방법이다. 이 방법의 경우 토지이용 배분에서 보다 높은 현실성과 민감성을 추구할 수 있는 반면, 필지단위 정도로 매우 상세한 분석이 이루어져야 하므로 광역적 규모의 토지이용계획 수립에는 비효율적이다.

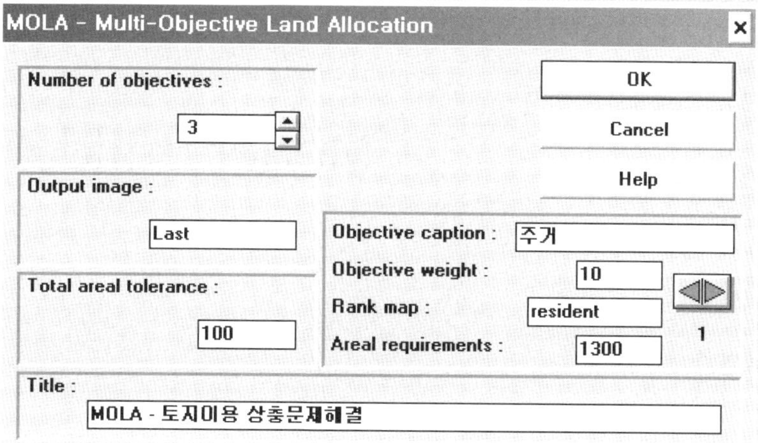

MOLA – Multi-Objective Land Allocation ✕

Number of objectives :

3

OK

Cancel

Help

Output image :

Last

Total areal tolerance :

100

Objective caption : 주거

Objective weight : 10

Rank map : resident

Areal requirements : 1300

1

Title :

MOLA - 토지이용 상충문제해결

IDRISI의 MOLA 모듈

위 그림은 이들 중 계량적 접근에 의해 가장 간명한 결론을 유도할 수 있으면서 분석 대상의 규모에 제한을 받지 않는 순위적 우세(hierarchical dominance)에 의한 접근방법을 사용한 IDRISI의 MOLA(Multi-Objective Land Allocation) 모듈의 예시화면이다. 이 방법을 수행할 때 앞서 언급한 바와 같이 일정 지역에 상충하고 있는 여러 가지의 토지이용 중 어떤 것이 우선하는지를 파악하는 것이 필요하다.

작성된 적지분석도들을 중첩하여 한 가지 이상의 토지이용이 상충하고 있는 지역이 파악될 경우, 토지이용의 상충이 일어나지 않는 곳은 그 지역에 부여된 단일의 토지이용으로 확정하지만 상충이 일어나는 곳에서는 그들 중 어떤 토지이용이 우선하는지를 분석해야 한다. 이러한 작업은 대부분의 GIS에서 가능한데, IDRISI에서는 RANK와 RECLASS, MOLA 모듈 등의 조합에 의해 단계적으로 수행될 수 있다. 만약 결과가 만족스럽지 못한 경우, 적지분석의 과정을 면밀히 검토하고 이전의 각 단계로 환류(feedback)하여 분석의 구조, 분석항목 및 기준, 가중치 체계 등을 적절히 조정한 후 재분석을 실시할 수 있을 것이다.

Berry, J. K. 1991. "GIS in Island Resource Planning: A Case Study in Map Analysis." In D. J. Maguire, M. F. Goodchild and D. W. Rhind(Eds.). *Geographical Information systems: Principles and Applications.* London: Longman. pp. 285~295.

☞ 관련 내용은 1995년 《국토계획》 31권 2호에 게재된 「토지적합성 분석에 있어서 상충지역 해소를 위한 지리정보시스템(GIS)의 활용」(오규식)을 참조하기 바람.

# 제15장

# Model Builder

ArcGIS에서 수행되는 대부분의 분석들은 ArcToolbox의 명령어들로 구현 가능하다. 일반적으로 GIS 분석은 여러 가지 명령어와 모듈을 이용하여 단계를 거치면서 최종결과에 이르는 과정을 갖는다. 이러한 분석과정 중 피드백이 필요하거나 일부 조건을 변경하기 위해서는 중간 과정부터 분석을 다시 수행하거나 처음부터 다시 분석을 해야 할 경우가 발생하기도 한다. ArcGIS 내의 Model Builder는 그러한 과정들을 다이어그램 형태로 작성하고 분석과정을 여러 번 반복적으로 수행할 수 있기 때문에 변수의 조정이나 파일의 변경 등이 쉽다. 앞으로 수행하게 될 다양한 GIS 공간분석과정은 Model Builder를 이용하여 작성할 경우 분석과정에 대한 체계적인 이해를 도울 수 있으며 피드백을 통한 오류수정이 용이하게 될 것이다.

또한 GIS 분석에서 분석과정을 다이어그램으로 작성하는 것은 전체 분석과정상의 오류를 파악하고 개선하기 위한 가장 기본적인 절차이며, 가장 중요한 부분이다. 따라서 GIS 분석 시 분석과정을 구체적인 다이어그램으로 작성하고 검증하는 습관을 가질 필요가 있다.

# 1. Model Builder의 구성

## 1.1. Model 생성

① 새로운 Model을 만들기 위해 ArcToolbox의 공백 부분에 오른쪽 클릭 후 Add Toolbox 를 선택한다. 새 창에서 New Toolbox를 선택하면 새로운 도구상자가 생성되는 것을 확 인할 수 있다. 생성된 도구상자의 명칭을 Toolbox로 설정한 후 open을 클릭한다.

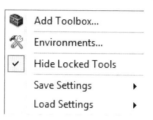

**참고** 모델은 반드시 상위 폴더인 도구상자 안에 포함되어야 한다. 따라서 새로운 모델 또는 도구 를 추가하거나 작성하기 위해서는 상위 폴더인 도구상자를 생성한 후 하위에 모델과 도구를 두어 야 한다. 실제 저장된 모델들의 목록은 ArcCatalog에서 확인할 수 있다.

② 새로운 Model을 만들기 위해 Toolbox에서 마우스 오른쪽 버튼 클릭 후 New>Model을 선택한다. 다음 그림과 같이 모델창이 활성화되는 것을 확인할 수 있다.

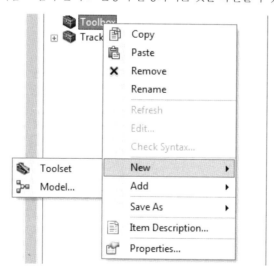

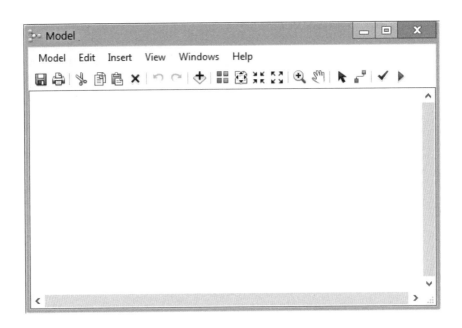

| 구분 | 내용 |
|---|---|
| Model | 모델 실행, 유효성 검사, 메시지 보기, 저장, 인쇄, 가져오기, 내보내기 및 닫기, 모델 속성 설정 등 |
| Edit | 자르기, 복사, 붙여넣기, 삭제, 모델 파라미터 선택 |
| Insert | 데이터·도구 추가, 변수 생성, |
| View | 확대, 축소, 사용자 비율 설정, 자동 레이아웃 등 |
| Window | 별도의 개요창을 이용하여 모델 전체보기를 하거나 특정 부분을 확대·축소 |
| Help | Model 구현을 위한 도움말 보기 |

③ 모델의 기본 환경설정을 위해 Model>Model Properties를 클릭하여 창을 활성화한다.

④ General 탭에서 Name, Label 등을 입력한다(모델명을 정할 때 띄어쓰기는 허용되지 않는다).

⑤ Toolbox나 data의 위치가 변동됐을 경우를 대비하여 Store relative path names를 반드시 체크한다.

⑥ Environment 탭을 클릭하고 Processing Extent 하위의 Extent, Workspace 하위의
Current Workspace, Scratch Workspace를 체크한다.

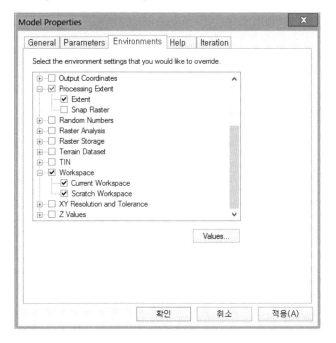

⑦ Values를 클릭하고 Workspace의 작업공간을 실습폴더인 'ch15'의 위치로 설정하고 분석영역(Extent)은 실습폴더 내의 *site.shp* 파일과 동일하게 설정한다.

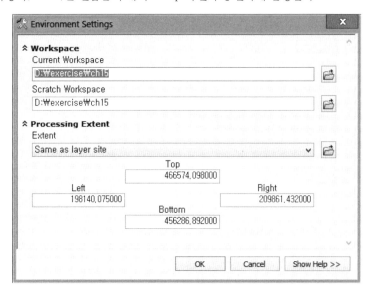

⑧ 모델 메뉴에서 Save를 클릭하여 최종 모델 환경을 저장하고 ArcMap을 종료한다.

## 1.2. 저장된 Model 불러오기

① ArcGIS를 실행한다. Toolbox 창 빈 곳에 마우스 오른쪽 버튼 클릭 후 Add Toolbox를 선택하고 Toolbox들의 저장경로인 Toolboxes>My Toolboxes에서 앞서 만들어 놓은 Toolbox를 불러온다.

**참고** 툴박스나 모델은 MXD로 저장하더라도 다시 해당 MXD 파일을 불러와도 활성화되어 있지 않다. 따라서 별도로 저장된 툴박스와 모델을 불러와야 한다.

② Toolbox 하위의 Model을 확인한다. 오른쪽 클릭 후 Edit를 선택하면 모델창이 활성화
되고 모델의 수정 및 구동이 가능해진다.

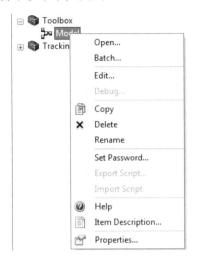

참고 표준메뉴(Standard Menu)의 Start Model Builder( )를 이용하여 새로운 모델의 생성 및
저장, 수정이 가능하다. 그러나 저장 경로를 Toolbox로 지정하지 않을 경우 경로 에러가 발생한다.


## 2. Model을 활용한 간단한 적지분석 실습

앞서 작성한 모델을 이용하여 간단한 적지분석을 실습해보자. 본 과제에서 Model
Builder를 이용한 분석사례는 대단위 자원 재활용 단지의 입지선정 문제이다. 입지
선정 기준은 다음과 같이 주어졌다.

• 자원 재활용 단지는 평균표고 100m 이하인 지역에 위치해야 한다.
• 주거지로부터 최소한 300m 이상 이격되어야 한다.
• 최소면적 1,000,000m 이상 확보해야 한다.

제공된 실습자료는 다음과 같다. 이제 위 조건에 부합하는 지역을 찾아내기 위해
Model Builder를 이용하여 적지분석 Model을 구축할 것이다.

| 자료명 | 내용 |
|---|---|
| site.shp | 대상지 |
| elevation.shp | 대상지 평균표고 |
| residential.shp | 대상지 주거지역 |

① Model Builder상에서 실습폴더의 *site.shp*, *elevation*, *residential.shp* 파일들을 불러온다.

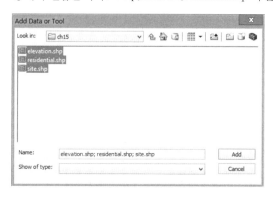

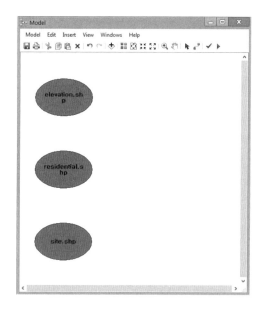

② 우선 첫 번째 조건을 만족시키기 위해 Select 명령을 이용하여 표고파일(*elevation.shp*)에서
100m 이하인 지역을 추출할 것이다. ArcToolbox의 Analysis Tools>Extract의 Select를
선택한 후 모델창으로 드래그하면 모델창에 Select가 나타나는 것을 확인할 수 있다.

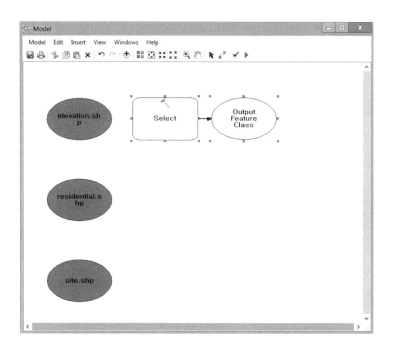

③ Select를 선택하고 마우스 오른쪽 버튼 클릭 후 Open을 선택하면 Select 기능을 수행하 기 위한 파일과 결과파일을 입력할 수 있다.

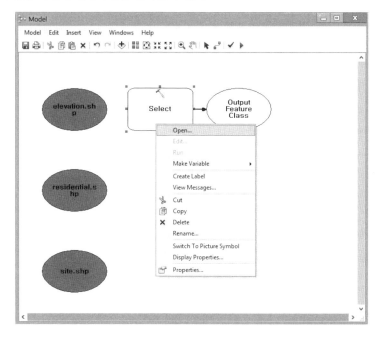

④ 아래 그림과 같이 평균표고에 대한 조건을 입력한다. 생성될 파일의 이름은 *elevation_*
*Select*로 한다. Expression 항목에 평균표고 조건을 입력하고 OK버튼을 누르면 모델창의
*elevation*과 Select 기능이 연결되면서 색상이 변하는 것을 확인할 수 있다.

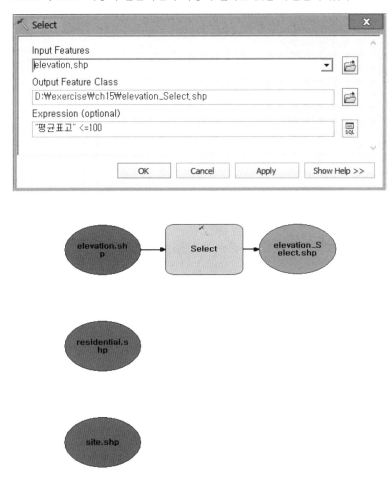

⑤ 다음 조건인 주거지로부터 300m 이격된 지역을 찾기 위해 ArcToolbox의 Analysis
Tools>Proximity의 Buffer를 선택하여 모델창으로 드래그한다. 드래그된 Buffer 도구
를 더블클릭하고 이격거리 조건인 '300'을 입력한다. 생성될 파일의 이름은 *residential_*
*Buffer*로 하고 반드시 Dissolve Type을 All로 한다.

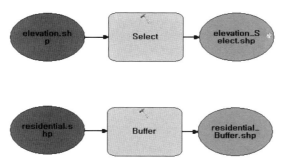

⑥ 다음으로 첫 번째와 두 번째 입지조건을 모두 만족하는 지역을 찾아보자. 두 가지 조건
   을 모두 만족하기 위해서는 평균표고 이하인 지역에서 주거지로부터 300m 이내인 지
   역을 제외하면 된다. 이를 위해 ArcToolbox의 Analysis Tools>Overlay의 Erase를 모델
   창으로 드래그하여 활성화한다.

⑦ Erase 도구를 더블클릭하여 입력창을 활성화한 후 Input Features로 *elevation_Select*를,
   Erase Features로 *residential_Buffer*를 선택한다. 결과파일은 *Erase.shp*로 한다.

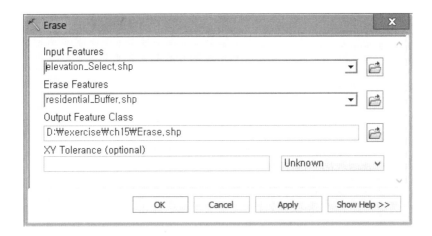

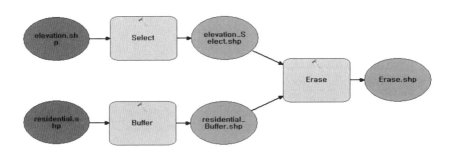

⑧ 면적 산출을 위해 *Erase.shp*를 대상으로 중첩으로 인해 조각난 지역들을 묶어줄 필요가
있다. 이를 위해 ArcToolbox에서 Data Management Tools>Generalization의 Dissolve
를 모델창으로 드래그한다.

⑨ Dissolve 도구를 더블클릭하고 Input Feature로 *Erase.shp*를, Output Feature Class로
*Erase_Dissolve.shp*를 설정한다. 이때 반드시 Create multipart features(optional)의 체크를
해지한다.

참고 Create multipart features(optional)는 Dissolve 후 필드의 형태를 결정하는 옵션이다. 체크가 되어 있을 경우 모든 도형데이터가 통합되어 한 개의 레코드만을 생성하게 된다.

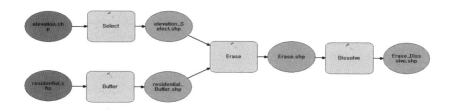

⑩ 이제 마지막 조건인 면적 1,000,000㎡ 이상인 지역을 찾아야 한다. 각 개체별 면적을 계산하기 위해 ArcToolbox의 Spatial Statistics Tools>Utilities에서 Calculate Areas를 모델창으로 드래그하여 활성화한다. Input Feature Class로 *Erase_Dissolve*를 선택하고 결과파일은 *area.shp*로 한다.

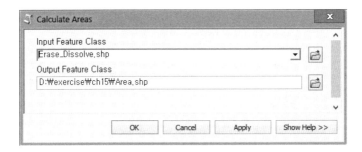

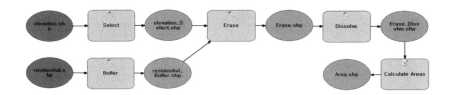

⑪ ArcToolbox의 Analysis Tools>Extract의 Select를 다시 모델창으로 드래그하여 활성화
한다. Input Features로 *area*를 선택하고 결과파일을 *result.shp*로 한다. 최종 조건인 면적
1,000,000㎡ 이상인 지역을 선택하기 위한 구문으로 'f_area>=1000000'을 키보드로
직접 입력한다.

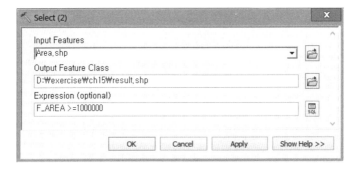

참고 Calculate Areas를 실행하면 속성파일에 F_AREA라는 필드가 생성되고 면적이 입력된다.
따라서 면적을 찾기 위한 SQL 구문은 'f_area>=1000000'이 된다.

⑫ 최종결과를 확인하기 위해 *site.shp*와 *result.shp*에 마우스 오른쪽 버튼을 클릭 후 Add to
Display를 선택한다. 중간 단계별 결과를 확인하고 싶다면 해당 파일을 선택하여 마우
스 오른쪽 버튼을 클릭 후 Add to Display를 하면 분석 수행과 함께 결과를 확인할 수
있다.

⑬ Model 메뉴에서 Run Entire Model을 선택하여 지금까지 작성한 모델을 구동한다. 각
단계별로 기능이 수행될 때마다 다이어그램의 색상이 변하는 것을 볼 수 있다. 완성된
모델을 저장한다. 최종 완성된 모델과 결과파일은 다음과 같다.

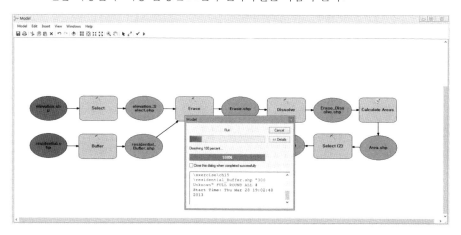

참고 각 단계의 절차가 이상 없이 종료되면 해당 파일 및 분석기능 다이어그램 밑으로 그림자가
생성되는 것을 확인할 수 있다.

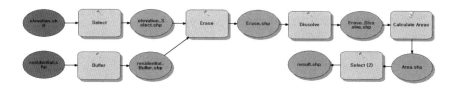

# GIS를 이용한 주거환경의 질 평가

정해진 의사결정 규칙에 의거하여 공간적인 답을 제시하는 데 GIS는 유용하게 활용될 수 있다. 한 예로 도시 내 주거환경의 수준을 체계적으로 평가하여 정비가 요구되는 지역을 파악하는 데 GIS가 활용될 수 있다. 제시된 그림은 주거환경에 대한 정비가 필요한 지역을 도출하는 과정상에 입력된 GIS 정보와 중첩과정을 보여준다. 각 입력변수에 의거하여 정해진 등급구간에 따라 등급을 부여하고 이를 중첩하는 방식을 통해 최종적인 주거환경의 질적 수준을 양호와 불량으로 구분하여 도출하고 있다. 이 같은 GIS를 이용한 유형화 방법은 전문가의 직관이나 단편적 판단에 의존하던 기존의 방법에 비해 체계적이고도 합리적인 대안이 될 수 있다.

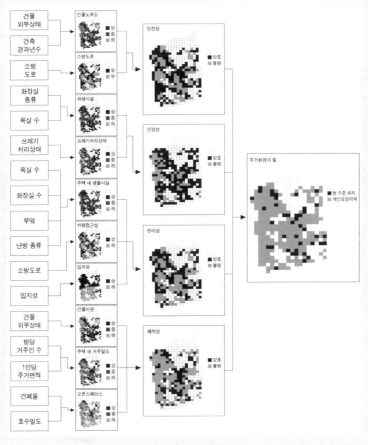

주거환경의 질 평가

이러한 분석과정은 ArcGIS의 Model Builder와 같이 입력자료에 독립적인 논리체계를 가지고 있기 때문에 입력되는 GIS 자료의 형식이 시스템에 부합된다면 다른 지역에서도 동일하게 적용할 수 있으며 피드백 과정을 통해 중간 분석과정상의 변수값을 조정할 수 있는 장점이 있다.

☞ 관련 내용은 1996년 ≪한국GIS학회지≫ 4권 2호에 게재된 「GIS를 이용한 도시주거환경의 평가 및 정비지구 유형화」(오규식·이왕기·정연우)를 참조하기 바람.

# 제4부

## 공간분석의 활용 II

# 제16장

# 인접성 분석

## 1. 최소비용경로 분석(Least-Cost Path Analysis)

최소비용경로 분석은 비용표면(cost surface)을 따라 최소의 비용으로 이동할 수 있는 경로를 파악하는 것으로서 이를 시행하기 위해서는 출발지와 목적지 간의 가능한 모든 경로상의 비용값을 산정해야 한다. 여기서 '비용'의 개념은 이동성을 뜻하는 것으로 험준한 산지는 평지의 포장된 도로에 비해 이동성이 낮아 상대적으로 높은 비용을 가지고 있다고 설명할 수 있다. 주로 신규도로 건설계획, 녹지네트워크 계획 등을 수립하면서 최적 경로를 찾고자 할 때 사용되는 분석 모듈이며 래스터 형식의 자료가 기본적으로 사용된다.

여기에서는 경기도 ○○시를 대상으로 생태네트워크 계획을 수립하고자 한다. 특히 대상지의 북쪽에 위치하고 있는 *core1*과 남쪽에 위치하고 있는 *core2*를 연결하여 녹지네트워크의 기본 골격을 형성하고자 한다. 주어진 자료 *core1*과 *core2*를 연결하기 위한 비용표면을 생성하고 이를 효과적으로 연결하기 위한 최소비용경로를 도출할 것이다. 실습을 위해 준비된 자료는 다음과 같다.

| 자료명 | 파일형태 | 내용 |
|---|---|---|
| ecomap | grid | 대상지 생태자연도 |
| landcover | grid | 대상지 토지피복 대분류 |
| core 1 | shp | 녹지1 |
| core 2 | shp | 녹지2 |

## 1.1. 모델설정

① 제공된 실습자료를 모두 불러온다.

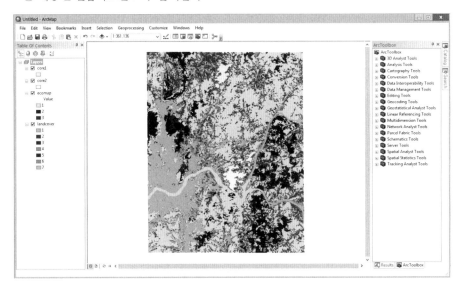

② 표준메뉴의 Start Model Builder(🖳)를 클릭하여 새로운 모델을 작성하고 Model 메뉴
에서 Model Properties를 클릭한다.

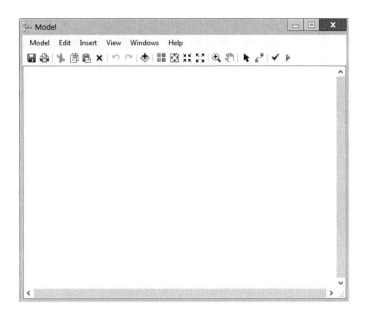

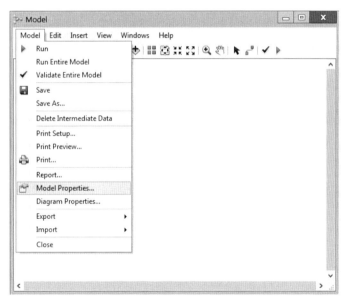

③ General 탭에서 모델의 이름을 network라고 입력하고 Label 란에 'find best route'라고
  입력한다. 또한 toolbox나 data의 위치가 변동됐을 경우를 대비하여 Store relative path
  names를 체크한다.

④ Environment 탭을 클릭하고 Processing Extent 하위의 Extent와, Raster Analysis Setting
  하위의 Cell Size를 체크하고, Workspace 하위의 Current Workspace, Scratch Workspace
  를 체크한다.

⑤ Values를 클릭하고 다음과 같이 모델환경을 설정하고 OK를 클릭하여 모델설정 창을
   닫는다.

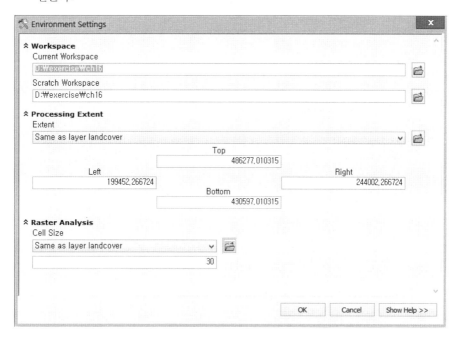

⑥ 모델을 저장하기 위해 모델 메뉴에서 Save를 클릭하고 My Toolboxes에서 Add Toolbox
   ( )를 클릭하여 새로운 Toolbox를 생성한다.

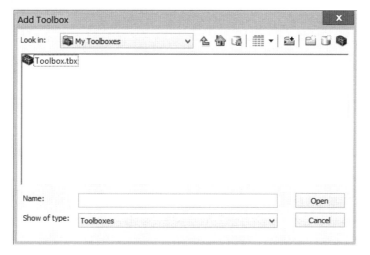

⑦ 생성된 Toolbox에 최종 모델 환경을 저장한다.

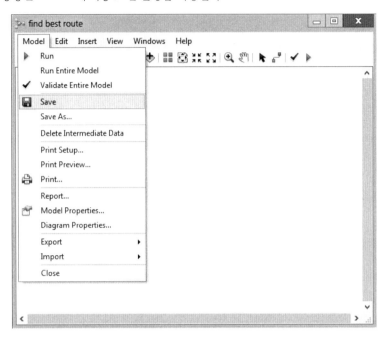

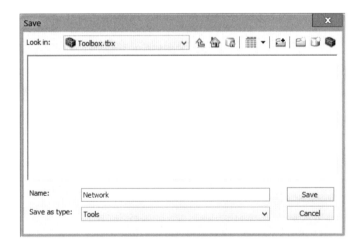

⑧ Toolbox를 불러오기 위해 ArcToolbox 내 공백에서 오른쪽 버튼을 클릭한 후 Add
Toolbox를 클릭하여 방금 저장한 Toolbox를 오픈한다.

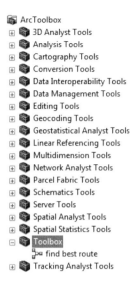

## 1.2 비용표면(Cost Surface) 생성

비용표면에서 각 셀값이 의미하는 것은 특정 객체가 이동할 때 저항으로 작용하는 값을 나타낸다. 저항값으로 지형 또는 토지피복 특성 등 다양한 요소들을 고려할 수 있다. 여기에서는 생태자연도와 토지피복도를 중첩하여 비용표면을 생성한다. 생태자연도와 토지피복 간의 가중치는 7(생태자연도):3(토지피복)을 적용한다.

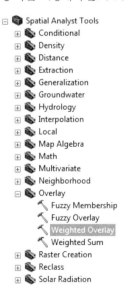

① ArcToolbox의 Spatial Analyst Tools>Overlay의 Weighted Overlay를 드래그하여 모델 창에 위치시킨다.

② Weighted Overlay 툴을 활성화한다. 현재 evaluation scale이 기본값으로 1~9로 설정되어 있다. 분석에 이용할 토지피복도는 7개 분류로 되어 있기 때문에 Evaluation scale을 다음과 같이 1~7로 변경한다.

③ Add Raster Row( ✚ )를 버튼을 클릭하여 ecomap을 Input raster로 선택하고 Input field는 Value로 선택하고 OK를 클릭한다. Weighted Overlay 창이 활성화되고 Scale Value가 ecomap의 Value 값과 동일하게 나타난 것을 확인한다.

④ 현재 제공된 생태자연도는 대상지의 녹지지역만 표시되어 있기 때문에 녹지 외의 지역
은 NODATA로 분류된다. 따라서 NODATA로 할당된 지역에 대한 처리가 필요하다.
이 분석에서는 NODATA 지역에 대하여 7로 값을 할당한다.

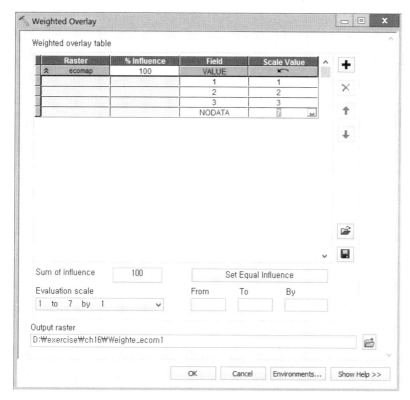

⑤ Add Raster Row ( ✚ )를 클릭하여 input Raster로 *landcover*를 선택한다. 현재 토지피복
도는 분석을 위한 값을 갖고 있지 않기 때문에 피복별 새로운 값을 부여해야 한다. 다음
과 같이 Scale Value에 값을 입력한다.

| 토지피복 | 재분류 값 |
|---|---|
| 시가화지역 | 7 |
| 농지 | 5 |
| 산림 | 1 |
| 초지 | 2 |
| 습지 | 4 |
| 나지 | 5 |
| 수역 | 3 |

**참고** NODATA: 실제 값이 입력되어 있지 않은 경우 NODATA로 분류되는데 이렇게 되면 분석 시 가장 낮은 수치로 인식하여 잘못된 결과가 도출된다. 이를 방지하기 위해 사전에 NODATA 지역에 대해 특정 값을 부여하기도 한다. 따라서 분석 전에 반드시 NODATA로 분류된 지역이 있는지 확인하도록 한다.

⑥ 이 분석에서는 생태자연도와 토지피복 간의 가중치가 7:3이라고 가정하기 때문에 Influence에 각각 70과 30을 입력하고 *cost_surface*를 생성될 도면명으로 설정한 후 OK를 클릭한다.

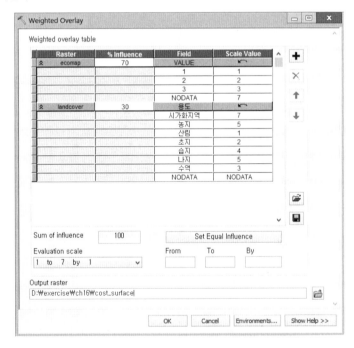

⑦ 모델창에서 *cost_surface*에서 마우스 오른쪽 버튼을 클릭한 후 Add Display를 체크하여
  분석 과정에서 도면에 나타나도록 설정한다.

도면중첩에 의한 비용표면(cost_surface)

## 1.3 비용거리(Cost Distance) 실행

앞서 작성했던 비용표면(*cost_surface*)을 이용하여 비용거리(Cost Distance)를 작성해
보도록 한다. 실습을 통해 생성될 도면(back_link)은 출발지점을 기준으로 각 셀까지
의 거리와 저항이 고려된 도면이다.

① Spatial Analyst Tool>Distance>Cost Distance를 선택하여 실행한다.
② Cost Distance 도구를 열어서 Input raster or feature source data를 *Core1*로 선택한다.
③ Input cost raster로는 *Cost_surface*를 선택하고 생성될 도면명을 *Cost_distance*라고 부여하
  고 backlink raster의 도면 이름을 *back_link*로 부여한다.

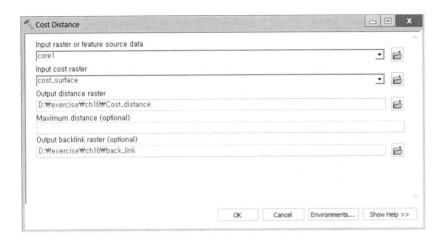

④ 메뉴창 아래의 Environments를 클릭한다. Processing Extent를 *landcover*로 설정하고 Raster Analysis에서 Cell Size는 *ecomap*과 동일하게 30으로 설정한다.

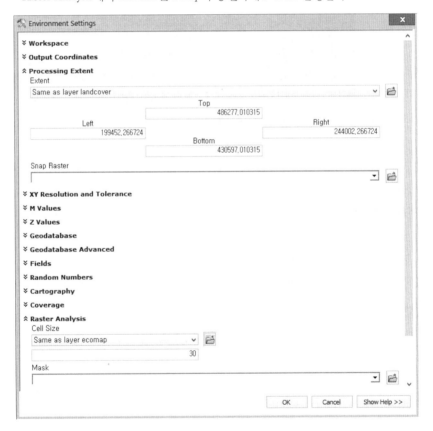

⑤ 새로 생성될 *Cost_distance*와 *back_link*가 작업창에 나타나도록 Add to Display를 체크하고 Cost Distance를 실행한다. *Cost_distance* 도면은 *core1*로부터 각 셀까지의 누적비용을 나타낸 것으로 각 셀까지 소요되는 비용을 의미한다. *back_link*는 각 셀로부터 *core1*까지 이동하는 방향을 의미한다.

Cost Distance 실행 결과(좌: cost_distance, 우: back_link)

## 1.4 최적 경로(Cost Path) 분석

이 실습의 마지막 단계로서 *core1*부터 *core2*까지의 최적 경로를 찾는 분석을 실시한다.

① Spatial Analyst Tools>Distance>Cost Path를 모델창으로 드래그한다.

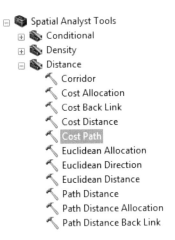

② Cost Path를 열고 Input raster or feature destination data를 *core2*로 선택한다. Input cost distance raster는 *cost_distance*로 선택한다.

③ Input cost backlink raster로 *back_link*를 선택하고 생성될 도면 이름을 *cost_path*로 부여한다.

④ 최적 경로를 한 개만 찾기 때문에 Path type을 BEST_SINGLE로 선택하고 OK를 클릭한다.

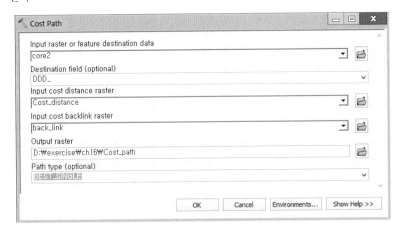

⑤ 분석결과가 화면에 나타나도록 설정하고 Cost Path를 실행한다. 분석결과를 확인하기 위해 *cost surface*, *back_link*는 도면창에 보이지 않도록 설정한다. 분석된 도면은 *Core1*부터 *Core2*까지 녹지네트워크를 결정하기 위한 최적 경로라 할 수 있다.

분석결과

⑥ 마지막으로 래스터 데이터를 polyline으로 변환한다. ArcToolbox의 Coversion Tools>
   From Raster에서 Raster to Polyline을 선택하여 모델창으로 드래그한다.

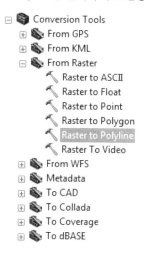

⑦ Raster to Polyline을 열어 Input Raster를 *Cost_path*로 하고 field는 디폴트값인 VALUE
   로 선택한다. 변환될 polyline의 도면명을 *new_network*라고 부여하고 OK를 클릭한다.
   분석결과가 작업창에 나타나도록 설정하고 Raster to Polyline을 실행한다.

최종분석 결과

## 2. 이용권역 분석

GIS 분석에서 래스터 자료를 이용한 이용권역 분석은 일명 '직선거리 분석'이라고 하기도 한다. 여기에서는 래스터 기반의 이용권역 분석을 수행할 것이다. 이 실습을 수행한 후 제17장 「네트워크 분석」의 이용권역 분석과 비교해보기 바란다.

① 실습폴더에서 래스터 파일인 *base*와 공원정보를 담고 있는 *park_polygon.shp*을 불러온다.

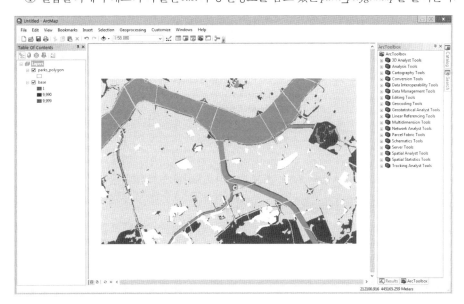

② *base* 파일에는 하천과 녹지지역의 값으로 각각 9999와 9990의 저항값이 입력되어 있으며 그 외 지역은 모두 1이 입력되어 있다.

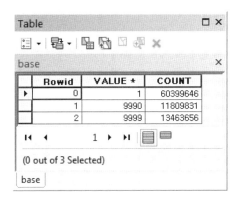

③ ArcToolbox의 Spatial Analyst Tools>Distance>Cost Distance를 실행한다.

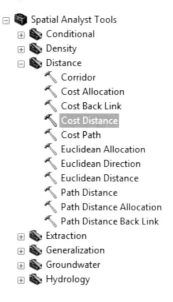

④ 입력 파일로 *park_polygon.shp*를, 비용 래스터로 *base*를 선택한다. 출력될 파일명은 *Cost_dist*로 하고 최대 거리는 '700'으로 입력한다.

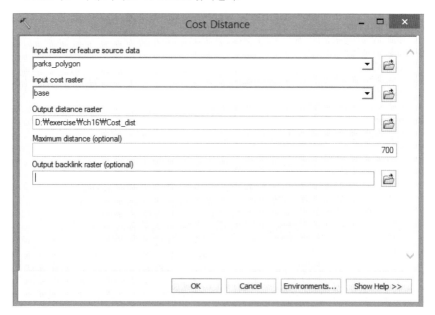

⑤ 메뉴창 아래의 Environments를 클릭한다. Processing Extent를 *base*로 설정하고 OK를 클릭한다.

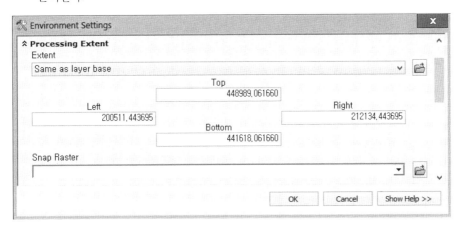

⑥ 다시 Cost Distance 창으로 돌아와 OK를 클릭하면 분석이 실행된다. 분석완료 후 생성된 파일을 살펴보면, 하천과 산지를 피해 공원을 중심으로 700m의 이용권역이 생성된 것을 확인할 수 있다.

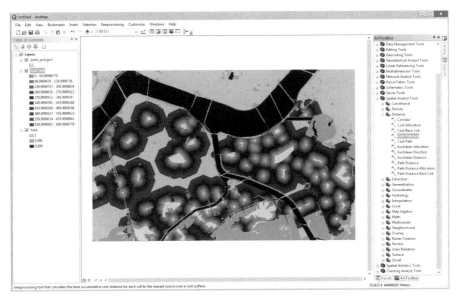

# 도시 생태네트워크 설정을 위한 GIS 분석기법의 활용

현행 도시계획이나 환경보전계획에서 구상 수준에 머무르고 있는 도시 생태네트워크에 대한 과학적 접근의 필요성이 부각되고 있다. 이러한 측면에서 경관생태학은 생태네트워크를 계획할 때 유용하게 활용될 수 있다. 녹지와 산림과 같은 경관의 구조와 기능에 대한 검토를 통해 생태적 문제를 해결하기 위해 동물 혹은 식물의 서식공간뿐만 아니라 생태계 내의 기능적 관계를 종합적으로 연구하는 것이 경관생태학의 주 내용이다.

생태네트워크 설정에 GIS 분석기법이 중요한 역할을 할 수 있다. 생태네트워크 설정을 위한 GIS 분석과정은 다음과 같다. 첫째, 생태네트워크의 주요 골격을 형성하는 핵심녹지를 환경적으로 가치가 높은 지역들을 중첩하여 추출한다. 둘째, 환경적으로 중요한 동식물의 서식지 분포자료를 이용하여 중요 녹지를 파악하고, 중력모형(gravity model)을 적용한 연결성 평가를 통해 연결녹지 도입이 필요한 지역을 도출한다. 셋째, 최소비용경로분석(least-cost path analysis)을 통해 파편화된 녹지를 연결하기 위한 최적의 경로를 도출한다. 마지막으로 도시 생태네트워크 분석결과와 현재 토지이용과의 비교를 통해 분석결과를 검증한다.

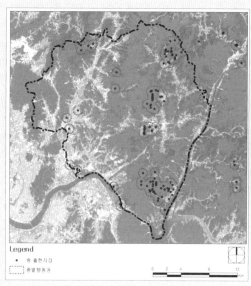

희귀종 및 포유류의 서식처

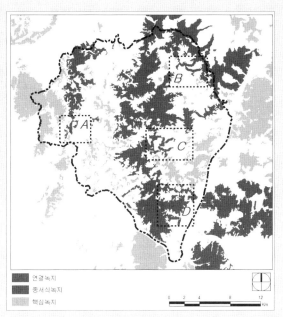

최소비용경로를 이용한 연결녹지 분석결과

　이러한 GIS 분석기법은 중력모형과 최소비용경로분석 두 가지 방법을 생태네트워크 설정과정에 결합하여 녹지의 기본 특성과 서식종의 이동성을 동시에 고려하고, 연결녹지의 구체적 경로를 공간상에 제시할 수 있다는 장점을 가진다.

　☞ 관련 내용은 2009년 ≪한국GIS학회지≫ 17권 3호에 게재된 「도시 생태네트워크 설
　　정을 위한 공간의사결정지원체계에 관한 연구: 경관생태학 이론을 기반으로」(오규
　　식·이동우·정승현·박창석)를 참조하기 바람.

# 제17장

# 네트워크 분석

네트워크란 자원의 흐름을 통해 연결된 선형의 체계를 의미한다. 이러한 자원의 흐름은 선형의 연결상태와 다른 요소들과의 특성에 영향을 받는다. 그 예로 동일한 길이의 고속도로와 일반국도에서 속도의 차이가 나타나게 된다. 이 경우, 도로의 형태나 속도제한, 혼잡한 정도, 교통신호기의 존재 유무 등에 따라 각 도로에서 속도의 차이가 나게 된다. 이러한 모든 요소들을 GIS의 네트워크에 추가하여 현실적인 모형을 구축할 수 있다.

네트워크의 구성요소로는 연결(link), 장애물(barrier), 회전(turn), 중심점(center), 정지지점(stop) 등이 있다. 연결은 가로나 수로, 파이프와 같은 이동의 경로를 뜻하고, 장애물은 이동을 제약하는 것이고, 회전은 교차로에서의 모든 가능한 방향전환을 뜻한다. 그리고 중심점은 자원을 받거나 배분하는 곳으로 학교나 소방서, 호수 등이 이에 속한다. 이와는 반대로 정지지점은 자원을 취하거나 내리는 위치로 버스정류장이 그 예이다. 네트워크 분석에 필요한 또 다른 속성으로는 저항값(impedance)이 있다. 이는 링크에 부여되는 이동의 저항값을 의미하며, 이동의 시간, 거리, 속도 등의 속성을 그 내용으로 한다.

GIS에서 주로 사용되는 네트워크 분석은 최적 경로(Route)를 결정하는 것과 서비스 권역(service area)을 설정하는 것으로 구분할 수 있다. 이 중 최적 경로를 결정하는 것은 하나의 목적지 또는 여러 목적지를 찾아가는 최단 경로를 설정하는 것이고, 서

비스 권역의 설정은 정해진 거리 또는 시간 내의 지리적 영역을 설정하는 것으로, 소
방서의 출동시간 내 도달지역의 탐색, 공원의 이용권 분석 등이 포함된다.


## 1. Network Dataset의 구축

① ArcCatalog를 실행하고 실습파일인 *network.dxf*가 있는 실습폴더로 이동하자.

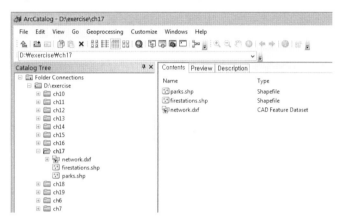

② *network.dxf* 파일을 더블클릭하면 나타나는 CAD 파일 내부의 *Polyline*에 마우스 오른쪽
버튼을 클릭한 뒤 Export>To Geodatabase(single)을 선택한다.

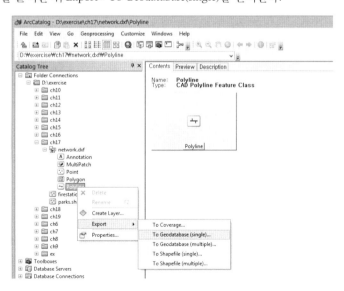

③ 저장위치와 파일명(*network.shp*)을 입력하고 OK를 클릭한다.

④ *network.shp*이 만들어진 것을 볼 수 있다. 마우스 오른쪽 버튼을 클릭하여 속성창 (Properties)으로 들어간 후 Fields 탭에서 맨 아래에 'Meters' 필드를 추가한다. 자료형 식은 Double로 한다.

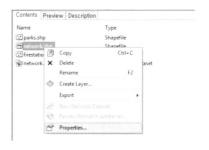

**참고** Network dataset을 구축하기 위해 인식되는 필드명은 Meters, Minutes, Oneway와 같이 정해져 있다.

⑤ 이제 ArcMap을 실행하고 *network.shp* 파일을 불러오자.

⑥ *network.shp* 파일의 속성테이블을 열고 meters 필드에 오른쪽 버튼을 클릭하고 Calculate Geometry를 클릭한다.

| DocType | DocVer | Meters | |
|---------|--------|--------|---|
| DXF | AC1024 | | Sort Ascending |
| DXF | AC1024 | | Sort Descending |
| DXF | AC1024 | | |
| DXF | AC1024 | | Advanced Sorting... |
| DXF | AC1024 | | |
| DXF | AC1024 | | Summarize... |
| DXF | AC1024 | | Σ Statistics... |
| DXF | AC1024 | | |
| DXF | AC1024 | | Field Calculator... |
| DXF | AC1024 | | Calculate Geometry... |
| DXF | AC1024 | | |
| DXF | AC1024 | | Turn Field Off |
| DXF | AC1024 | | Freeze/Unfreeze Column |
| DXF | AC1024 | | |
| DXF | AC1024 | | ✕ Delete Field |
| DXF | AC1024 | | Properties... |

⑦ Calculate Geometry에서 속성으로 Length를 선택하고 OK를 클릭하여 길이정보를 생성하자.

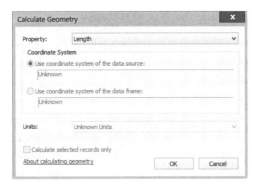

⑧ 각 단계를 거쳐 Network Dataset를 구축하기 위해 다시 ArcCatalog로 돌아가자. Network 분석을 수행하기 위해서는 ArcGIS의 Network Analyst Extension이 활성화되어야 한다. 메인 메뉴의 Tools>Extensions로 가서 Network Analyst를 체크하고 Close를 클릭한다.

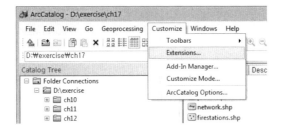

⑨ *Network.shp*에서 마우스 오른쪽 버튼을 클릭하여 New Network Dataset을 선택한다.

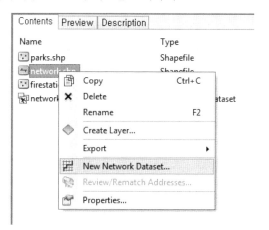

⑩ Network Dataset의 이름은 기본값은 *network_ND*로 하고 다음 버튼을 클릭한다.

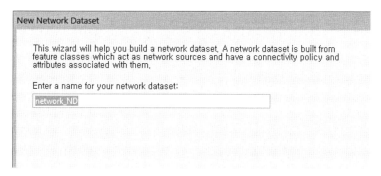

⑪ ArcGIS에서는 Turns(회전) 옵션도 적용가능하다. 회전 정보는 네트워크 분석의 수준
을 더욱 높일 수 있는 옵션이 된다. 여기에서 Turn은 설정하지 않는다.

참고 Global Turns에서 모든 좌회전은 15초가 소요되는 것으로 정의되어 있다. 이러한 규칙은 우회전을 더 선호하게 만든다. Global Turns의 장점은 네트워크상의 모든 개별 Turn feature의 규칙을 만들 필요가 없다는 것이다.

⑫ 네트워크의 연결은 기본적인 연결성 정의를 따르는 것으로 하고 다음 버튼을 누른다.

⑬ Network Analyst에서는 연결성을 정의할 때 높이값을 적용할 수도 있다. 두 지점의 높이값이 같을 경우에만 연결이 된 것으로 정의된다. ArcGIS에서는 높이값 정보가 들어 있을 것으로 판단되는 필드를 자동으로 검색하여 나타내준다. 실습파일은 높이값이 지정되지 않았기 때문에 기본값(No)으로 두고 다음 버튼을 클릭한다.

⑭ 네트워크에는 시간 또는 거리와 같은 Impedance(저항값)가 부여되어야 한다. Network Analyst에서는 Meters, Minutes(FT_Minutes, TF_minutes, 각 방향별 시간), Oneway(일방향)과 같은 공통필드를 찾아서 분석한다. 이미 작성된 Meters 필드를 검색하여 찾아주므로 다음 버튼을 클릭한다.

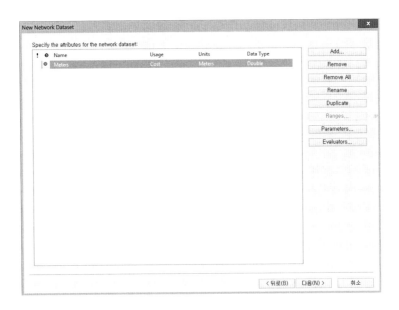

⑮ Driving Direction(운전 방향)에 대해서도 Network Dataset에 정의 가능하다. 여기에서
는 기본값을 이용한다.

⑯ 구축 마지막 단계에서는 지금까지 정의된 내용을 요약하여 보여준다.

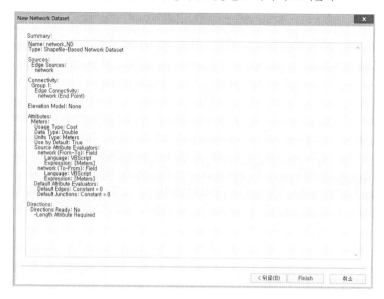

⑰ Network Dataset을 구축할 것인지를 묻는다. Yes를 클릭한다.

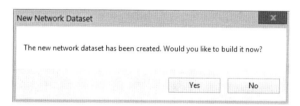

⑱ Network Dataset이 구축되면 선으로 구성된 *network_ND.nd*와 교차점인 *network_ND_Junction*이 만들어진다.

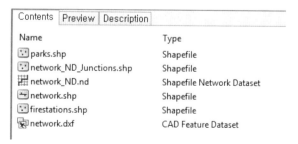

## 2. 최적 경로 탐색(Route)

구축된 Network Dataset을 이용하여 최적 경로를 탐색해보자. 최적 경로 탐색은 구축된 네트워크상의 출발점에서 도착점까지 저항값(시간, 거리 등)의 합이 가장 최소가 되는 연속된 링크(link)들을 찾아내는 과정을 말한다.

① ArcMap에서 구축된 Network Dataset인 *network_ND.nd*와 *network_ND_Junction*과 *network.shp* 파일을 불러온다. *network_ND.nd* 하나의 파일만 불러오게 되면 나머지 파일들도 함께 추가할 것인지 물어볼 것이다.

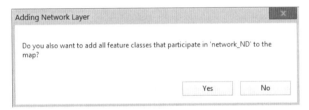

② 네트워크 분석이 가능하도록 Extension의 Network Analyst를 활성화시키고 Network Analyst 도구를 불러온다. Network Analyst Window가 보이지 않을 경우 Network Analyst 도구의 Network Analyst Window(□)를 클릭한다.

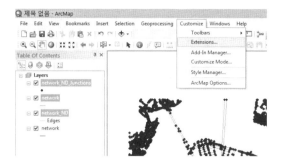

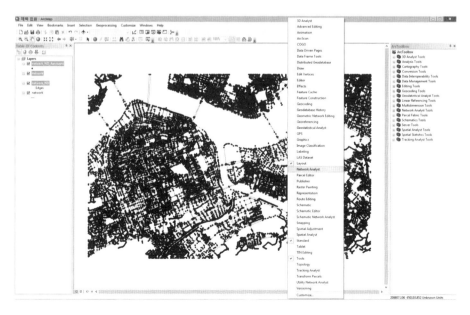

③ Network Analyst 도구에서 New Route를 클릭하면 Network Analyst Window상에 비어 있는 Stops, Routes, Barriers가 나타날 것이다. 또한 Table of Contents에도 새로운 레이어들이 추가될 것이다.

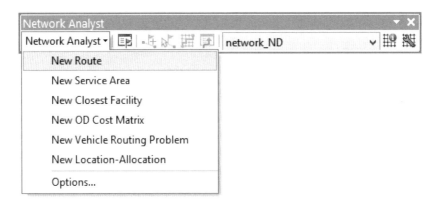

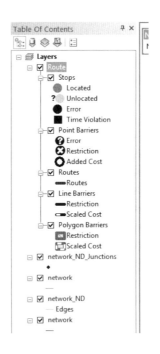

④ 이제 최적 경로상에 Stops를 추가할 것이다. Stops는 경로상에 반드시 거쳐야 하는 지점을 말한다. Network Analyst Window상의 Stops를 클릭하고 Network Analyst 도구에서 Create Network Location Tool( ▪🏴 )을 선택한다.

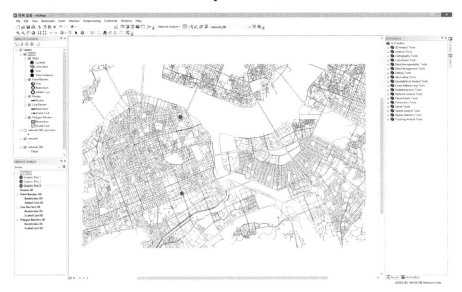

⑤ 도면상에 새로운 Stops가 들어갈 곳을 마우스로 클릭한다. 지정된 Stops의 번호가 매겨져서 Network Analyst Window에 나타날 것이다. 두 곳을 더 지정해보라. Stops의 순서는 Network Analyst window의 각 Stop들을 위아래로 드래그하여 변경 가능하다. 만약 Stop이 네트워크상에 선택되지 않을 경우 'unlocated' Symbol로 표현되며 이때는 Select/Move Network Location Tool( 🔄 )을 이용하여 선택과 이동이 가능하다.

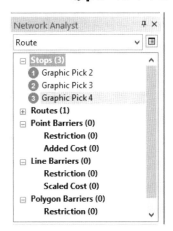

⑥ Network Analyst Window의 Route Properties 버튼(▥)을 클릭한다.

⑦ Layer Properties 창이 뜨면 분석과 관련된 여러 가지 속성들을 정의할 수 있다. Analysis Setting 탭에서 Impedance를 Meters로 입력한다. 아래의 Time과 관련된 사항은 특정 시간에 Stop을 방문할 때에 사용하는 것으로 여기에서는 이용하지 않는다. 회전과 관련된 사항으로 모든 위치에서 U-turn이 가능한 것으로 설정하고, 결과물은 'True shape'로 한다. 네트워크상에 있지 않은 Stops는 무시하는 것으로 하고 OK 버튼을 클릭한다.

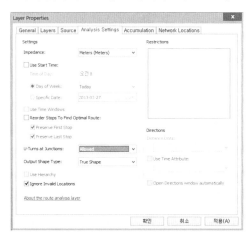

⑧ Solve 버튼(▦)을 클릭한다. 세 곳을 연결하는 Route가 그려지고, Network Analyst Window에도 Route가 하나 추가될 것이다.

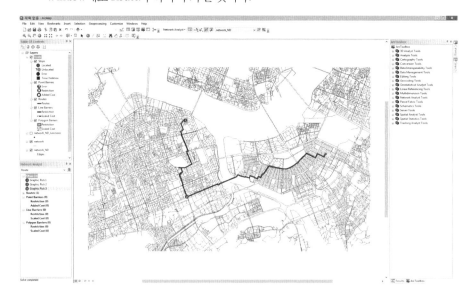

⑨ 이번에는 Barriers를 지정해서 대안 경로를 산출할 것이다. 경로상에 정확히 Barrier를 설치하려면 분석 대상지의 경로를 확대하여 살펴봐야 한다. Network Analyst Window 의 Barriers를 선택하고 Create Network Location Tool( )를 이용하여 Barrier의 위치를 지정한다.

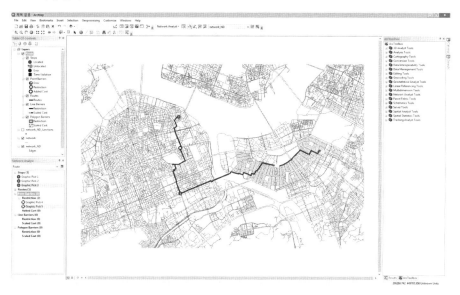

⑩ 마찬가지로 Solve 버튼( )을 클릭하면 Barrier가 고려된 대안 경로가 분석될 것이다.

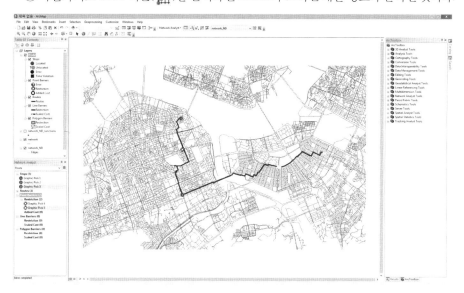

⑪ 도출된 Route는 Shape 파일로 저장이 가능하다. Network Analyst Window의 Routes에 마우스를 가져간 후 마우스 오른쪽 버튼을 누르면 Export Data가 나타난다.

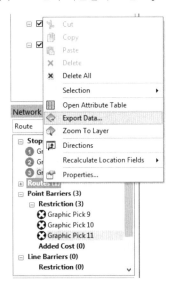

## 3. 이용권역(Service Area) 분석

여기에서는 공원의 이용권역(service area)을 분석할 것이다. 대상지에는 총 68개의 공원이 위치해 있다.

① Network dataset인 *netwrok_ND*와 공원정보가 담긴 *park.shp* 파일을 불러온다.

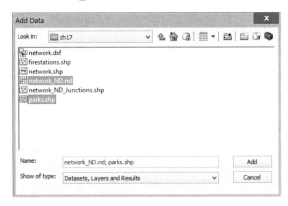

② Network Analyst 메뉴에서 New Service Area를 클릭한다.

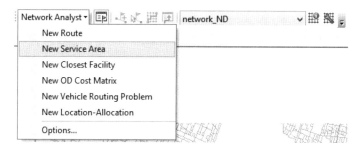

③ Network Analyst window의 Facilities를 마우스 오른쪽 버튼으로 클릭한 뒤 Load Locations를 선택한다. Load From에 Parks를 선택한 후 Location Position에 Use Geometry의 허용구간을 5 meters로 입력하고 OK를 클릭한다(Only show point layers 를 체크 해제하면 폴리곤 파일도 선택가능).

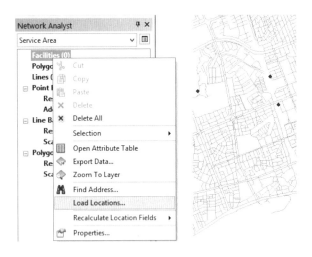

④ 이번에는 이동거리로 이용권역을 산출하기 위한 옵션들을 설정한다. Network Analyst
Window에서 Properties 버튼을 클릭한다.

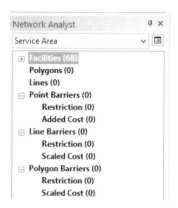

⑤ Analysis Setting 탭에서 Impedance는 Meters로, Default Breaks는 500m, 700m, 1,000m 내의 영역을 그리기 위해 '500 700 1000'과 같이 입력한다. 방향은 시설로부터 시작하는 Away From Facility를 선택하며 U-turn은 모든 지역에서 가능하도록 Allowed를 선택한다.

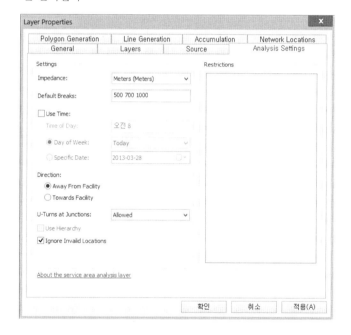

⑥ 이용권역 범위의 산정과 관련된 부분인 Polygon Generation 탭으로 가서 Generate Polygon이 체크되어 있는지 확인한다. Polygon Type에서는 Detailed를 선택하고 Trim Polygons를 체크한다. Trim Polygons는 못과 같이 튀어나온 부분을 잘라내기 위한 후

처리 과정이다. 또한 다른 시설의 이용권역과는 합쳐서 나타나도록(Merge by break value)하며 Ring 형태로 표현되도록 설정한다. 설정이 끝났으면 확인을 클릭한다.

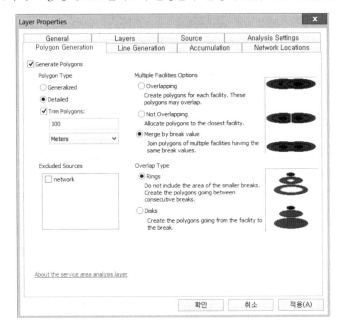

⑦ Solve 버튼(▦)을 클릭하여 이용권역 분석을 수행한다. 분석된 이용권역은 투명하게 표현되어 아래쪽에 도로망이 비칠 것이다.

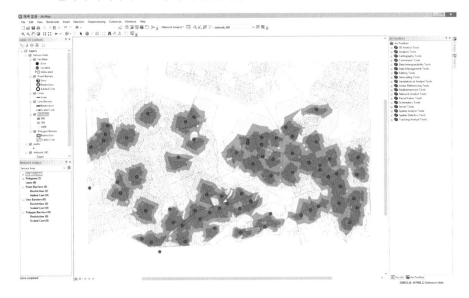

# 4. 최근린시설(Closest Facility) 분석

최근린시설 분석은 가장 가까이에 있는 시설물을 찾아내고 그 경로를 파악하는 것이다. 여기에서는 소방서 위치자료를 이용하여 사용자가 선택한 지점에서 가장 가까운 곳에 위치한 소방서를 찾는 실습을 할 것이다.

① 실습폴더에서 Network Dataset인 *network_ND*, 소방서 위치정보가 담긴 '*firestations.shp*'파일을 불러온다.

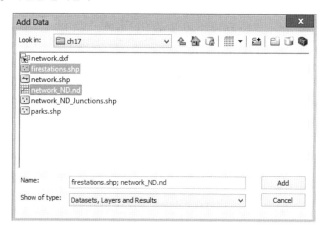

② Network Analyst 메뉴에서 New Closest Facility를 클릭한다.

③ Network Analyst window의 Facilities를 마우스 오른쪽 버튼으로 클릭한 뒤 Load Locations를 선택한다. Load From에 Firestations를 선택한 후 Location Position에 Use Geometry의 허용구간을 5 meters로 입력하고 OK를 클릭한다.

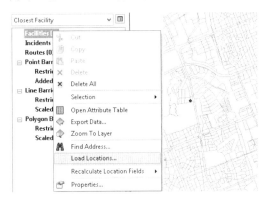

④ 이제 최적 경로상에 Incidents의 위치를 추가할 것이다. Incidents는 사건발생지점을 의미하는 것으로 여기에서는 화재발생지역이 된다. Network Analyst Window상의 Incidents를 클릭하고 Network Analyst 도구에서 Create Network Location Tool(◦⁴⁺)을 선택한다.

⑤ 도면상에 새로운 Incidents가 들어갈 임의의 지점들을 마우스로 클릭한다. 지정된 Incidents의 번호가 매겨져서 Network Analyst Window에 나타날 것이다. 만약 Incidents가 네트워크상에 선택되지 않을 경우 'unlocated' Symbol로 표현되며 이때는 앞서 실습한 Stops와 마찬가지로 Select/Move Network Location Tool(▶)을 이용하여 선택과 이동이 가능하다.

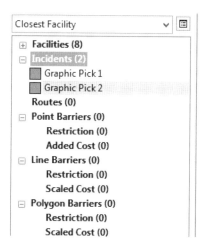

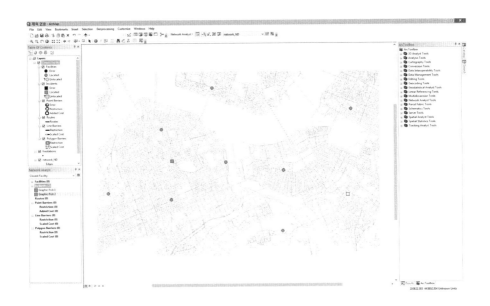

⑥ 시설물 검색과 관련된 옵션들을 설정하기 위해 Network Analyst window에서 Proper-
ties 버튼을 클릭한다.

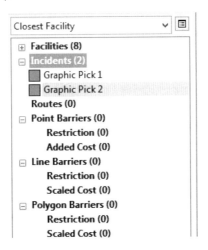

⑦ Analysis Setting 탭에서 Impedance는 Meters로, Default Cutoff Value는 <None>, 찾기
위한 시설의 수(Facilities To Find)는 1로 설정한다. 경로탐색방향(Travel From)은
Incident to Facility로 하고 모든 곳에서 U-Turn이 가능한 것으로 설정하기 위해
U-Turns at junctions는 Allowed로 선택하고 확인을 클릭한다.

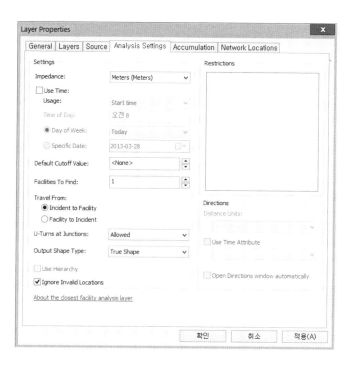

⑧ Solve 버튼( ▦ )을 클릭하여 최근린 분석을 수행한다. 분석된 경로가 선형으로 그려지
고 해당 소방서 명칭이 Routes에 나타날 것이다.

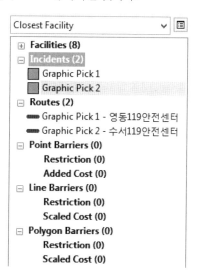

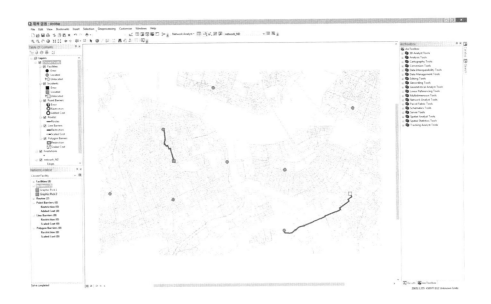

# 네트워크 분석을 이용한 도시공원 분포의 적정성 분석

도시공원의 양적 풍부함과 높은 활용도는 도시 경쟁력을 평가하는 중요한 척도로 이용된다. 이러한 관점에서 서울의 공원현황을 살펴볼 때, 통계자료상의 수치로는 동경, 런던, 뉴욕과 같은 해외 도시들과 비교해서 전혀 뒤지지 않는 면적과 수를 자랑한다. 그러나 시민들은 쉽게 이용할 수 있는 공원의 수가 상대적으로 부족하다고 느끼고 있으며, 그 원인으로 공원이 공간적으로 편중되어 분포해 있는 상태를 생각해볼 수 있다. 이 같은 문제는 GIS의 네트워크 분석(network analysis)을 통해 도시공원의 분포를 계량적으로 분석하여 파악할 수 있다.

GIS의 네트워크 분석기법에 필요한 자료는 크게 분석대상 공원의 위치, 네트워크 분석을 위한 보행경로, 이용자와 관련된 토지이용과 인구분포자료, 개발밀도로 구분된다. 이 중 보행경로는 수치지형도 및 교통지도를 이용하여 구축할 수 있으며, 주거지역과 상업업무지역에는 네트워크 자료를 구축할 때 생성되는 결절점(node)에 인구수 또는 연면적과 같은 지표를 배분할 수 있다.

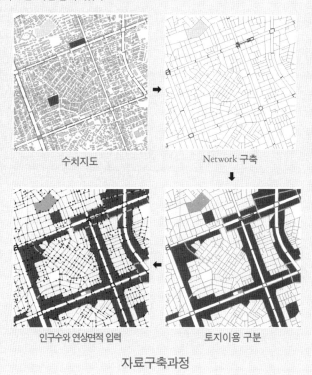

수치지도      Network 구축

인구수와 연상면적 입력      토지이용 구분

자료구축과정

분포의 적정성을 판단하기 위한 지표로 전체면적에 대한 이용권 면적비율(이용권 면적비), 주거지역 인구수(상주인구수)에 대한 이용권역 내 인구수의 비율(이용권 인구비), 상업업무지역 연상면적(유동인구수의 상대적 규모)에 대한 이용권역 내 연상면적 비율(이용권 연상면적비) 등을 이용할 수 있다.

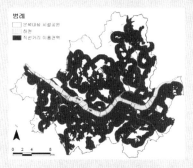
직선거리에 의한 이용권역
서울시 전체 면적의 81%

네트워크 분석에 의한 이용권역
서울시 전체 면적의 41%

서울시를 사례로 도시공원의 이용권역을 분석한 결과, 직선거리에 의한 공원이용권 면적(서울시 전체의 81%)은 실제 보행로와 장애요소를 고려한 네트워크 분석에 의한 공원이용권 면적(서울시 전체의 41%)과 큰 차이를 보였다. 이는 실제 이동경로와 이동상의 장애요인 등을 모두 적용한 결과로 직선거리에 비해 네트워크 분석에 의한 결과값이 실세계에 더욱 가깝게 모델링될 수 있음을 보여준다.

☞ 관련 내용은 2005년 ≪국토계획≫ 40권 3호에 게재된 「GIS 분석에 의한 도시공원 분포의 적정성 평가」(오규식·정승현)를 참조하기 바람.

# 제18장

# 위성영상의 활용

### 원격탐사(Remote Sensing)

원격탐사(Remote Sensing)란 멀리 떨어져 있는 대상물을 관측하는 기술로서 측정하고자 하는 목표물에 직접 접촉하지 않고 목표물에서 복사되어 나오는 전자파를 감지하여 그 물리적 성질을 측정하는 것을 말한다. 대상물로부터의 정보수집에는 대상물로부터 반사(reflection) 또는 복사(radiation)되는 전자파가 주로 이용되고 있다. 이외에 중력과 자력도 수단으로 사용되는 경우가 있는데, 이는 넓은 의미의 리모트 센싱에 포함된다.

리모트 센싱이란 용어는 1960년대 미국에서 만들어진 기술용어로, 이전에 사용되고 있던 사진측량, 사진판독, 사진지질 등을 종합하는 의미로 사용되기 시작했다. 특히 이 용어는 1972년 최초의 지구관측위성 Landsat이 발사되고부터 급속도로 보급되었다. 대상물로부터 반사 또는 복사되는 전자파 등을 수신하는 장치를 리모트 센서(remote sensor)라 하고 카메라와 스캐너 등이 여기에 해당한다. 그리고 이런 센서를 탑재하는 이동체를 플랫폼(platform)이라 하는데 항공기와 인공위성이 대표적인 예이다.

리모트 센싱에 의해 지표의 대상물과 현상을 판독·해석할 수 있는 것은 '모든 물체

| 위성 | 소유국 | 발사연도 | 센서 | 유형 | Channel 수 | 해상도(meter) |
|------|--------|----------|------|------|------------|----------------|
| Landsat-5 | US | 1984 | MSS | Multi | 4 | 82 |
| | | | TM | Multi | 6 | 30 |
| | | | | | 1 | 120 |
| Spot-4 | France | 1998 | VI | Multi | 4 | 1150 |
| | | | HRV | Multi | 4 | 20 |
| | | | | Pan | 1 | 10 |
| NOAA-15 (NOAA-K) | US | 1998 | AVHRR | Multi | 5 | 1110 |
| Landsat-7 | US | 1999 | ETM+ | Multi | 6 | 30 |
| | | | | | 1 | 60 |
| | | | | Pan | 1 | 15 |
| IKONOS | Space Imaging | 1999 | OCM | Multi | 4 | 4 |
| | | | | Pan | 1 | 1 |

* Multi: Multi-spectral, Pan: Panchromatic.

는 종류와 환경조건이 다르면 서로 다른 전자파를 반사 혹은 복사하는 특성을 가지고 있다'라는 물체의 전자파 특성에 기초하고 있다. 즉, 리모트 센싱이란 물체에서 반사되는 전자파의 고유성에 착안해서 전자파로 관측된 물체를 식별하거나 그것이 놓인 환경조건을 파악하는 기술이라고도 말할 수 있다.

### 인공위성과 센서

원격탐사를 위한 위성으로 Landsat, Spot, NOAA, IKONOS 등이 현재 운영되고 있다. 이 중 Landsat은 지구 최초의 탐사위성으로서 우수한 탐사능력으로 인해 학술연구분야에서 주로 이용되고 있다. Landsat 위성은 1972년 첫 발사 이후 현재 7호까지 발사되었으며 Landsat 7호기에는 공간해상도 30m를 지원하는 Multispectral Mode와 공간해상도 15m를 지원하는 Panchromatic Mode가 포함된 ETM+(Enhanced Thematic Mapper+) sensor가 탑재되어 있다.

Landsat은 약 705km의 고도에서 26,000km/h의 속도로 궤도를 돌고 있다. 또한 이 위성은 99분마다 한 번씩 궤도를 돌면서 위성에 탑재된 센서를 이용하여 수백만 개의 데이터를 기록한다. 이 센서는 RGB(적, 녹, 청) 채널을 사용하여 가시광선 영역의 컬러 사진을 촬영하며, 추가적으로 네 개의 적외선 채널을 갖고 있다. 한 scene의 사진은 각각 가로 185km, 세로 170km의 지역을 나타내며 관측된 Data는 185km × 170km의 scene으로 공급된다. 하루에 15회씩 지구를 회전하며, 동일지점을 통과하는 데 16일의 시간이 소요된다.

## 위성영상의 특징

인공위성에서 촬영된 이미지는 가시광선뿐 아니라 지표면에서 방출되는 다양한 특성을 가진 파장정보를 함께 담고 있다. 인공위성 영상에 담긴 파장특성을 분석할 수 있다면 매우 유용한 결과를 얻을 수 있다. 한 예로 적외선은 온도와 관련된 정보를 담고 있어 이를 분석할 경우 지구 표면의 온도변화를 파악할 수 있는 것이다.

인공위성 이미지 또한 래스터 구조로 이루어져 있기 때문에 추가적인 가공이나 정보의 생성은 도면대수에 의해 가능하다. 위성영상의 각 셀에는 저장된 파장값에 분석 수식을 적용시켜 온도와 같은 정보를 도출할 수 있다. 또한 각기 다른 파장값을 갖는 두 가지 이상의 영상을 이용하여 새로운 정보를 생성할 수도 있다. 다음의 표는 위성영상 분석분야에서 대표적으로 이용되는 Landsat 위성의 TM 센서를 통해 촬영한 이미지의 파장대별 특성을 나타낸 것이다.

Landsat 위성 TM 센서의 파장대별 응용분야

| 밴드(bands) | 파장대(μm) | 응용분야 |
|---|---|---|
| 1 | 0.45~0.52 | 연안수, 토양과 식물 구분, 활엽수와 침엽수 조사 |
| 2 | 0.52~0.62 | 식물의 활력도 조사 |
| 3 | 0.63~0.69 | 식물의 종류 구분 |
| 4 | 0.76~0.90 | 수역 추출 |
| 5 | 1.55~1.75 | 눈과 구름의 구분, 식물의 함수량 측정 |
| 6 | 10.4~12.5 | 온도 추출 |
| 7 | 2.08~2.35 | 암석 분포 |

## 1. 기하/정사 보정(Georeferencing)

위성영상 이미지는 센서에 의해 촬영된 일종의 사진으로 볼 수 있다. 따라서 좌표체계를 가지고 있지 않기 때문에 분석할 도면의 축척과 위치에 맞도록 변형하는 작업이 필요하다. 이때 하는 작업이 기하보정으로 GCP(Ground Control Point)를 설정하여 지도와 영상이미지의 위치를 맞추는 작업이다.

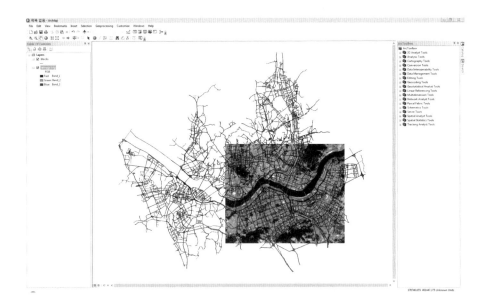

① 보정을 위한 위성영상 파일인 *rsimage.img*와 기준으로 참조할 파일인 *blocks.shp* 파일을
불러온다.

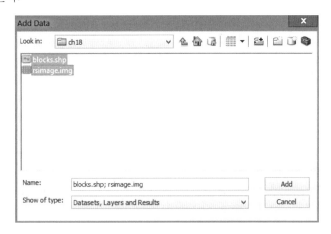

② 불러온 위성영상은 Red, Green, Blue의 세 가지 밴드(Band)에 의해 색상이 표현된 것을
알 수 있다. 그러나 각 색상에 맞지 않는 밴드가 설정되어 있기 때문에 이를 수정해보
자. Table of Contents의 *reimage.img*를 더블클릭하여 Symbology 탭으로 가자. 각
Channel에 해당하는 밴드값을 바르게 설정하고 확인을 클릭한다(Red: Band3, Green:
Band2, Blue: Band1).

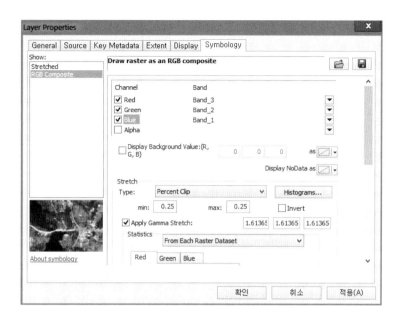

③ 위상영상을 *block.shp* 파일의 좌표를 기준으로 보정하자. 이를 위해 메인 메뉴의 공백에
　마우스 오른쪽 버튼을 클릭한 후 Georeferencing 도구를 불러온다.

④ Georeferncing 도구의 Layers에 위성영상이 선택되어 있는지 확인하고 Add Control
　Point (＋⁺)를 클릭한다.

⑤ Control Point는 참조지점을 이용하여 원자료의 좌표를 보정하는 데 이용되는 것으로 먼저 보정할 자료의 지점을 클릭한 후 참조자료의 지점을 선택한다.

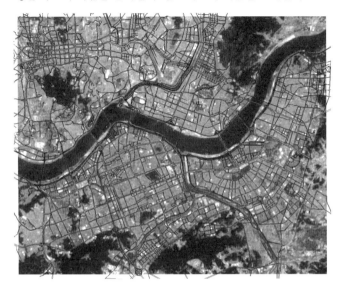

⑥ Control Point를 4개 이상 지정하게 되면 RMS Error가 계산된다. Georeferencing 도구의 View Link Table ( ☒ )을 클릭하면 지금까지 지정된 Control Point가 Link Table에 나타나게 되며, 우측 상단부에는 RMS Error가 표시된다.

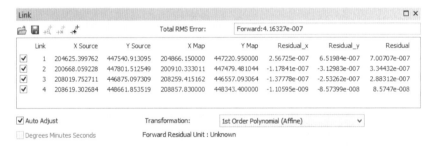

참고 RMS(Root Mean Square) Error: 실험이나 관측에서 나타나는 오차(Error)들의 제곱을 평균한 값의 제곱근으로 통계학적 의미로 예상한 값과 실제 관측치가 평균적으로 얼마만큼 떨어져 있는가를 의미한다.

⑦ Control Point 지정이 완료되면 새로운 파일로 저장해야 한다. Georeferencing 버튼을 클릭하고 Rectify를 선택한다. Cell size를 30으로 설정하고 파일명을 *rec_image.img*로 입력

하고 Save를 클릭한다.

## 2. 정규식생지수(NDVI) 분석

위성영상을 이용한 녹지분석에 있어 가장 대표적으로 사용되는 지표인 정규식생지수(NDVI: Normalized Difference Vegetation Index)는 식물의 활력도와 녹지 피복에 따른 가시광선 및 근적외선 파장대 광선의 반사량 차이를 이용한다. 위성영상은 빛의 파장대에 의해 구분되는 여러 가지 밴드로 구성되어 있는데, Landsat 위성의 TM 센서로 촬영된 영상의 경우 3번과 4번 밴드를 이용하여 다음과 같은 식에 의해 NDVI를 구한다.

$$NDVI = \frac{BAND4 - BAND3}{BAND4 + BAND3}$$

정규식생지수(NDVI)의 산출값은 최소 −1에서 최대 1 사이의 값을 가지나 다음과 같은 공식을 사용하여 8bit값을 갖는 이미지로 변화하여, 0에서 255까지의 값을 가지는 정규식생지수(NDVI) 이미지를 생성할 수 있다.

$$NDVI = (\frac{BAND4 - BAND3}{BAND4 + BAND3} + 1) \times 128$$

정규식생지수가 높은 지역은 산림이나 초목을 나타내고 정규식생지수가 낮은 지역은 도로나 물, 도시지역을 나타낸다. 아래의 분석 이미지를 살펴보면 녹지 분포와 유사한 패턴으로 서울시 외곽지역에는 높은 정규식생지수가 나타나고, 도시 내 지역일수록 낮은 정규식생지수가 보이는 것을 알 수 있다.

① 좌표보정이 끝난 파일을 불러오기 위해 Add Data를 클릭한다. 여기에서 이용되는 밴드는 3번과 4번으로, 실습폴더에 저장된 보정된 *rec_image.img*를 더블클릭한 후 3번과 4번 밴드만을 불러온다.

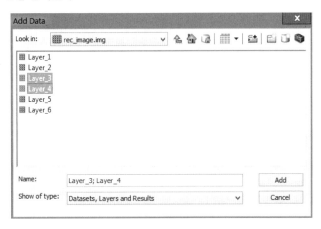

② Spatial Analyst를 이용하기 위해 Extension을 추가한다.

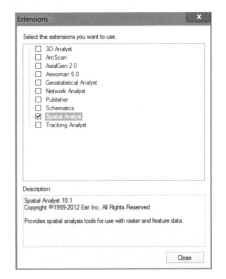

③ NDVI를 구하기 위해 ArcToolbox의 Spatial Analyst>Map Algebra>Raster Calculator를
실행한다.

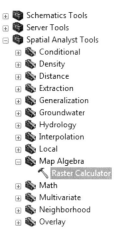

④ NDVI를 구하기 위한 공식으로 다음과 같이 입력한다. 이때 Float 구문은 결과값이 소
수점이 있는 값으로 계산되기 위해 반드시 수식에 포함되어야 한다.

$$Float(B4-B3)/Float(B4+B3)$$

B3: rec_image.img의 3번 밴드
B4: rec_image.img의 4번 밴드

⑤ Raster Calculator에서 수식을 입력 후 출력될 래스터 파일명을 NDVI로 하고 OK를 클
릭한다.

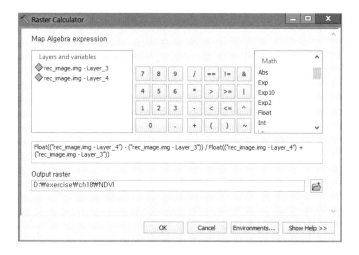

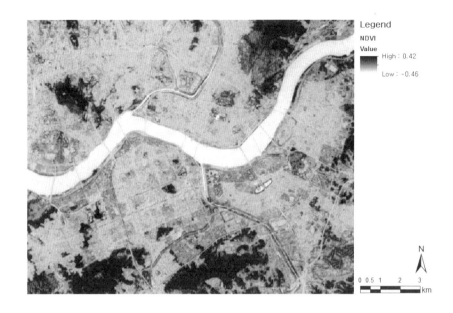

## 3. 열 환경 분석

Landsat 위성영상의 여러 밴드 중 6번 밴드는 지표면에서 반사되어 오는 열적외선 (10.4~12.5㎛) 파장대를 저장한다. 이 같은 특성을 이용하여 Band 6의 수치값(DN: Digital Number)을 방사휘도(Radiance)로 바꾸는 절대 보정식들이 개발되었으며, Landsat 위성영상의 종류에 따라 다르게 적용되고 있다.

a) Landsat TM의 경우

Two-point linear model: 온도$(^{\circ}K) = 203.2 + 0.541176 \times TM6$

Linear regression model: 온도$(^{\circ}K) = 219.97218 + 0.525959 \times TM6$

Quadratic regression model:

온도$(^{\circ}K) = 209.830966 + 0.834313 \times TM6 - 0.001372 \times TM6^2$

Cubic regression model:

온도$(^{\circ}K) = 206.127 + 1.054 \times TM6 - 0.003714 \times TM6^2 + 6.60655 \times 10^{-6} \times TM6^3$

b) Landsat ETM의 경우 NASA에서 개발한 보정식을 이용한다.

분광휘도$(L) = [(12.65 - 3.2)(DN - 1)/254] + 3.2$

온도$(°K) = 1282.71/\ln[(666.09/L) + 1]$

위의 식들을 통해 산출된 온도는 절대온도로서 섭씨온도로의 환산과정을 거쳐야 한다.

섭씨온도$(℃) =$ 절대온도$(°K) - 273.15$

① *rec_image.img* 파일의 6번 밴드를 불러온다.

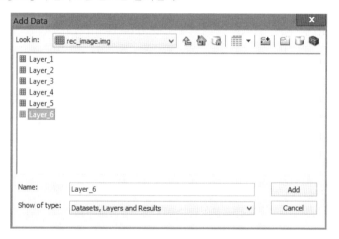

참고 Landsat 위성의 ETM 센서로 촬영한 영상의 경우 열적외선을 담고 있는 6번 밴드의 해상도는 타 밴드의 해상도(30m)와 달리 가로세로 60m이다.

② Spatial Analyst의 Raster Calculator를 실행하고, NASA 모델을 적용하여 분광휘도 계산 식을 입력한 후 출력될 래스터 파일명을 Luminance로 하고 OK를 클릭한다.

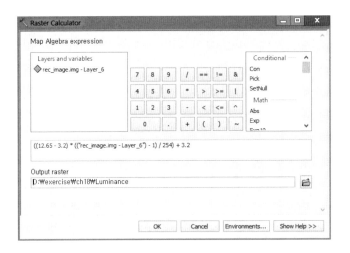

③ 분광휘도가 도출되면 이를 다시 온도로 바꾸어야 한다. 분광휘도를 절대온도로 바꾸는
식을 작성하고 여기에 다시 273.15를 빼준 후 출력될 래스터 파일명을 S_temp로 하고
OK를 클릭한다.

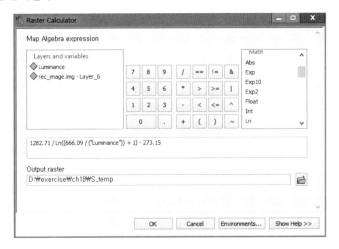

④ 이렇게 작성된 온도분포도는 실제 대기 중의 온도가 아닌 지표면의 온도이기 때문에
기온으로 변환이 필요하다. 기온 변환 방법으로 주변 실측장비의 측정값을 이용하여
작성된 다음의 회귀식을 적용해보자. Raster Calculator를 이용하여 다음의 회귀식을 적
용한 후 출력될 래스터 파일명을 A_temp로 하고 OK를 클릭한다.

$$Y(대기온도) = 20.462 + 0.192X(지표온도)$$

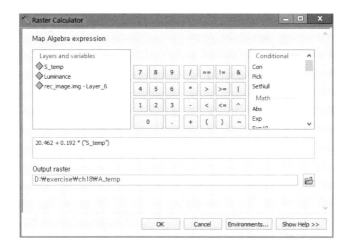

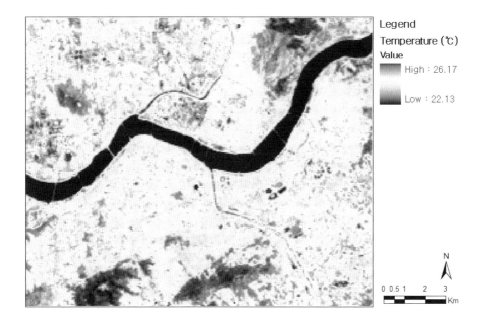

# 도시공간 구성요소와 도시열섬현상의 관련성 연구

도시화와 고도의 토지이용이 진행되는 과정에서 빈번하게 나타나는 기상문제 중 하나는 열섬현상이다. 열섬현상은 도시 내에 주거·상업·공공시설 등이 급증하면서 상대적으로 녹지 면적이 줄어들고, 각종 인공열과 대기오염 물질로 인해 도시 상공의 기온이 주변 지역보다 높아지는 현상으로 도시민의 건강과 직결된 중요한 문제로 인식되고 있다. 열섬현상의 주요 원인으로는 공장의 굴뚝에서 발생하는 연기, 자동차 배기가스, 냉난방기의 배출열과 같은 각종 인공열과, 아스팔트와 콘크리트같이 빛을 흡수하고 흡수한 빛을 적외선 방사의 형태로 외부로 내보내 대기의 온도를 증가시키는 각종 인공시설물 등이 있다. 특히, 대기 중 기온을 하강시키고 그늘을 만들어 태양에너지가 지표면을 가열하는 것을 막아주는 각종 식물과 나무가 식재된 녹지 면적의 감소가 열섬현상을 더욱 가중시키는 주원인이 되고 있다.

이러한 도시열섬을 분석하는 데 위성영상을 활용할 수 있다. 학술연구에서는 일반적으로 Landsat 위성의 영상이 이용되고 있으며 Landsat 위성영상의 Band 중 열적외선 (10.4~12.5㎛) 파장대를 저장하는 Band를 이용하면 지표면의 온도를 산출할 수 있다. 그러나 지표면의 온도와 실제 측정되는 대기온도 사이에는 차이가 있기 때문에 자동기상측정망(AWS: Automatic Weather System)과 같은 기측정된 정보를 참조하여 온도를 보정할 필요가 있다.

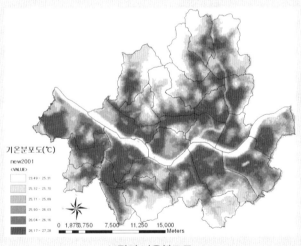

보정된 기온분포도

도시구성요소와 열섬현상과의 관계를 파악하기 위해 Landsat 영상을 통해 산출된 기온값을 종속변수로 설정하고, 도시구성요소인 토지이용, 높이, 건축물, 피복현황, 녹지, 하천 등을 독립변수로 설정하여 회귀분석을 수행할 수 있다. 회귀분석에 의해 얻어진 회귀식을 통해 각종 개발대안과 관련된 변수를 대입하여 개발 이후의 온도변화를 예측할 수도 있다.

∞ 관련 내용은 2005년 ≪한국도시설계학회지≫ 6권 1호에 게재된 「도시공간 구성요소와 도시열섬현상의 관련성 연구」(오규식·홍재주)를 참조하기 바람.

# 제19장

# 3차원 시뮬레이션

과거 GIS를 이용한 3차원 표현은 CAD나 기타 3차원 프로그램에 비해 질적 수준에서 현저한 차이가 났다. 그러나 최근 중앙연산처리장치의 속도가 빨라지고 그래픽 표현능력이 향상되면서, GIS 프로그램에서도 전문 3차원 프로그램 못지않은 표현이 가능해졌다. 3차원 분석은 평면상으로 보던 지도를 입체화된 형상으로 보는 것에만 국한된 것이 아니라, 평면상으로 즉각적인 답을 도출하기 어려웠던 경관의 차폐현황, 스카이라인 등과 같은 시각적 영향에 대한 분석을 가능하게 한다는 데 의의가 있다.

최근 구축되고 있는 지리정보 기반의 시스템들은 기본적으로 3차원 정보에 대한 표현이 가능한 경우가 대부분이다. 평면에 비해 직관적이고 이해하기 쉽다는 장점뿐 아니라 3차원으로 구축해야만 하는 당위성을 가진 정보들도 존재한다. 예를 들면, 지하에 매설된 가스관, 수도관 등의 관로는, 공사 시의 안전사고 예방적 측면에서 매설 위치와 각도 등의 정보가 3차원 정보로 구축될 필요가 있다. 그뿐 아니라 최근에는 아파트의 환경정보를 3차원으로 확인하는 사례도 있다. 3차원으로 구축된 건물과 지형지물들을 이용하여 일조환경을 분석하거나, 관심을 가지는 아파트의 각 세대에서 조망되는 경관을 미리 파악할 수도 있다.

아파트의 일조권 분석 화면(자료: http://www.onnara.go.kr)

이렇듯 3차원 기술은 직관성과 강력한 분석력을 바탕으로 GIS 시스템에서 점차 보편화되고 있는 추세이며, 인터넷지도의 보급으로 그 확산속도 또한 가속화되고 있다. 또한 이러한 추세에 힘입어 기존의 평면적 공간분석기법들이 3차원 기반으로 개발되어 활용될 것으로 예상된다.

경관 분석 화면(자료: 국토해양부 VWORLD, http://map.vworld.kr/map/maps.do)

ArcGIS에서는 ArcScene과 ArcGlobe를 이용한 다양한 3차원 시뮬레이션 기능을 제공하고 있다. ArcScene과 ArcGlobe는 모두 기본적으로 정보를 3차원으로 표현하는 것은 동일하지만 ArcGlobe는 3차원 정보를 지구본 위에 불러와 표현한다는 차이점이 있다. 이 장에서는 ArcSence을 이용한 3차원 표현 방식에 대해 알아보고자 한다. 실습에 사용될 자료는 다음과 같다.

| 표현 | Data | 형식 |
|---|---|---|
| 지형 | DEM | Grid |
| 위성영상 | drape.tif | GeoTiff |
| 건축물 | building.shp | Shapefile, Polygon |
| 특정 건축물 | coex.shp | Shapefile, Point |
| 가로수 | tree.shp | Shapefile, Point |
| 자동차 | coex.skp | Sketchup |

# 1. 지형생성과 영상 입히기

① ArcScene을 실행하고 지형파일(*dem*)을 불러온다.

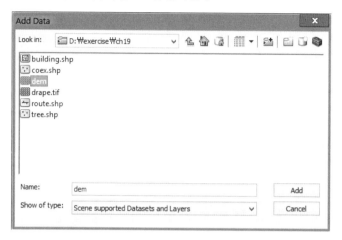

② 지형의 기복을 3차원 입체로 보기 위해 각 셀의 값을 높이값으로 설정하자. 이를 위해
*dem* 파일을 더블클릭하여 Properties 창을 연다.

③ Base Heights 탭에서 높이값을 표현하기 위해 Elevation from surfaces의 'Floating on a custom surface'를 선택한다.

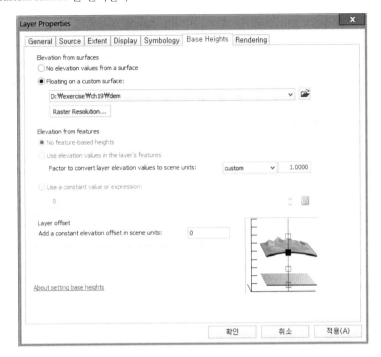

④ 실습폴더에서 지형을 덮을 영상(*drape.tif*)을 불러온다. 영상파일의 좌표값은 지형자료와 동일하게 맞추어져 있다(이미지파일의 좌표값 입력은 제18장을 참조).

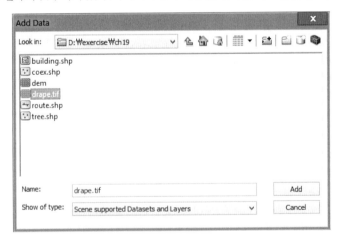

⑤ 이번에는 *drape.tif* 파일을 더블클릭하여 Properties 창을 연다.

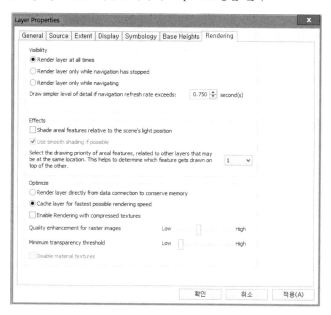

⑥ *drape.tif* 파일 자체는 높이값이 없기 때문에, Base Heights 탭에서 *dem*의 높이값을 이용
한다. Base Heights 탭에서 Elevation from surfaces를 *dem* 파일 경로가 설정되어 있는
'Floating on a custom surface'로 선택한다.

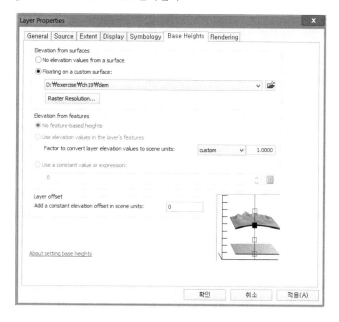

⑦ 디스플레이 속도를 향상시키기 위해 Table of Contents에서 *DEM* 파일은 잠시 선택을 해제한다.

## 2. 건축물 세우기

① Add Data를 이용하여 건축물 파일인 *building.shp*와 *coex.shp*를 불러온다. *building* 파일은 폴리곤으로 되어 있으며 *coex*는 포인트로 되어 있음을 알 수 있다.

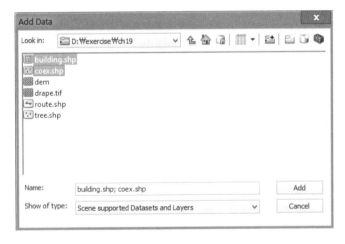

② 앞서 배운 방법을 통해서 건축물들을 지형에 맞춰 올려주는 작업을 한다. *building*과 *coex* 모두 Properties의 Base Heights 탭에서 Elevation from surfaces를 'Floating on a custom surface'로 선택한다.

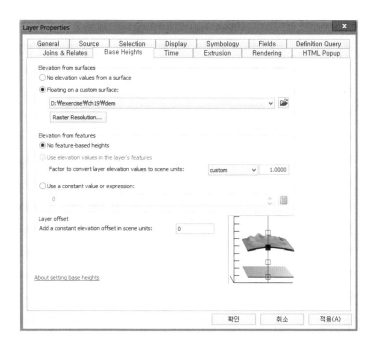

③ building 파일의 속성테이블을 열어보면 건축물 층수정보가 '층수' 필드에 입력되어 있는 것을 확인할 수 있다. 높이정보를 이용하여 건물을 3D로 표현하기 위해 Layer Properties의 Extrusion 탭을 선택한다.

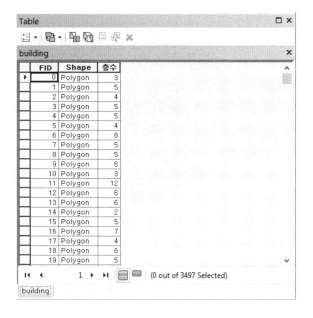

④ 수식을 입력하기 위해 옆의 'Expression Builder( 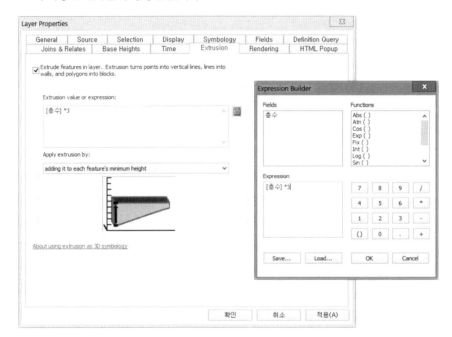 )'를 클릭하고 한 층의 높이를 3m
로 가정하여 '층수' 필드에 3을 곱한 후 '확인'을 클릭한다. 디스플레이 화면에 높이값
이 적용된 건축물이 생성될 것이다.

⑤ 앞서 실습을 통해 3D로 표현한 건물파일(building)을 높이값과 매스가 형성된 채로 파
일로 저장해보자. ArcScene에서 ArcToolbox의 3D Analyst Tools>Conversion>Layer
3D to Feature Class를 실행한다.

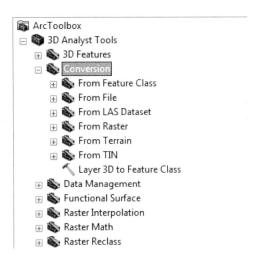

⑥ Base Heights와 Extrusion이 설정된 *building* 파일을 입력파일로 선택하고 출력파일명
을 '*3Dbuilding*' 으로 설정한 후 OK를 클릭한다.

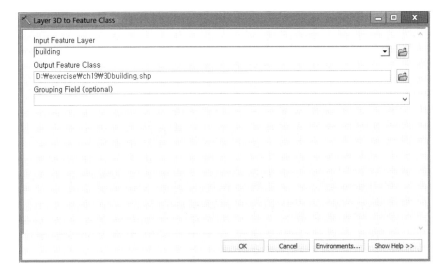

⑦ 3차원으로 작성된 파일이 생성될 것이다. 앞으로 ArcScene에서 별다른 설정 없이
*3Dbuilding* 파일을 불러오면 바로 3차원 형태의 건물을 확인할 수 있을 것이다.

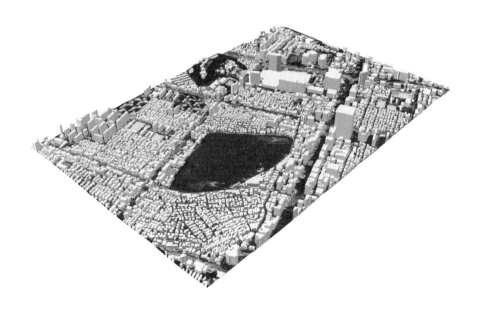

## 3. 건축물 모양 바꾸기

polygon 파일에 symbology를 통해 이미지가 적용된 심벌을 적용하면 3차원상의 각 면에 이미지가 입혀지게 된다. 그러나 포인트 파일의 경우 3D Max나 Sketchup 등을 통해 미리 작성된 객체를 그대로 적용할 수 있다.

① *coex.shp* 파일을 불러온다. 높이값을 부여하기 위해 속성창의 Base Heights 탭에서 Elevation from surfaces를 'Floating on a custom surface'로 선택한다.

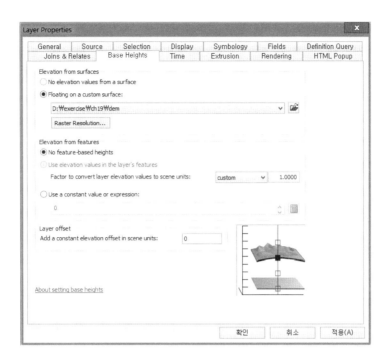

② 이제 포인트로 된 *coex* 파일을 미리 정의된 심벌로 바꿔보자. Table of Contents에서 *coex* 의 점 모양의 심벌을 클릭하면 Symbol Selector가 열린다. 우측 하단의 Edit Symbol을 클릭하자.

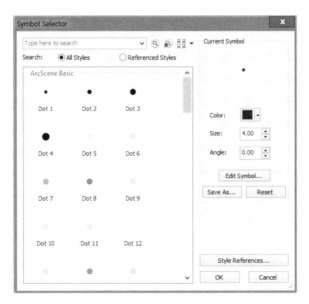

③ Properties의 Type을 3D Marker Symbol로 변경하면 변경할 3D Marker 파일을 선택하라는 창이 뜰 것이다. 실습폴더에 있는 스케치업 파일인 *coex.skp*를 선택한다.

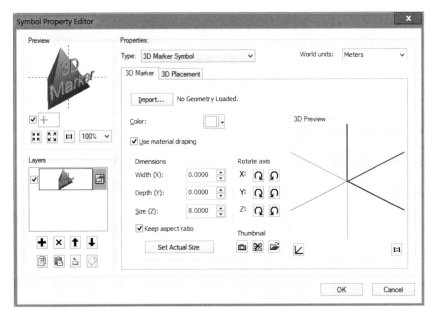

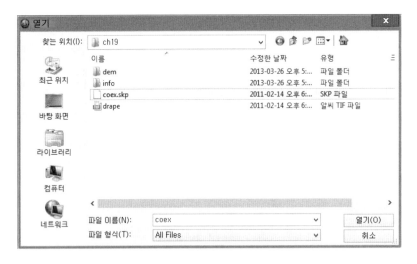

④ 3D Marker 탭에서 건물의 크기를 조정(Width: 100)하고 3D Placement 탭에서 위치와
각도(Rotation angles Z: 5)를 적절히 조절한다.

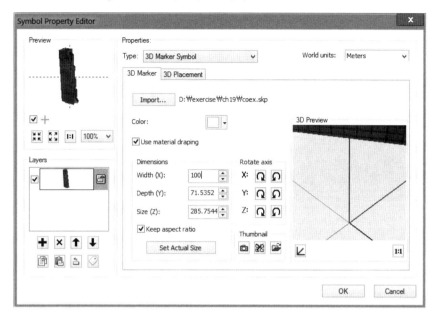

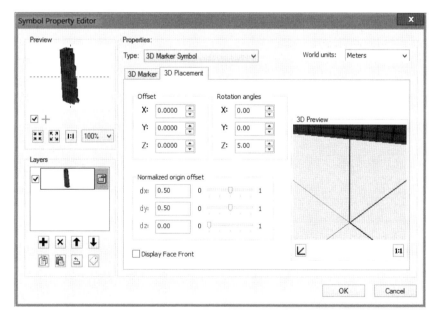

참고 구글의 3D 건축물 데이터베이스(http://sketchup.google.com/3dwarehouse/)에서 다양한 건축물들을 다운받아 활용할 수 있다.

## 4. 가로수 추가하기

건물과 마찬가지로 가로수도 포인트 형태로 3D 심벌을 이용하여 표현할 수 있다. 이번 실습에서는 ArcGIS에 내장되어 있는 3D 심벌을 활용할 것이다.

① 실습폴더에서 *tree.shp* 파일을 불러온다. point 형식으로 되어 있을 것이다. 건물과 마찬가지로 Base Heights를 *dem*의 높이로 설정한다.

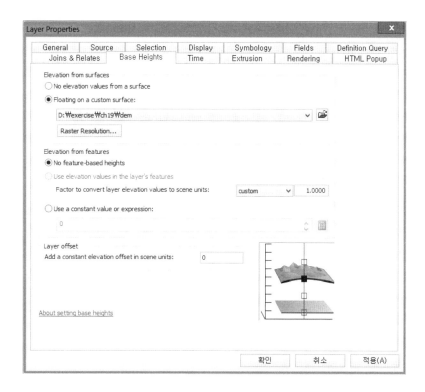

② Table of Contents의 Tree의 점 모양의 심벌을 클릭하면 Symbol Selector가 나타날 것이다. 여기서 더 많은 3D 심벌을 추가하기 위해 우측 하단의 Style References를 클릭한다.

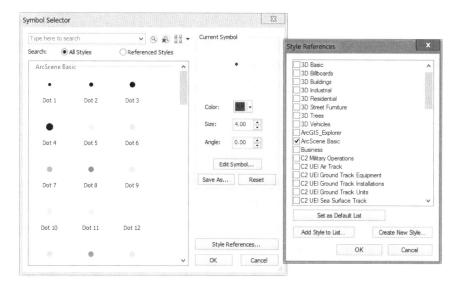

③ Style References에서 3D Trees를 체크한다. 왼편의 목록에 3차원 형태의 나무들이 추가되어 있을 것이다.

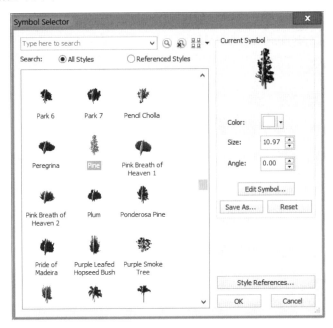

④ 원하는 나무를 선택하고 Edit symbol을 통해 크기를 조정한 후 OK를 클릭하면 *tree* 파일의 포인트들이 선택한 나무로 바뀌어져 있을 것이다.

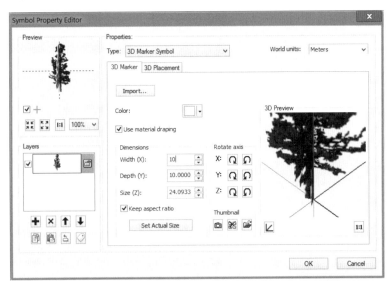

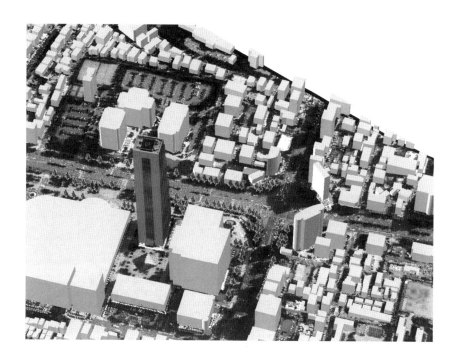

참고  ArcGIS에서는 지형 및 건물자료가 구축되어 있다면 CAD 환경에서 작업하는 3D 작업에 비해 빠른 시간과 적은 노력으로 유사한 수준의 3D 효과를 보여줄 수 있다. 또한 작성된 3D 객체는 일반적으로 이용되는 CAD나 최근 많이 사용되는 Sketchup과 같은 프로그램에서 불러올 수 있도록 데이터 변환을 지원한다. Sketchup은 앳래스트 소프트웨어(@Last Software)에서 개발한 3D 모델링 프로그램으로, 이후 2006년 Google사에 인수되면서 현재는 Google Sketchup으로 불리고 있다. Sketchup은 Google의 Google Earth와 연계되면서 강력한 시너지 효과를 발휘하고 있다. 누구나 건물 형상들을 Sketchup으로 작성한 뒤 Google Earth상에 업로드할 수 있기 때문에 Google Earth상의 3차원 건물들은 점차 늘어나고 있다.


## 5. 동영상 제작

ArcScene를 이용하면 간단한 방식으로 동영상을 제작할 수 있다. 동영상 제작은 사전에 정의된 경로를 따라 카메라를 움직이는 방식과 사용자의 직접 조작을 통한 제작방식으로 구분할 수 있다.

## 5.1. 경로파일을 이용한 동영상 제작

서울 삼성동 코엑스에 위치한 무역센터 건물을 바라보면서 이동하는 동영상을 제작해보도록 하자.

① 3차원 구축모델 위에 실습폴더의 *route* 파일을 불러온다. 높이값을 부여하기 위해 다른 파일과 마찬가지로 base Heights를 *DEM*의 높이로 설정한다.

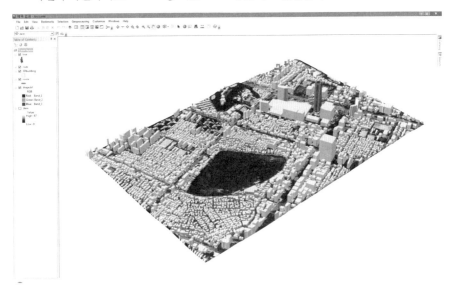

② 도구모음의 Select Features( )를 이용하여 화면창에서 route 파일을 선택한다.
③ 시선을 무역센터 건물에 고정시키기 위해 표적(target) 좌표를 설정한다. 메인 메뉴에서 View>View Settings를 클릭한다.
④ View Settings 창에서 Target 항목에 무역센터 건물의 상층부 좌표인 X: 205324.77, Y: 445348.16, Z: 190을 기입하고 Apply를 클릭한다. Viewing characteristics에서 View-field angle 항목을 조절하면 카메라의 화각을 변화시킬 수 있다. 원하는 화각(숫자가 낮을수록 망원효과, 숫자가 높을수록 광각효과가 나타남)을 설정한 후 Cancel을 클릭하여 창을 닫는다.

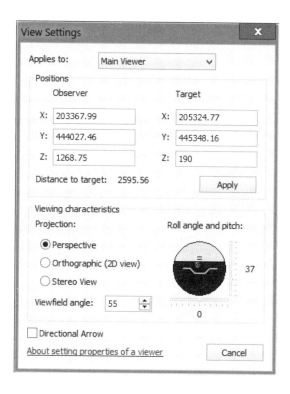

⑤ 메인 메뉴에서 Customize>Toolbars>Animation을 선택하여 활성화시킨다.

⑥ 활성화시킨 Animation 도구모음에서 Animation을 클릭하면 동영상 제작과 관련된 여러 가지 메뉴가 보일 것이다. 이 중 경로를 따라 카메라를 이동시키는 Create Flyby from Path를 클릭한다.

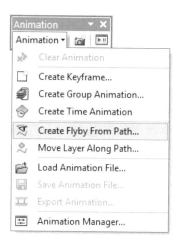

⑦ Path source는 미리 불러온 route 파일을 이용하므로 Selected line feature를 선택하고, vertical offset을 65로 설정한다.

⑧ Simplification factor는 Low로 설정하고, Path destination은 Move observer along path with current target를 선택한 후 Import를 클릭하면 Animation Track에 저장된다.

⑨ 내용표시 창에서 route 레이어를 보기 해제한다.

⑩ Animation 도구모음에서 Animation Controls( )를 클릭한 후 Options를 클릭하여 옵션 창을 활성화한다.

⑪ Play Options에서 By Duration에 원하는 동영상 시간을 입력하고, Play mode를 Play once forward로 선택한 후 Play( ▶ )를 클릭하면 경로를 따라 대상지를 움직이는 화면을 볼 수 있다.

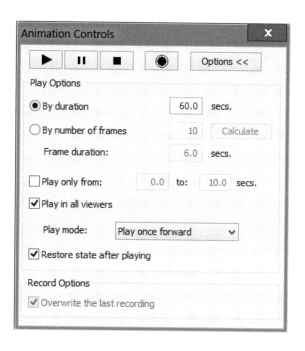

⑫ 동영상을 파일로 저장하기 위해 Animation의 Export Animation을 선택한다.

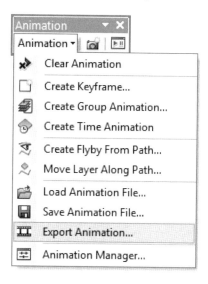

⑬ 저장 경로 지정을 위해 ch19에 파일명으로 animation.avi을 입력하고 Export를 클릭하면 비디오 압축 창이 나타난다. 압축프로그램과 압축 품질, 키프레임 간격을 설정한 후 확인을 클릭한다.

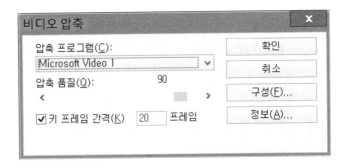

⑭ 설정되어 있는 경로를 따라 카메라가 이동하며 동영상이 저장된다.

## 5.2. 사용자 정의에 의한 동영상 제작

정해진 경로를 따라 카메라나 사물을 움직이게 설정하여 동영상을 제작하는 방법
뿐만 아니라, 사용자가 직접 카메라를 조정하여 동영상 제작을 하는 방법도 있다. 도
구모음의 비행( ✈ ) 기능을 이용하여 대상지를 이동하는 장면을 동영상으로 제작해
보자.

① 이전의 동영상 자료를 삭제하기 위해 Animation에서 Clear Animation을 선택한다.
② Animation controls의 녹화( ⦿ )를 선택한 후, 시뮬레이션 도구의 Fly( ✈ )를 이용하
여 자유롭게 대상지역을 이동한다(마우스의 왼쪽 버튼: 가속, 오른쪽 버튼: 감속, 가운
데 휠: 정지).
③ 비행을 마친 뒤 정지버튼을 클릭하고, Animation의 Export to Video를 선택하여 이동
장면을 동영상 파일로 저장한다.

# 3차원 시뮬레이션을 이용한 도시경관 관리

우수한 경관은 도시가 쾌적성(amenity)을 지니도록 하고, 도시민이 도시 내부에서 공간감과 방향감을 갖도록 돕는다. 그러므로 공익적 측면에서 도시경관을 효과적으로 관리하고 질적 향상을 도모하는 것이 필요하다. 이를 위해 경관관리구역의 지정과 같은 제도가 시행되고 있으나, 지역단위의 평면적이고 일괄적인 규제에 의한 방식으로 경관에 미치는 영향이 제대로 파악되지 못하는 단점이 있다. 이에 비해 CAD와 GIS를 이용한 3차원 시뮬레이션은 개발사업에 의한 경관상의 영향을 사전에 검토하여 대안을 제시할 수 있다는 점에서 매우 효과적인 분석기법이라 할 수 있다.

다음 그림은 도시공간 내의 경관자원 보존을 위한 경관관리 방안의 예를 보여주고 있다. 장시간, 다수의 사람이 일상적인 조건에서 대상경관을 관찰하는 위치를 조망점으로 설정하고, 그 지점에서 경관자원을 바라봤을 때 조망되는 경관자원의 외곽선을 한계영역으로 설정한다. 그리고 제안된 개발사업을 작성하여 3차원으로 중첩·표현하게 되면 보존될 경관영역에 대한 침해 여부와 그 정도를 파악할 수 있다. 그뿐 아니라, 다양한 대안에 대한 시뮬레이션을 수행함으로써 양립될 수 있는 공익적 가치와 개인의 재산권 사이의 절충점을 찾을 수 있는 방안이 된다.

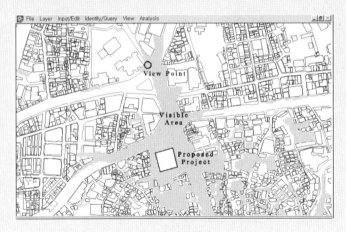

가시권 분석결과

개발대안에 의한 경관 침해여부 시뮬레이션

&#8734; 관련 내용은 1995년 《국토계획》 31권 2호에 게재된 「도시경관의 시각적 한계수용
능력(VTCC) 설정과 그 활용」(오규식)을 참조하기 바람.

# 찾아보기

# 지은이

**오규식(吳圭植)** 서울대학교 농과대학 조경학과 졸업
미국 Cornell University, 조경학 석사
미국 University of California at Berkeley, 환경계획학 박사
영국 University College of London, Visiting Professor
현재 한양대학교 공과대학 도시공학과 교수

주요 저서 및 연구
『GIS 워크샵』(공저)
『공간정보활용 GIS』(공저)
『도시와 인간』(공저)
「서울시 토지이용 조사 및 GIS 분석」
「도시 수용력 평가 시스템 구축을 통한 도시개발 관리방안 연구」
「Eco-Space 녹색기술 개발: 환경생태정보 분석시스템(EASYS)」
「기후변화 적응형 도시 열환경 설계시스템 개발 연구」 등


**정승현(鄭丞現)** 한양대학교 공과대학 도시공학과 졸업
한양대학교 대학원 공학석사
한양대학교 대학원 공학박사
수원대학교 한양대학교 강사
한양대학교 BK21사업단 박사 후 연구원
인천발전연구원 초빙연구위원
현재 한국건설기술연구원 수석연구원
현재 과학기술연합대학원대학교 건설환경공학과 부교수

주요 저서 및 연구
「GIS 분석에 의한 도시공원 분포의 적정성 평가」
「도시개발의 환경적 누적영향 평가체계」
「자원순환 거점 인프라 확대방안 마련 연구」
「도시 열환경 분석을 위한 DB구축 및 열 취약지역 분석기술 개발」 등

한울아카데미 1603

# GIS와 도시분석 (개정판)

ⓒ 오규식 · 정승현, 2013

지은이 | 오규식 · 정승현
펴낸이 | 김종수
펴낸곳 | 한울엠플러스(주)

초 판 1쇄 발행 | 2011년 2월 18일
개정판 6쇄 발행 | 2023년 2월 10일

주소 | 10881 경기도 파주시 광인사길 153 한울시소빌딩 3층
전화 | 031-955-0655
팩스 | 031-955-0656
홈페이지 | www.hanulmplus.kr
등록 | 제406-2015-000143호

Printed in Korea.
ISBN 978-89-460-8159-8 93980